高等学校计算机教育"十二五"规划教材

中文 Dreamweaver CS5 网页设计

沈大林　张　伦　主　编

赵　玺　王浩轩
王爱赪　张　秋　副主编

U0316606

中国铁道出版社

CHINA RAILWAY PUBLISHING HOUSE

内 容 简 介

Dreamweaver 是 Adobe 公司开发的用于网页制作和网站管理的软件,是一种所见即所得和与源代码完美结合的网页编辑器。本书介绍中文 Adobe Dreamweaver CS5 版本。

本书遵从教学规律,面向实际应用,理论联系实际,便于自学,融通俗性、实用性和技巧性于一身,由浅入深,循序渐进。本书共分 10 章,结合知识点的学习提供了 27 个应用实例、2 个综合实例和大量的思考练习题。

本书适合作为高等学校和高等职业院校各专业的教材,还可以作为广大计算机爱好者、网页设计人员的自学读物。

图书在版编目(CIP)数据

中文 Dreamweaver CS5 网页设计/沈大林,张伦主编. —
北京:中国铁道出版社,2013.7(2016.7 重印)
高等学校计算机教育"十二五"规划教材
ISBN 978-7-113-16854-4

Ⅰ.①中… Ⅱ.①沈…②张… Ⅲ.①网页制作工具—
高等学校—教材 Ⅳ.①TP393.092

中国版本图书馆 CIP 数据核字(2013)第 138353 号

书　　名:中文 Dreamweaver CS5 网页设计
作　　者:沈大林　张　伦　主编

策　　划:秦绪好　祁　云
责任编辑:祁　云　徐盼欣
封面设计:刘　颖
封面制作:白　雪
责任印制:李　佳

出版发行:中国铁道出版社(100054,北京市西城区右安门西街 8 号)
网　　址:http://www.51eds.com
印　　刷:北京明恒达印务有限公司
版　　次:2013 年 7 月第 1 版　2016 年 7 月第 2 次印刷
开　　本:787mm×1092mm　1/16　印张:14.75　字数:353 千
印　　数:3001～4000 册
书　　号:ISBN 978-7-113-16854-4
定　　价:36.00 元

前　言

Dreamweaver 是 Adobe 公司开发的用于网页制作和网站管理的软件，是一种所见即所得和与源代码完美结合的网页编辑器。它可以进行多个站点的管理，设置 HTML 语言编辑器，支持 DHTML 和 CSS，可导入 Excel 和 Access 建立的数据文件，以及 Flash 动画等，还可以编辑动态页面。本书介绍中文 Adobe Dreamweaver CS5 版本。

本书共分 10 章。第 1 章介绍了中文 Dreamweaver CS5 工作区的基本组成和特点；第 2 章介绍了在网页中插入文字、图像和表格的方法，创建超链接的方法，以及创建锚点、图像热区与邮件链接的方法；第 3 章介绍了在网页中插入日期、插件、Shockwave 影片、SWF 动画等对象的方法；第 4 章介绍了创建框架、AP Div 与描图的方法；第 5 章介绍了定义和使用 CSS 样式，以及使用 Div 标签和 CSS 的网页布局的方法；第 6 章介绍了在网页中插入表单和 Spry 构件的方法；第 7 章介绍了行为的应用方法；第 8 章介绍了创建和使用模板、库项目的方法，以及站点发布与管理维护的方法；第 9 章简单介绍了动态网页基础知识；第 10 章介绍了 2 个综合应用实例。全书提供了 27 个应用实例、2 个综合实例和大量的思考练习题。

本书融通俗性、实用性和技巧性于一身，由浅入深，循序渐进。在编写过程中，编者努力遵从教学规律，面向实际应用，理论联系实际，注意提高学生的学习兴趣和创造力，注重培训学生分析问题和解决问题的能力。读者可以边进行实例制作，边学习相关知识和技巧。采用这种方法，特别有利于教师进行教学和学生自学，可以使读者快速入门，并使其达到较高的水平。

本书由沈大林、张伦任主编，由赵玺、王浩轩、王爱赪、张秋任副主编。参加本书编写工作的人员还有：许崇、陶宁、张晓蕾、肖柠朴、郑淑晖、杨旭、陈恺硕、曹永冬、沈昕、关点、关山、郝侠、毕凌云、郭海、郑瑜、郑原、袁柳、李宇辰、王加伟、苏飞、王小兵等。

本书适合作为高等学校和高等职业院校各专业的教材，还可以作为广大计算机爱好者、网页设计人员的自学读物。

由于编者水平有限，书中难免存在疏漏和不足之处，敬请广大读者指正。

编　者
2013 年 5 月

目　　录

第1章
Dreamweaver CS5 简介

Dreamweaver 是一个网页编辑软件，没有制作网页基础的人，也能很轻松地利用它制作出漂亮的网页，免除了学习 HTML 标签命令的困扰，也节省了很多编写源代码的时间。

1.1 中文 Dreamweaver CS5 工作区简介

1.1.1 中文 Dreamweaver CS5 工作区设置

1. 初次设置中文 Dreamweaver CS5 工作区

运行中文 Dreamweaver CS5，弹出其欢迎屏界面，如图 1-1-1 所示。单击其内"新建"栏中的"HTML"链接文字，进入 Dreamweaver CS5 工作区，如图 1-1-2 所示。

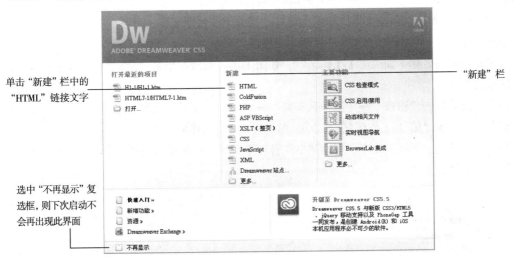

图 1-1-1 "Adobe Dreamweaver CS5"欢迎屏界面

Dreamweaver CS5 的工作区主要由标题栏、应用程序栏、菜单栏、文档窗口、状态栏、"标准"工具栏、"文档"工具栏、"属性"栏（也叫"属性"面板）、"插入"栏（也叫"插入"面板）和面板组等组成。单击"查看"→"工具栏"→"××"命令,可以打开或关闭"文档""标准"或"样式呈现"工具栏。单击"窗口"→"属性"或"插入"命令,可以打开或关闭"属性"与"插入"栏。单击"查看"→"显示面板"或"隐藏面板"命令,可以显示或隐藏面板。Dreamweaver CS5 有一些功能强大的面板。

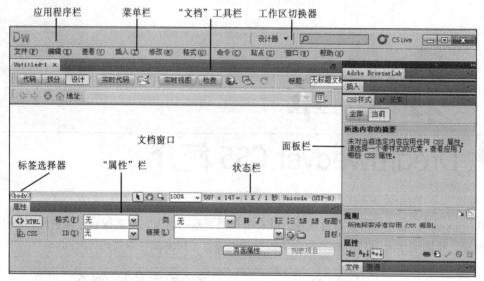

图 1-1-2　采用"设计器"风格的 Dreamweaver CS5 工作区

2．更换中文 Dreamweaver CS5 工作区和默认文档类型

（1）改变 Dreamweaver CS5 工作区:单击"窗口"→"工作区布局"→"××"命令,可以切换一种 Dreamweaver CS5 工作区布局。例如,单击"窗口"→"工作区布局"→"经典"命令,可切换到与 Dreamweaver CS5 相似的经典工作区状态。单击"工作区切换器"按钮,弹出它的菜单,单击该菜单内的命令,也可以切换一种工作区布局。

（2）保存工作区:调整工作区布局（如打开或关闭一些面板、工具栏,调整面板的位置等）后,单击"窗口"→"工作区布局"→"新建工作区"命令,弹出"新建工作区"对话框,在"名称"文本框内输入名称（如"第 1 工作区"）,如图 1-1-3 所示。单击"确定"按钮,即可将当前工作区布局保存。

以后,只要单击"窗口"→"工作区布局"→"××"命令（例如,单击"窗口"→"工作区布局"→"重置'第 1 工作区'"命令）,即可进入相应风格的工作区。单击"窗口"→"工作区布局"→"管理工作区"命令,可以弹出"管理工作区"对话框,如图 1-1-4 所示。利用该对话框可以将工作区更名或删除。

图 1-1-3　"新建工作区"对话框

图 1-1-4　"管理工作区"对话框

（3）改变默认文档类型:单击"编辑"→"首选参数"命令,弹出"首选参数"对话框

（Dreamweaver CS5 的许多设置需要使用该对话框，以后将不断涉及该对话框的使用）。单击该对话框左边"分类"列表框中的"新建文档"选项，此时"首选参数"对话框如图 1-1-5 所示。在"默认文档"和"默认文档类型"下拉列表框内可以选择默认的文档类型。在"默认扩展名"文本框内可以输入网页文件的默认扩展名。

图 1-1-5　"首选参数"（新建文档）对话框

1.1.2　"Adobe Dreamweaver CS5"欢迎屏界面

通常在启动 Dreamweaver CS5 后或没有打开任何文档时，会自动弹出"Adobe Dreamweaver CS5"欢迎屏界面，如图 1-1-1 所示。该对话框由 4 部分组成，分别为"打开最近的项目""新建""主要功能""Dreamweaver 帮助"。如果选中"不再显示"复选框，则下次启动 Dreamweaver CS5 后或在没有任何文档打开时，就不会再出现此界面。

1. "新建"栏和"打开最近的项目"栏

（1）"新建"栏：此栏中列出了大部分可以创建的文档，利用它可以快速创建一个新的文档。例如，单击"HTML"链接文字，可以进入 HTML 网页设计状态；单击"ASP VBScript"链接文字，可进入 ASP VBScript 编辑状态。单击"更多"按钮或单击"文件"→"新建"命令，可弹出"新建文档"对话框，如图 1-1-6 所示。

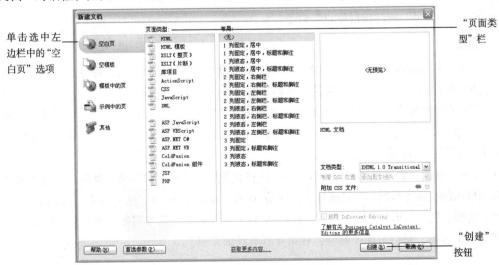

图 1-1-6　"新建文档"对话框

默认选中左边栏内的"空白页"选项，在"页面类型"栏内可选择文档类型，在"布局"栏内可选择一种布局风格和其他设置。单击"创建"按钮，即可创建一个空页面。选中左边栏内的"空模板"选项，单击"创建"按钮，即可创建一个空模板页面。

（2）"打开最近的项目"栏：此栏中列出了最近打开过的文档名称，单击其中的项目可以快速弹出已经编辑过的文档。单击"打开"按钮，弹出"打开"对话框，利用该对话框选择要编辑的网页文档，再单击"打开"按钮，即可打开选定的文档。

2. 其他

在它的底部"扩展"栏中有一个"Dreamweaver Exchange"按钮，单击该按钮后，可以链接到 Dreamweaver Exchange 网站。单击"快速入门""新增功能"和"资源"这 3 个按钮，或者单击"主要功能"栏内的按钮，可以进入 www.adobe.com 网页，显示 Adobe 的 Dreamweaver CS5 帮助网站中相应的内容。

1.1.3 文档窗口

文档窗口用来显示和编辑当前的文档页面。当文档窗口处于还原状态时，其标题栏内显示网页的标题、网页文档所在文件夹的名称和网页文档的名称，"文档"工具栏和"标准"工具栏在文档窗口外；在文档窗口最大化时，其标签内显示文档的名称，"文档"工具栏和"标准"工具栏在文档窗口内。文档窗口底部有状态栏，可提供多种信息。

在调整网页中一些对象的位置和大小时，利用标尺和网格工具可以使操作更准确。

1. 标尺

（1）显示标尺：单击"查看"→"标尺"→"显示"命令，可在文档窗口内的左边和上边显示标尺。单击"查看"→"标尺"命令的下一级菜单中的"像素""英寸"或"厘米"命令，可以更改标尺的单位。

（2）重设原点：用鼠标拖曳标尺左上角处小正方形，此时鼠标指针呈十字线状。拖曳鼠标到文档窗口内合适的位置后松开左键，即可将原点位置改变。如果要将标尺的原点位置还原，可单击"查看"→"标尺"→"重设原点"命令。

2. 网格

（1）显示和隐藏网格线：单击"查看"→"网格设置"→"显示网格"命令，可在显示和隐藏网格之间切换。显示网格和标尺后的"文档"窗口如图 1-1-7 所示。

（2）网格的参数设置：单击"查看"→"网格设置"→"网格设置"命令，可以弹出"网格设置"对话框，如图 1-1-8 所示。利用该对话框，可以进行网格间隔、颜色、形状，以及是否显示网格和是否靠齐网格等设置。

（3）靠齐功能：如果没选中"查看"→"网格设置"→"靠齐到网格"菜单选项或"网格设置"对话框内的"靠齐到网格"复选框，则移动 AP Div 或改变 AP Div 的大小时，最小的单位是 1 个像素；否则，最小的单位是 5 个像素，在移动 AP Div 时可以自动与网格对齐。AP Div 是一个可以放置对象的容器，可以方便地移动，在第 4 章有详细介绍。

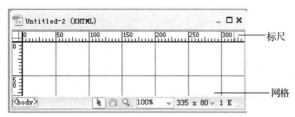

图 1-1-7　标尺和网格

图 1-1-8　"网格设置"对话框

3．状态栏

状态栏位于文档窗口的底部（没给出左边的标签检查器），如图 1-1-9 所示。

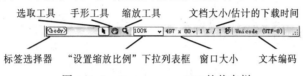

图 1-1-9　Dreamweaver CS5 的状态栏

（1）标签选择器，即 HTML 标签选择器，它在状态栏的最左边，它以 HTML 标记显示方式来表示光标当前位置处的网页对象信息。一般光标当前位置处有多种信息，则可显示出多个 HTML 标记。不同的 HTML 标记表示不同的 HTML 元素信息。例如，<body>表示文档主体，<img>表示图像，<object>表示插入对象等。单击某个 HTML 标记，Dreamweaver CS5 会自动选取与该标记相对应的网页对象，用户可对该对象进行编辑。

（2）选取工具 ：用来选取"文档"窗口内的对象。

（3）手形工具 ：在对象大于"文档"窗口时，用来移动对象的位置。

（4）缩放工具 ：单击"文档"窗口，可增加"文档"窗口显示比例；按住 Alt 键，同时单击"文档"窗口（此时放大镜内显示"–"），可减小"文档"窗口显示比例。

（5）"设置缩放比例"下拉列表框：用来选择"文档"窗口的显示比例。

（6）"窗口大小"栏：单击它会弹出一个快捷菜单，在还原状态下，单击该快捷菜单上边一栏中的一个命令，可立刻按照选定的大小改变窗口的大小。

（7）"文档大小/估计的下载时间"栏：给出了文档的字节数和网页预计下载的时间。

4．文档的 3 种视图窗口

文档窗口有"设计""代码"和"代码和设计"3 种视图窗口，它们适用于不同的网页编辑要求。3 种视图窗口的特点如下：

（1）"设计"视图窗口：单击"文档"工具栏内"设计"按钮 设计 ，切换到该视图窗口，它用于可视化页面开发的设计环境，如图 1-1-10 所示。按 F12 键，可以用浏览器来浏览网页。

（2）"代码"视图窗口：单击"代码"按钮 代码 ，切换到该视图窗口，它是一种用于输入和修改 HTML、JavaScript、服务器语言代码（如 ASP 语言）等的手工编码环境，如图 1-1-11 所示。单击"查看"→"刷新设计视图"命令，可刷新设计视图状态下显示的网页。

（3）"代码和设计"视图窗口：单击"拆分"按钮 拆分 ，切换到该视图窗口，它可以使在单个窗口中同时看到同一文档的"代码"和"设计"视图，如图 1-1-12 所示。

单击选中"设计"窗口中对象时，"代码"窗口内的光标会定位在相应的代码处；拖曳选中"设计"窗口内的内容时，则"代码"窗口内也会选中相应的代码。反之也会有相应的效果，有利于修改 HTML 代码。如果要切换文档窗口的视图，还可以单击"查看"→"代码"（或"设计""代码和设计"）命令或按 Ctrl+-组合键。

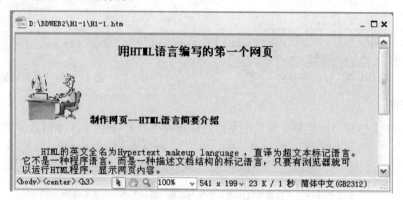

图 1-1-10 "设计"视图窗口

图 1-1-11 "代码"视图窗口

HTML 源代码
编辑模式

网页设计
编辑模式

图 1-1-12 "代码和设计"视图窗口

1.1.4 "插入"栏和"属性"栏

1. "插入"栏

如果单击"窗口"→"工作区布局"→"经典"命令，会在菜单栏下边显示"插入"栏（制表符状态），如图 1-1-13（a）所示。右击"常用"标签，弹出它的快捷菜单，单击该菜单内的"显示为菜单"命令，可以将"插入"栏切换到菜单显示外观状态，如图 1-1-13（b）所示。单击"常用"按钮，弹出它的快捷菜单，单击该菜单内的"显示为制表符"命令，可以将"插入"栏切换到制表符显示外观状态，如图 1-1-13（a）所示。

（a）制表符状态

（b）菜单状态

图 1-1-13　"插入栏"的制表符状态和菜单状态

如果单击"窗口"→"工作区布局"→"设计器"命令，切换的 Dreamweaver CS5 工作区如图 1-1-2 所示。单击面板组内的"插入"标签，会弹出"插入"面板，拖曳"插入"面板到左边，使该面板独立成浮动面板，如图 1-1-14 所示。单击该面板内"常用"标签右边的黑色箭头，弹出其快捷菜单，单击该菜单内的一个对象类型名称或图标，可以弹出相应类型中各对象的名称所组成的"插入"面板。例如，单击该菜单内的"布局"对象类型名称，可以弹出由一些"布局"对象名称组成的"插入"面板。

在制表符状态下，有 7 个标签，每个标签内有多个对象类型名称和图标。单击标签可以切换选项，单击"插入"面板内的对象类型名称或图标，或者拖曳对象类型名称或图标到文档窗口中，可将相应的对象插入到网页中。对于有些对象，会弹出一个对话框，进行设置后，单击"确定"按钮，即可插入对象。

如果在插入对象的同时按住 Ctrl 键，就可以不弹出对话框，直接　　图 1-1-14　"插入"面板插入一个空对象。以后要对该空对象进行设置，可双击该对象或在其"属性"栏内进行设置。

在菜单状态下，单击左边的箭头按钮，弹出它的菜单，其内有 7 个与插入对象有关的命令，单击命令后，其右边会出现相关的按钮，单击按钮后即可进行相关操作。拖曳"插入"栏左边的 图标，可将该栏变为浮动面板。一般人们习惯使用制表符状态的"插入"栏。

2．"属性"栏

利用"属性"栏可以显示并精确调整网页中选定对象的属性。"属性"栏具有智能化的特点，选中网页中的不同对象，其"属性"栏的内容会随之发生变化。单击"属性"栏右下角的▽按钮，可以展开"属性"栏；单击"属性"栏右下角的△按钮，可以收缩"属性"栏。双击"属性"栏内部或标题栏，可以在展开和收缩"属性"栏下半部分之间切换。

1.1.5　面板的基本操作

1．面板的折叠/展开和位置调整

（1）面板的折叠/展开：单击面板组中的面板标签，可以切换到相应的面板。单击面板组或面板右上角的◂◂按钮，可以将面板组或面板收缩。单击面板组或面板右上角的▸▸按钮，可以将面板组或面板展开。双击收缩的面板组或面板标题栏，可以将面板和面板组展开；单击展开的面板组或面板标题栏，可以将面板组或面板收缩。

（2）面板的位置调整：拖曳面板组标题栏，可以移动面板组；拖曳面板标题栏或面板标签，可以移动面板，如果面板在面板组内，可以移出该面板组，成为独立的面板，如图 1-1-15 所示。如果将面板拖曳到其他面板组或面板内，如图 1-1-16 所示，可以将被拖曳的面板加入该面板组或面板（构成一个新面板组），如图 1-1-17 所示。

图 1-1-15　独立的面板　　图 1-1-16　将面板拖曳到其他面板组　　图 1-1-17　面板加入其他面板

2．面板的大小调整、打开与关闭

（1）调整面板的大小：将鼠标指针移到面板的边缘，当鼠标指针变成双向箭头时，单击并拖曳面板的边框，达到所需的大小后松开左键即可。

（2）打开面板：单击"窗口"→"××"（面板名称）命令。

（3）关闭面板：单击面板（组）标题栏右上角的■按钮。另外，右击面板标题栏，弹出它的快捷菜单，如图 1-1-18 所示，单击其内的"关闭"命令，也可以关闭面板组；单击该菜单内的"关闭标签组"命令，可关闭当前面板。单击面板内右上角的■按钮，可弹出它的面板菜单，如图 1-1-19 所示。利用该菜单也可以关闭面板和面板组。单击"窗口"→"××"（面板名称）命令，使该命令取消，也可以关闭指定的面板。

图 1-1-18　面板快捷菜单　　　　　　图 1-1-19　面板菜单

1.1.6　"历史记录"面板

单击"窗口"→"历史记录"命令，可以弹出"历史记录"面板，如图 1-1-20 所示。

1．撤销和重复操作

（1）"历史记录"面板记录了每一步操作，如图 1-1-20 所示。利用它可以撤销一些操作。例如，需返回第 1 步操作的效果时，只需将"历史"面板左侧的指针拖曳至第 2 步操作即可。

（2）重复操作：按住 Ctrl 键，单击选中该面板内的 2 条需要重复的步骤，如图 1-1-21 所示。也可以拖曳选中需要执行的步骤。再单击该面板中的"重放"按钮。

图 1-1-20　"历史记录"面板　　　　图 1-1-21　选择 2 条操作

2．自定义命令

利用"历史记录"面板重复步骤只能应用于同一个文件内的对象，如果要应用到其他文件，可以将这些步骤保存为命令，在其他文件中即可执行"命令"菜单中的相应命令，调用这些步骤。利用"历史记录"面板自定义命令的方法如下：

（1）按住 Ctrl 键，单击选中"历史记录"面板中需要保存的步骤。

（2）单击"历史记录"面板右下角的"将选定步骤保存为命令"按钮，弹出"保存为命令"对话框，如图 1-1-22 所示。在其中的文本框中输入命令的名称。再单击"确定"按钮。

图 1-1-22　"保存为命令"对话框

（3）这时在"命令"菜单中就可以看到刚刚命名的命令，以后就可以像使用系统命令那样使用这个自定义命令了。

（4）删除自定义命令：单击"命令"→"编辑命令列表"命令，弹出"编辑命令列表"对话框（可以对自定义的命令进行重新命名）。选中要删除的命令，再单击"删除"按钮。

1.2　文件的路径名和 URL 及文档基本操作

1.2.1　URL 和文件的路径名

1．URL

在单机系统中，定位一个文件需要路径和文件名；对于遍布全球的 Internet，显然还需要知道文件存放在哪个网络的哪台主机中。另外，单机系统中，所有的文件都由统一的操作系统管理，因而不必给出访问该文件的方法；而在 Internet 上，各个网络、各台主机的操作系统都不一样，因此必须指定访问该文件的方法。

URL（Uniform Resource Locator）即统一资源定位器，它指出了文件在 Internet 中的位置。它存在的目的是统一 WWW 上的地址编码，给每一个网页指定唯一的地址。在查询信息时，只要给出 URL 地址，WWW 服务器就可以根据它找到网络资源的位置，并将它传送给计算机。单击网页中的链接时，就将 URL 地址的请求传送给了 WWW 服务器。

一个完整的 URL 地址通常由通信协议名（访问该资源所采用的协议，即访问该资源的方法）、Web 服务器地址（存放该资源主机域名地址，在 Internet 上，主机名可以用主机域名地址或 IP 地址，通常以字符形式出现）、文件在服务器中的路径和文件名 4 部分组成。例如，"http://www.td.cn/YF/TD/H1.html"，其中"http://"是通信协议名，"www.td.cn"是 Web 服务器地址（主机域名地址），"/YF/TD/"是文件在服务器中的路径，"H1.htm"是文件名。

2．文件的路径名

与单机系统绝对路径和相对路径的概念类似，URL 也有绝对 URL 和相对 URL 之分。上文所述的是绝对 URL。相对 URL 是相对于最近访问的 URL。例如，正在观看一个 URL 为"http://www.td.cn/YF/TD/H1.htm"的文件，如想看同一目录下的另一个文件 H2.htm，可直接使用"H2.html"，这时"H2.htm"就是一个相对 URL，它的绝对 URL 为"http://www.td.cn/YF/TD/HT2.htm"。

（1）绝对路径：绝对路径是写出全部路径，系统按照全部路径进行文件的查找。绝对路径中的盘符后用":\"或":/",各个目录名之间以及目录名与文件名之间,应用"\"或"/"分隔开。绝对路径名的写法及其含义如表 1-2-1 所示。

表 1-2-1 绝对路径名的写法及其含义

绝对路径名	含　　义
HREF="http://www.td.cn/TD/H1.htm"	H1.htm 文件是在域名为 www.td.cn 的服务器中 TD 目录下
HREF="D:\YF\TD\H1.htm"	H1.htm 文件放在 D 盘的 YF 目录下的 TD 子目录中

（2）相对路径：相对路径是以当前文件所在路径和子目录为起始目录,进行相对的文件查找。通常都采用相对路径,这样可以保证站点中的文件整体移动后,不会产生断链现象。相对路径名的写法及其含义如表 1-2-2 所示。

表 1-2-2 相对路径名的写法及其含义

相对路径名	含　　义
HREF="H1.htm"	H1.htm 是当前目录下的文件名
HREF="YF/H1.htm"	H1.htm 是当前目录中"YF"目录下名为 H1.htm 的文件
HREF="YF/TD/H1.htm"	H1.htm 是当前目录中"YF/TD"目录下名为 H1.htm 的文件
HREF="../H1.htm"	H1.htm 是当前目录的上一级目录下名字为 H1.htm 的文件
HREF="../ ../H1.htm"	H1.htm 是当前目录的上两级目录下名字为 H1.htm 的文件

1.2.2 文档的基本操作

1. 新建和打开网页文档

（1）新建网页文档：单击"文件"→"新建"命令,可弹出"新建文档"对话框,如图 1-1-6 所示。从该对话框可以看出,利用它可以建立各种类型的文件。从"页面类型"列表框中选择"HTML"选项,再单击"创建"按钮,即可新建一个空白的 HTML 网页文档。

另外,在"新建文档"对话框内的"文档类型"下拉列表框中,可以选择文件类型;单击"首选参数"按钮,可以弹出 "首选参数"对话框,用来设置相关首选参数。

（2）打开网页文档：单击"文件"→"打开"命令,弹出"打开"对话框。在该对话框内选择要打开的 HTML 文档,单击"打开"按钮,即可将选定的 HTML 文档打开。

另外,在图 1-1-1 所示"Adobe Dreamweaver CS5"欢迎屏界面中,单击"打开"按钮 打开...,也可以弹出"打开"对话框。

2. 保存文档和关闭文档

（1）单击"文档"→"保存"命令,可以以原名字保存当前的文档。

（2）单击"文档"→"另存为"命令,弹出"另存为"对话框。利用该对话框可以将当前的文档以原来的名称或其他名称保存。

（3）单击"文档"→"保存全部"命令,即可将当前正在编辑的所有文档以原名保存。

（4）单击"文档"→"关闭"命令,即可关闭打开的当前文档。如果当前文档在修改后没有保存,则会弹出一个提示框,提示用户是否保存文档。

（5）单击"文档"→"全部关闭"命令,即可关闭所有打开的文档。

1.3　页面属性设置和建立本地站点

1.3.1　页面属性设置

右击网页文档窗口的空白处，弹出其快捷菜单，单击该菜单内的"页面属性"命令，弹出"页面属性"（外观）对话框，如图 1-3-1 所示。另外，单击网页文档窗口的空白处，再单击网页文档"属性"（CSS）栏内的"页面属性"按钮，也可以弹出"页面属性"对话框。利用"页面属性"对话框，可以设置页面的标题文本、页面字体、页面背景色或图像、页面大小与位置等。利用"页面属性"对话框设置页面参数的方法如下：

图 1-3-1　"页面属性"（外观）对话框

（1）设置背景颜色：单击"背景颜色"按钮，弹出颜色面板，如图 1-3-2 所示。利用它可以设置网页的背景颜色。单击某一个色块，即可以设定网页页面的背景色。也可以在右边的文本框内输入颜色的代码。当选择背景图像后，此项设置会无效。

单击颜色面板中的按钮，可以设置为无背景色。单击▶按钮，弹出一个面板菜单，单击其中的命令，可以更换颜色面板中色块的颜色。如果在颜色面板中没有找到合适的颜色，可以单击颜色面板右上角的◉图标，弹出 Windows 的"颜色"对话框，如图 1-3-3 所示。

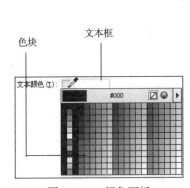

图 1-3-2　颜色面板

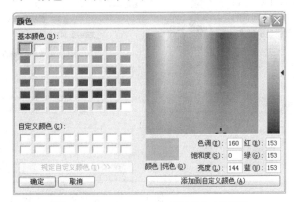

图 1-3-3　Windows 的"颜色"对话框

（2）背景图像设置：单击"页面属性"（外观）对话框中"背景图像"文本框右边的"浏览"按钮，弹出"选择图像源文件"对话框，如图 1-3-4 所示。利用该对话框选择网页背景图像，单击"确认"按钮，即可给网页背景填充选中的图像。如果图像文档不在本地站点的文件夹内，则单击"确认"按钮后，会提示将该图像文档复制到本地站点的图像文件夹内。

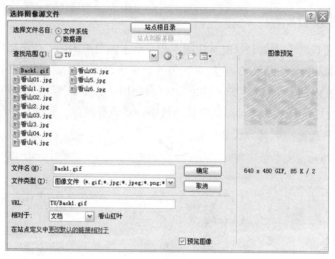

图 1-3-4 "选择图像源文件"对话框

（3）文本颜色设置：单击"文本颜色"按钮，可弹出一个颜色面板，如图 1-3-2 所示。利用它可以设置文本颜色，其方法与设置背景颜色的方法一样。

（4）页面 4 个方向的边距设置：通过 4 个文本框可设置页面 4 个方向的边距，单位为像素。

（5）页面文本的字体和大小设置：利用该对话框中的"页面字体"和"大小"下拉列表框可以设置。

（6）页面文字设置：选择"页面属性"对话框内"分类"列表框中的"标题/编码"选项，如图 1-3-5 所示。在"标题"文本框中可输入文档标题；"编码"下拉列表框用来设置网页的编码，默认为"简体中文（GB2312）"；在"文档类型"下拉列表框中选择文档类型；底部显示"站点文件夹"等信息。

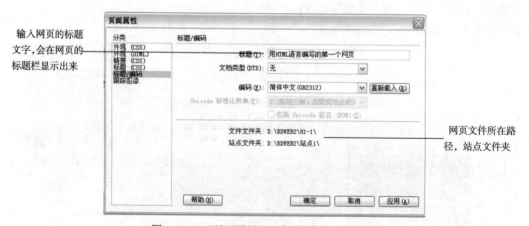

图 1-3-5 "页面属性"（标题/编码）对话框

（7）链接字属性的设置：选择"页面属性"对话框中"分类"列表框中的"链接"选项，切换到"页面属性"（链接）对话框，如图 1-3-6 所示。利用该对话框内的"链接字体"和"链接颜色"

栏可以设置链接字的字体、大小、风格、颜色等。"变换图像链接"栏的作用是当图像不能显示时，将显示为该栏设置的颜色。"已访问链接"栏的作用是设置单击过的链接字的颜色。"活动链接"栏的作用是设置获得焦点的当前链接字的颜色。"下画线样式"栏的作用是设置链接字的下画线样式。

（8）标题大小和颜色设置：选择"页面属性"对话框中"分类"列表框中的"标题"选项，此时"页面属性"（标题）对话框如图 1-3-7 所示。在"标题字体"下拉列表框中选择一种标题的字体，在"标题 1"到"标题 6"栏可以设置标题的大小和颜色。

图 1-3-6　"页面属性"（链接）对话框

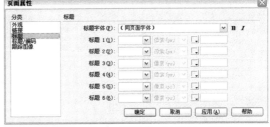

图 1-3-7　"页面属性"（标题）对话框

（9）跟踪图像属性设置：选择"页面属性"对话框中"分类"列表框中的"跟踪图像"选项，此时切换到"页面属性"（跟踪图像）对话框。利用该对话框可以设置跟踪图像的属性，跟踪图像也叫描图。"跟踪图像"文本框用来设置在页面编辑过程中使用的描图图像的地址和名称。"透明度"的作用是调整描图的透明度。

1.3.2　建立本地站点

1．了解 Dreamweaver 站点

Dreamweaver 站点是 Web 站点中所有文档和资源的集合。可以组织和管理所有的 Web 文档，可以将计算机上创建的 Web 页上传到 Web 服务器，并随时在保存文件后传输更新的文件来对 Web 站点进行编辑和维护。Dreamweaver 站点主要由"本地站点"和"远程站点"组成，具体取决于开发环境和所开发的 Web 站点类型。

（1）本地站点：本地文件夹通常位于本地计算机内，用来保存用户正在处理的文档和资源，该文件夹称为"本地站点"。"本地站点"也可以位于网络服务器上。

（2）远程站点：远程文件夹通常位于运行 Web 服务器的计算机上，用来存储用于测试、生产和协作等用途的文档和资源，包含用户从 Internet 访问的文件。

通过本地文件夹和远程文件夹的结合使用，可以在本地硬盘和 Web 服务器之间传输文档和资源，用来帮助用户轻松管理 Dreamweaver 站点中的文档和资源。可以在本地文件夹中处理文件，希望供给其他人观看时，再将它们发布到远程文件夹中。

如果要定义 Dreamweaver 站点，只需设置一个本地文件夹。如果要向 Web 服务器传输文件或开发 Web 应用程序，还必须添加远程站点和测试服务器信息。

2．建立和编辑本地站点

建立本地站点就是将本地主机磁盘中的一个文件夹定义为站点，然后将所有文档都存放在该文件夹中，以便于管理。如果要创建"远程站点"，则需要在 Internet 上申请一个服务器站点空间，通常可以用 FTP 将网站上传到该站点空间（此处假设站点空间服务器地址为

124.197.50.125，FTP 用户名为 shendalin，FTP 用户密码为 19471107），还需要申请一个域名（即通常上网所输入的网址，如 "www.my.hn88.com/shendalin"）。建立本地站点的方法如下：

（1）单击"文件"→"管理站点"命令，或者单击"文件"面板内的第一个下拉列表框中的"管理站点"选项，都可以弹出"管理站点"对话框，如图 1-3-8 所示。单击该对话框中的"新建"按钮，弹出"站点设置对象"（站点）对话框，如图 1-3-9 所示。单击"站点"→"新建站点"命令，也可以弹出"站点设置对象"（站点）对话框。

图 1-3-8 "管理站点"对话框　　　　图 1-3-9 "站点设置对象"（站点）对话框

（2）在"站点设置对象"（站点）对话框内的"站点名称"文本框中输入站点的名称（如"我的第 1 个站点"）。在"本地站点文件夹"文本框中输入本地文件夹的路径（如"D:\BDWEB1\"），该文件夹作为站点的根目录，要求该文件夹必须已经在硬盘上建立。

也可以单击"本地站点文件夹"文本框右边的文件夹图标 📁，弹出"选择根文件夹"对话框，利用该对话框选择本地文件夹。

（3）如果是创建"本地站点"，则不需要进行"服务器"和"版本控制"类别设置。单击选中"站点设置对象"对话框内左边栏中的"高级设置"类别选项，切换到"站点设置对象"（高级设置）对话框，再选中"高级设置"类别内的"本地信息"选项，如图 1-3-10 所示。

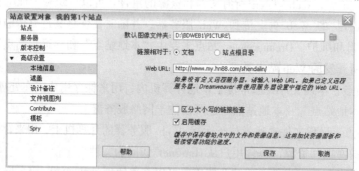

图 1-3-10 "站点设置对象"（高级设置-本地信息）对话框

（4）在"默认图像文件夹"文本框内输入存储站点图像的文件夹路径，单击该文本框右边的文件夹图标 📁，弹出"选择图像文件夹"对话框，利用它选择默认图像文件夹（D:\BDWEB1\PICTURE）。将图像添加到文档时，Dreamweaver 将使用该文件夹路径。

（5）在"Web URL"文本框内输入上传站点地址的 URL（http://www.my.hn88.com/shendalin）。该地址将启用链接检查器检测引用用户本地站点的 HTTP 链接。

（6）"链接相对于"栏内有两个单选按钮，用来选择两种链接方式（即文档相对链接和站点根目录相对链接方式）中的一种，用来决定在站点中指向其他资源或页面的链接方式。

文档相对链接是指指向其他站点资源的路径为相对于文档的链接。站点根目录相对链接是指指向其他站点资源的路径为相对于站点根目录（而非文档）的链接。因此，如果将文档移动到某个位置，资源的路径仍是正确的。更改此设置不会转换现有链接的路径。

如果选中"站点根目录"单选按钮，则需要在"Web URL"文本框中输入站点的 Web URL。Dreamweaver 使用它创建站点根目录相对链接，并在使用链接检查器时验证这些链接。

注意：在使用本地浏览器预览网页文档时，除非指定了测试服务器，或者在"首选参数"对话框（单击"编辑"→"首选参数"命令）内"在浏览器中预览"栏中选中"使用临时文件预览"复选框，否则文档中通过站点根目录相对链接进行链接的内容将不会显示。这是因为浏览器不能识别站点根目录，而服务器能够识别。

（7）选中"区分大小写的链接检查"复选框后，可以在 Dreamweaver 检查链接时，检查链接的大小写与文件名的大小写是否相匹配，用于文件名区分大小写的 UNIX 系统。

（8）"启用缓存"复选框用来指定是否创建本地缓存以提高链接和站点管理任务的速度。如果没选中它，则 Dreamweaver 在创建站点前将再次询问是否希望创建缓存。最好选中该复选框，因为只有在创建缓存后"资源"面板（在"文件"面板组中）才有效。

（9）单击"保存"按钮，关闭"站点设置对象"对话框，回到"管理站点"对话框，如图 1-3-11 所示。单击"管理站点"对话框中的"完成"按钮，完成站点的设置。此时"文件"面板如图 1-3-12 所示，在第一个下拉列表框中将显示出"我的第 1 个站点"列表项目。

（10）如果要重新进行站点设置，可单击"站点"→"管理站点"命令，重新弹出"管理站点"对话框。单击选中站点名称，再单击"编辑"按钮即可。

（11）右击"本地站点"栏内的空白处，弹出它的快捷菜单，单击该菜单内的"新建文件"命令，可以新建一个网页文档，然后输入网页的名字（如"index.html"），如图 1-3-13 所示。双击该文档名字，可以进入该网页的编辑窗口。

图 1-3-11　"管理站点"对话框

图 1-3-12　"文件"面板

图 1-3-13　新建一个网页文档

3.　"文件"面板的基本操作

单击"文件"面板内"标准"工具栏中的"展开以显示本地和远端站点"按钮，"文件"面板如图 1-3-14 所示。它会显示出新建站点的结构，站点内的文件夹和文件的名字、大小、修改日期等。

再单击"文件"面板内"标准"工具栏中的"折叠以只显示本地或远端站点"按钮，"文件"面板（此时也叫"站点"窗口）如图 1-3-12 所示。"文件"面板的特点和基本操作如下：

（1）"文件"面板内有两栏，拖动两栏之间的分割条，可调整两栏的大小比例，甚至取消其中一栏。

（2）在"文件"面板内可以执行标准的文件操作。右

图 1-3-14　"文件"面板

击"文件"面板内或"站点"窗口的"本地文件"栏内，会弹出它的快捷菜单，利用该菜单可以进行创建、选择、编辑、移动、删除、打开文件和文件重命名等操作。

（3）标准工具栏 中的各工具主要用来处理本地站点传递到远程站点的工作等。例如，单击"测试服务器"按钮，可使"文件"面板左边栏切换到"测试服务器"栏，"文件"面板右边仍然显示"本地文件"栏；单击"远程服务器"按钮，可使"文件"面板左边栏切换到"远端站点"栏。

1.4 应 用 实 例

1.4.1 【实例 1-1】用记事本制作网页

1．浏览网页

（1）方法 1：双击 HTML 文档图标，弹出浏览器窗口，同时打开网页。

（2）方法 2：双击浏览器图标，弹出浏览器窗口。单击"文件"→"打开"命令，弹出"打开"对话框，如图 1-4-1（还没有内容）所示。然后，单击"打开"对话框中的"浏览"按钮，弹出"Microsoft Internet Explorer"对话框（即浏览器），如图 1-4-2 所示。

选择 HTML 文件，单击"打开"按钮，回到"打开"对话框，在"打开"对话框内的"打开"文本框内已有选中的文件目录与名字，如图 1-4-1 所示。

单击"确定"按钮，即可在浏览器中打开选择的"D:\BDWEB2\H1-1\"文件夹内的"H1-1.htm"网页文档，如图 1-4-3 所示。

已有选中的文件目录与名字

图 1-4-1 "打开"对话框

图 1-4-2 "Microsoft Internet Explorer"对话框

显示网页的路径和文件名称；在此输入网页的路径和文件名称后，按 Enter 键，可以弹出该网页内容

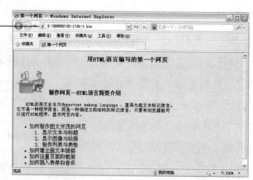

图 1-4-3 在浏览器中打开"H1-1.htm"HTML 网页文档

2．输入 HTML 文档

HTML（HyperText Markup Language，超文本置标语言）是一种用来制作超文本文档的简单标识语言，它是全球广域网上描述网页内容和外观的标准。HTML 使用了一些约定的标识，对 WWW 上的各种信息进行标注，IE 等浏览器会自动将 HTML 标识进行翻译，在屏幕上显示出相应的内容，而标识符号不会显示出来。只要有浏览器就可以运行 HTML 文档。

HTML 文件是标准的 ASCII 普遍文本文件，它由许多被称为标识（也称为标签）的特殊字符串组成。标识通常由尖括号"<"和">"以及其中所包含的标记元素组成，例如，<HEAD>与</HEAD>就是一对标记，称为文件头部标记。可以使用 Windows 记事本软件来创建 HTML 文件。打开 Windows 的记事本软件，输入如下的 HTML 文档。注意：一定要在英文输入方式下输入 HTML 文件中的各种英文标识。

```
<HTML>
<HEAD>
<TITLE>第一个网页</TITLE>
</HEAD>
<BODY BGCOLOR=#EEEE55>
<CENTER><H3>用 HTML 语言编写的第一个网页</H3></CENTER>
<p><IMG SRC="GIF/T1.GIF" width="92" height="75" ALING=left>
    <B>制作网页--HTML 语言简要介绍</B><BR>
</p>
<PRE>
    HTML 的英文全名为 Hypertext makeup language ，直译为超文本标记语言。
它不是一种程序语言，而是一种描述文档结构的标记语言，只要有浏览器就可
以运行 HTML 程序，显示网页内容。
</PRE>
<UL>
<LI>如何制作图文并茂的网页
<OL>
<LI>显示文本与标题
<LI>显示图像与动画
<LI>制作列表与表格
</OL>
<LI>如何建立超文本链接
<LI>如何设置页面的框架
<LI>如何插入表单和音乐
</UL>
</BODY>
</HTML>
```

3．保存和打开网页

（1）保存网页：为了便于管理，在磁盘目录下建立一个名字为"BDWEB2"的文件夹，在该文件夹内保存各种 HTML 文档。再在该文件夹下建立一些文件夹，用来存储网页中的各种素材。例如，"GIF"文件夹用来存放各种 GIF 格式文件。

单击 Windows 的记事本软件菜单栏内的"文件"→"另存为"命令，弹出"另存为"对话框，在该对话框内的"保存在"下拉列表框内选中"D:\BDWEB2\H1-1\"文件夹，在"文件名"文本框中输入"H1-1.htm"。注意：一定要输入 HTML 文档的扩展名".htm"或".html"。然后，单击

"保存"按钮，即可保存名字为"H1-1.htm"的 HTML 文档。

（2）打开和修改网页：单击 Windows 的记事本软件菜单栏内的"文件"→"打开"命令。弹出"打开"对话框，在"文件类型"下拉列表框中选择"所有文件"选项，选中要打开的文件"H1-1.htm"，单击"打开"按钮，在记事本中显示"H1-1.htm"网页文档的代码。以后即可修改网页。修改好网页后，单击"文件"→"保存"命令，可将修改后的代码保存。

（3）刷新网页：再将鼠标指针移到图 1-4-3 所示的网页之上，单击鼠标右键，弹出其快捷菜单，再单击该菜单中的"刷新"命令，即可看到修改后的网页。

4．HTML 文档中基本结构标识解释

HTML 语言的标识种类很多，"H1-1.htm"HTML 文档中所用标识的含义介绍如下：

（1）<HTML>/</HTML>：它是最基本的标识，不可缺少。<HTML>表示 HTML 文档的开始，</HTML>表示 HTML 文档的结束。

（2）<HEAD>/</HEAD>：它可以提高网页文档的可读性，向浏览器提供一个信息。它可以忽略，但一般不予忽略。

（3）<BODY>/</BODY>：其内包含网页正文内容，一般不可少。

（4）<TITLE>/</TITLE>：网页的标题，它是<HEAD>/</HEAD>标识内不可少的标识。

（5）<BODY BGCOLOR=#RRGGBB>：使用<BODY>标识中的 BCOLOR 属性，可以设置网页的背景颜色。使用的格式有以下两种。

● 格式 1：<BODY BGCOLOR=#RRGGBB>

其中，RR、GG、BB 可以分别取值为 00~FF 的十六进制数。RR 用来表示颜色中的红色成分多少，数值越大，颜色越深；GG 用来表示绿色成分多少；BB 用来表示蓝色成分多少。红、绿、蓝三色按一定比例混合，可以得到各种颜色。例如，RR =FF，GG=FF，BB=FF，则为白色；如果 RRGGBB 取值为 000000，则为黑色；RRGGBB 取值为 FF8888，则为浅红色。

● 格式 2：<BODY BGCOLOR="颜色的英文名称">

该种格式是直接使用颜色的英文名称来设定网页的背景颜色。例如，<BODY BGCOLOR=blue>：用来设置网页的背景颜色为蓝色。

（6）<H3>/</H3>：它是正文的第三级标题标识。此外，还有第一到第六级标题标识，分别为<H1>/</H1>、<H2>/</H2>、……、<H6>/</H6>。级别越高，文字越小。

（7）<IMG>：它是图像标识。用来加载 GIF 图像与动画。在网页中加载 GIF 动画的方法与加载 GIF 图像的方法一样。GIF 动画文件的扩展名也是.gif，文件格式是 GIF89A 格式。制作 GIF 动画的软件有很多，例如，Photoshop、Fireworks 和 Ulead GIF Animator 等。

（8）SRC：它是依附于其他标识的一个属性，依附于<IMG>标识时，用来导入 GIF 图像与动画。其格式如下：

<IMG SRC="图像文件的目录与文件名"> width="高度" height="高度" ALING=位置

其中高度和宽度用像素个数表示，位置用 left 等表示居左等。

如果图像文件"T1.GIF"在该 HTML 文档所在文件夹内的 GIF 文件夹内，则应写为<IMG SRC="GIF\T1.gif "> 。如果文件的目录或文件名不对，则在浏览器中显示网页时，图像的位置处会显示一个带"×"的小方块。

（9）
：它是换行标识。表示以后的内容移到下一行。它是单向标识，没有</BR>。

（10）<PRE>/</PRE>：它是保留文本原来格式的标识。它的作用是将其中的文本内容按照原来的格式显示。否则浏览器会自动取消文本中的空格。

（11）<B>/</B>：它是粗体标识。可使其中的文字变为粗体。

（12）<OL>/</OL>、<UL>/</UL>与<LI>/</LI>：<OL>/</OL>是有序列表标识。其内用<LI>标识文字，显示的文字前会自动加上"1""2"……序号。<UL>/</UL>是无序列表标识。其内用<LI>标识文字，显示的文字前会自动加上"●"。

5．在 Dreamweaver 中的 3 种视图窗口内修改网页

单击图 1-1-1 所示"Adobe Dreamweaver CS5"欢迎屏中的"打开"按钮📁打开…，弹出"打开"对话框。利用该对话框打开"H1-1.htm"网页文档。

文档窗口有"设计""代码"和"代码和设计"3 种视图窗口，它们适用于不同的网页编辑要求。如果要切换文档窗口的视图，可以单击"文档"工具栏内的相应按钮，参看本章 1.1.3 中"4. 文档的 3 种视图窗口"内的内容。

1.4.2 【实例 1-2】用 Dreamweaver CS5 制作的第 1 个网页

"用 Dreamweaver CS5 制作的第 1 个网页"（H1-2.htm）在浏览器中的显示效果如图 1-4-4 所示。单击其中的"如何显示文字与标题"文字，会弹出"Th1.htm"网页。单击该网页中的"如何显示无序列表"文字，会弹出"Th2.htm"网页。

"H1-2.htm"主页、"Th1.htm"子页、"Th1.htm"子页文档和"HB.gif"与"XJSJ.gif"图像文件都存放在"BDWEB2\H1-2"文件夹内。该网页的制作方法如下：

图 1-4-4　"用 Dreamweaver CS5 制作的第 1 个网页.htm"在浏览器中的显示效果

1．插入图像和输入文字

（1）启动中文 Dreamweaver CS5，按照上面所述方法新建一个网页，再以名字"H1-2.htm"保存在"BDWEB2\H1-2"文件夹内。

注意：本书中各网页实例的制作都是先保存成一个 HTML 文档，再进行网页页面设计。

（2）单击"设计"视图窗口内部，单击"属性"栏内的"页面属性"按钮，弹出"页面属性"对话框，如图 1-3-1 所示。为页面背景填充黄色，如图 1-3-2 所示；设置页面标题为"用 HTML 语言编写的第一个网页"，如图 1-3-5 所示；设置链接字为红色，如图 1-3-6 所示。

（3）单击文档窗口内的左上角，在窗口左上角出现"｜"光标。输入文字"欢迎您访问我的主页"，再拖曳选中它。然后，在文字"属性"栏内的"格式"下拉列表框中选择"标题2"选项，将选中的文字设置为标题2格式；再单击"居中对齐"按钮▤，使文字居中放置。单击"格式"→"样式"→"下画线"命令，使文字带有下画线。按 Enter 键，输入完蓝色、加粗的"欢迎您访问我的主页"标题文字，并使光标定位到第2行左边。

（4）单击"插入"栏内的"常用"标签，单击其内的"图像"按钮▣▾，弹出它的列表，单击该列表内的"图像"选项，弹出"选择图像源文件"对话框。利用该对话框选择"HB.gif"图像，再单击"确定"按钮，将选定的图像插入到页面的第2行内。然后，按住 Ctrl 键，同时用拖曳图像，在原图像的右边复制一份相同的图像；再拖曳调整图像边缘的控制柄，调整图像大小，如图1-4-4第2行图像所示。

（5）按 Enter 键，将光标移到第三行左边。再采用相同的方法插入"XJSJ.gif"图像。

（6）在第2幅图像的右边输入文字"自我介绍:"。拖曳选中文字，再单击文字"属性"栏内的"粗体"按钮**B**，将选中的文字设置为粗体；在"大小"下拉列表框中输入"36"，使文字为36号字；然后，单击"文本颜色"按钮▣▾，弹出相应的颜色画板，如图1-3-2所示，利用该颜色板设置文字颜色为红色。然后，按 Enter 键，将光标移到第4行起始位置。

2．输入列表文字和创建文字链接

（1）在文字的"属性"栏内，在"格式"下拉列表框中选择"预先格式化的"选项，设置文字的格式；设置文字颜色为黑色，字大小为4号字。按照图1-4-4所示输入文字，再按 Enter 键。然后，输入字号为4号字，加粗、蓝色的文字"我向大家介绍的网页知识如下"。

（2）按 Enter 键，将光标移到第5行。输入一行4号字、加粗的"如何显示文字与标题"文字并选中它们，单击"属性"栏内"编号列表"按钮▤，使文字成为编号列表文字。

（3）按 Enter 键，将光标移到第6行。输入字号为4号字、加粗的"如何显示无序列表"文字，拖曳选中它们，单击文字"属性"栏内"编号列表"▤按钮，使文字成为编号列表文字。

（4）选中"如何显示文字与标题"文字，再单击文字属性栏内的"链接"右边的"浏览文件"按钮▣，弹出"选择文件"对话框，选择"Th1.htm"文档，再单击"确认"按钮，建立选中文字与"Th1.htm"网页文档的链接。此时，选中文字变为带下画线的红色热字。

（5）选中"如何显示无序列表"文字，再按照上述方法，建立"如何显示无序列表"文字与"Th2.htm"网页文档的链接。此时的"属性"栏如图1-4-5所示。

（6）单击"文档"→"保存"命令，将制作的网页存储成名字为"H1-2.htm"的网页文档。按 F12 键，用浏览器弹出该网页，并显示其内容，如图1-4-4所示。

图1-4-5　选中"如何显示无序列表"文字后的"属性"栏

此时，中文 Dreamweaver CS5 的文档窗口如图1-4-6所示。可以使用文档窗口的"设计""代码"和"代码和设计"3种不同的视图窗口来编辑该网页。

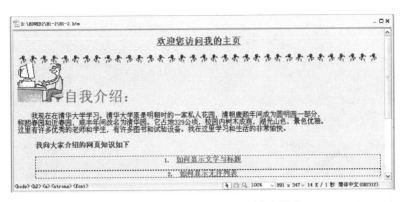

图 1-4-6　"H1-2.htm.htm"网页的文档窗口

思考与练习

1．填空题

（1）Dreamweaver CS5 的工作区主要由_____、_____、_____、_____、_____、_____、_____、_____ 和_____ 等组成。

（2）文档窗口有_____、_____和_____ 3 种视图窗口。

（3）URL 的含义是_____，它是_____上的地址编码，指出了文件在_____中的位置。一个完整的 URL 地址通常由_____、_____、_____和_____ 4 部分组成。

（4）绝对路径是_____路径，系统按照_____进行文件的查找。相对路径是以_____为起始目录，进行相对的文件查找。

（5）HTML 文件是标准的_____文件，它由许多被称为_____的特殊字符串组成。

（6）Dreamweaver 站点是_____。它可以将_____上创建的 Web 页上传到_____，并随时在保存文件后传输更新的文件来对 Web 站点进行编辑和维护。Dreamweaver 站点主要由_____和_____组成。

2．操作题

（1）安装和启动中文 Dreamweaver CS5，进入"设计人员"风格的中文 Dreamweaver CS5 工作区。调整面板，再将新的 Dreamweaver CS5 工作区以名称"我的工作区 1"保存。

（2）在 Dreamweaver CS5 内，打开"CSS 样式""框架"和"文件"面板，将这 3 个面板组成一个面板组，然后关闭这 3 个面板组成的面板组。

（3）用记事本软件创建一个简单的网页。再使用 Dreamweaver CS5 制作同样的网页。

（4）在 Dreamweaver CS5 内打开【实例 1-2】网页，将其中的文字大小和颜色进行调整。

（5）使用 Dreamweaver CS5 设计一个背景图像填充、有 GIF 动画、有文字的网页。

（6）设计一个"自我介绍"网页，通过该网页介绍自己的简历，还有自己的照片等资料。

（7）使用 Dreamweaver CS5 创建一个名称为"学习网页制作网站"的本地站点。在该站点中建立 4 个简单的网页。其中一个是主页，主页内有 3 行热字，热字分别与其他 3 个子页建立链接。3 个子网页中分别有"返回主页"热字，它们均与主页建立链接。

第2章
插入文字、图像、表格以及超链接

文本是大多数网页的主要内容，Dreamweaver 提供了文本的基本工具，可以编排段落、建立与更改项目符号等，能够更随心所欲地安排网页内容。使用精美的图片，可以让网页更加动人；将标题做成一张图片，可以让标题更加醒目，还可以为网页加上背景图或者是图片超链接等，如果网页缺少了图片的点缀，那么就会逊色许多。表格是网页上经常使用的表现方式，它不仅用来显示有关系性的内容，也可以作为规划安排网页内容的依据让网页看起来更有规则，更丰富美观。

超链接是互联网中最重要的功能，通过单击网页上的这些链接，就可以和其他网页相连起来。另外，还可以传送 E-mail、下载音乐和文件或是链接到指定的锚点位置。

2.1 在网页中插入文本和编辑文本

2.1.1 插入文本的方法

1. 导入 Word 文档

（1）打开 Microsoft Word，再打开要转换的 Word 文档，然后单击"文件"→"另存为"命令，弹出"另存为"对话框，在该对话框的"保存类型"下拉列表框中选择"网页"或"筛选过的网页"选项，将打开的 Word 文档存成网页 HTML 格式文件。

（2）在 Dreamweaver CS5 中打开用 Word 编辑的网页文件，单击"命令"→"清理 Word 生成的 HTML"命令，弹出"清理 Word 生成的 HTML"对话框，如图 2-1-1 所示。

（3）单击"确定"按钮后，系统自动对 Word 生成的 HTML 格式文件进行清理和优化。然后弹出图 2-1-2 所示的信息对话框。单击"确定"按钮。完成文件清理和优化任务。这样可以使网页文件的字节数减少（大约可以减少一半）。

图 2-1-1 "清理 Word 生成的 HTML"对话框

图 2-1-2 信息对话框

2．创建网页文字的其他方法

（1）键盘输入和复制粘贴文字：最简单和最直接的输入方法是键盘输入，也可以在其他的程序或窗口中选中一些文本，按 Ctrl+C 组合键，将文字复制到剪贴板上；然后回到 Dreamweaver CS5 "设计"视图的文档窗口中，按 Ctrl+V 组合键，将其粘贴到光标所在位置。在 Dreamweaver CS5 中，对从外部导入文字不仅可以保留文字，还可以保留段落的格式和文字的样式。

在"设计"视图文档窗口中，直接按 Enter 键的效果相当于插入代码<p>（从状态栏的左边可以看出），除了换行外，还会多空一行，这表示将开始一个新的段落。如果觉得这样换行后间距过大，可在输入文字后，按 Shift+Enter 组合键，可以插入代码
，表示将在当前行的下面插入一个新行，但仍属于当前段落，并使用该段落的现有格式。

在"设计"视图窗口中，对文本的许多操作与在 Word 中的操作基本一样。

（2）使用"插入"（文本）面板：单击"插入"工具栏中的"文本"标签，切换到"文本"面板，如图 2-1-3 所示。利用该面板可以插入一些常用代码等。

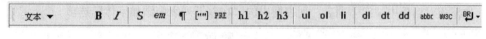

图 2-1-3 "插入"（文本）面板

3．文字的复制与移动

在网页文档的窗口内，拖曳选中的文字后，可以拖曳移动文字；按住 Ctrl 键的同时拖曳选中的文字，可以复制文字。还可以利用剪贴板进行复制与移动。

2.1.2 文字属性的设置

文本的属性（标题格式、字体、字号、大小、颜色、对齐方式、缩进和风格等）可以由文本"属性"栏和"格式"菜单来设定。单击按下"HTML"按钮后，文本"属性"栏如图 2-1-4 所示；单击按下"CSS"按钮后，文本"属性"栏如图 2-1-5 所示。单击"属性"栏内右下角的按钮，可以使面板收缩；单击"属性"栏内右下角的按钮，可以使面板展开。

单击按下"HTML"
按钮

图 2-1-4 文本的"属性"（HTML）栏

单击按下"CSS"
按钮

图 2-1-5　文本的"属性"（CSS）栏

1．文字标题格式的设置

根据 HTML 代码规定，页面的文本有 6 种标题格式，它们所对应的字号大小和段落对齐方式都是设定好的。在"格式"下拉列表框内，可以选择各种格式，其中各选项的含义如下：

（1）"无"选项：无特殊格式的规定，仅取决于浏览器本身。

（2）"段落"选项：正文段落，在文字的开始与结尾处有换行，各行的文字间距较小。

（3）"标题 1"至"标题 6"选项：是标题 1 至标题 6，约为中文 1~6 号字大小。

（4）"预先格式化的"选项：预定义的格式。

2．创建字体组合

Dreamweaver CS5 使用了字体组合的方法，取代了简单地给文本指定一种字体的方法。字体组合就是多个不同字体依次排列的组合。在设计网页时，可给文本指定一种字体组合。在网页浏览器中浏览该网页时，系统会按照字体组合中指定的字体顺序自动寻找用户计算机中安装的字体。采用这种方法可以照顾各种浏览器和安装不同操作系统的计算机。

（1）单击"字体"下拉列表框的☑按钮，可以弹出 Dreamweaver 提供的各种字体组合选项的列表框，如图 2-1-6 所示。选择某一个字体组合的名称，即可设置为该字体组合。

（2）单击图 2-1-6 中的"编辑字体列表"选项，弹出"编辑字体列表"对话框，如图 2-1-7 所示。选择该对话框中"字体列表"列表框中的"在以下列表中添加字体"选项。

图 2-1-6　字体组合列表项　　　　　　　图 2-1-7　"编辑字体列表"对话框

（3）在"可用字体"列表框中选择字体。然后双击该字体名称，即可在"选择的字体"列表框内显示出相应的字体名字；也可以选择某一个字体名字，再单击≪按钮，将选中的字体添加到"选择的字体"列表框内。然后，依次向"选择的字体"列表框中加入字体组合中的各种字体。同时，会看到在"字体列表"列表框中最下边随之显示出新的字体组合。单击"确定"按钮，即可完成字体组合的创建。

（4）如果要删除字体组合中的一种字体，选择"选择的字体"列表框中该字体的名称，再单击≫按钮，如果要删除一个字体组合，可在"字体列表"列表框中选择该字体组合，再单击"编辑字体列表"对话框中的━按钮。

（5）如果还要增加字体组合，可以单击"编辑字体列表"对话框中的 + 按钮，使"字体列表"列表框内增加"在以下列表中添加字体"选项。

3．文字其他属性的设置

（1）文字大小设置：字号的数字越大，文字也越大。默认的字号是 13。单击选中文字"属性"（CSS）栏内的"大小"下拉列表框中的一种字号数字，即可完成字号的设定。

在"大小"下拉列表框内还可以通过选择 small（小）、medium（中间）和 larger（大）等列表项目的方法设置文字的大小。

（2）文字颜色的设置：单击文字"属性"栏内的"文本颜色" 按钮 ，弹出文本颜色面板，利用它可以设置文字的颜色。

（3）文字的对齐设置：文字的对齐是指一行或多行文字在水平方向的位置，它有左对齐、居中对齐和右对齐 3 种。对齐可以在选中页面内的文字后，单击文字"属性"栏内的 （左对齐）、 （居中对齐）和 （右对齐）按钮来实现。如果文字是直接输入到页面中，则会以浏览器的边界线进行对齐。

（4）文字的缩进设置：要改变段落文字的缩进量，可以选中文字，再单击文字"属性"栏内的 （减少缩进，向左移两个单位）按钮或 （增加缩进，向右移两个单位）按钮。

（5）文字风格的设置：选中网页中的文字，单击按下"粗体"按钮 **B**，即可将选中的文字设置为粗体；单击按下"斜体"按钮 *I*，即可将选中的文字设置为斜体。

利用命令也可以改变文字风格。在"格式"→"样式"菜单的子菜单中，单击其中的某一个命令，可以将选中的文字样式作相应的改变。

（6）文字其他属性的设置：利用"属性"栏和"格式"命令，可以设置文字的大小、颜色、对齐方式、缩进和风格等属性。

4．文字的列表设置

（1）设置列表：

- 设置无序列表和有序列表：选中要排列的文字段，再单击文字"属性"栏内的 按钮，可设置无序列表；选中要排列的文字段，再单击文字"属性"栏内的 按钮，可设置有序列表。

- 定义列表方式：选中要排列的文字段，再单击"格式"→"列表"→"定义列表"命令。采用这种列表方式的效果是：奇数行靠左，偶数行向右缩进，如图 2-1-8 所示。

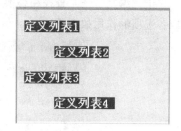

图 2-1-8　奇数行靠左，偶数行向右缩进

（2）修改列表属性：

- 首先将列表的文字按照无序或有序列表方式进行列表。然后将光标移到列表文字中，再单击"格式"→"列表"→"属性"命令，弹出"列表属性"对话框，如图 2-1-9 所示。

- "列表类型"下拉列表框用来选择列表类型，其类型有项目列表、编号列表、目录列表和菜单列表 4 种。项目列表的段首为图案标志符号，是无序列表；编号列表的段首是数字，是有序列表。选择"编号列表"选项后，"列表属性"对话框中的隐藏选项会变为有效。

（3）在"列表属性"（项目列表）对话框的"样式"下拉列表框中可以选择列表的风格，其中各选项的含义是："[默认]"选项是默认方式，段首标记为实心圆点；"项目符号"选项是段首标记为项目的图案符号；"正方形"选项是段首标记为实心方块。

（4）在"列表属性"（项目列表）对话框中"新建样式"下拉列表框中也有上述 4 个选项，用来设置光标所在段和以下各段的列表属性。

（5）在"列表类型"下拉列表框中选择"编号列表"选项后的"列表属性"（编号列表）对话框如图 2-1-9 所示。在"列表属性"（编号列表）对话框中的"样式"下拉列表框中选择"数字"选项（见图 2-1-10）后，段首标记为阿拉伯数字；选择"小写罗马数字"选项后，段首标记为小写罗马数字；选择"大写罗马数字"选项后，段首标记为大写罗马数字；选择"小写字母"选项或"大写字母"选项后，段首标记为英文小写或大写字母。

图 2-1-9 "列表属性"对话框

图 2-1-10 有序列表的"列表属性"对话框

（6）在"列表属性"（编号列表）对话框中"开始计数"文本框内可以输入起始的数字或字母，以后各段的编号将根据起始数字或字母自动排列。

（7）在"列表属性"（编号列表）对话框的"列表项目"选项组内，"新建样式"下拉列表框中也有上述 6 个选项，用来设置光标所在段和以下各段的列表为另一种新属性。在"重设计数"文本框内输入光标所在段和以下各段的列表的起始数字或字母。

2.1.3 文字的查找与替换

单击"编辑"→"查找和替换"命令，可弹出"查找和替换"对话框，如图 2-1-11 所示。其内各选项的作用如下所述。

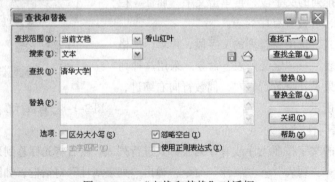

图 2-1-11 "查找和替换"对话框

（1）"查找范围"下拉列表框用来选择查找的范围。其内有 6 个选项，各选项的作用如下：

● "所选文字"选项：设置在当前网页中所选中的文字中查找。

- "当前文档"选项：设置在当前文档中查找。
- "打开的文档"选项：设置在已经打开的文档中查找。
- "文件夹"选项：设置在指定的文件夹中查找。
- "站点中选定的文件"选项：设置在当前站点选中的文件中查找。
- "整个当前本地站点"选项：设置在当前站点中查找。

（2）"搜索"下拉列表框：用来选择查找内容的类型，有 4 个选项，其含义如下所述。

- "源代码"选项：设置在 HTML 源代码中查找文本。
- "文本"选项：设置在网页中的文本中查找文本。
- "文本（高级）"选项：设置用高级方式查找文本。
- "指定标签"：设置查找 HTML 置标。

（3）"查找"列表框：用来输入要查找的内容。

（4）"替换"列表框：可输入要替换的字符或选择要替换的字符。

（5）4 个复选框：4 个复选框的含义如下所述。

- "区分大小写"复选框：选择它后，可以区分大小写。
- "忽略空白"复选框：选择它后，可以忽略文本中的空格。
- "全字匹配"复选框：选择它后，查找的内容必须和被查内容完全匹配。
- "使用正则表达式"复选框：选择它后，可以使用规定的表达式。

（6）8 个按钮：其中，6 个常用按钮的作用如下所述。

- "查找下一个"按钮：查找从光标处开始的第一个要查找的字符，光标移至此字符处。
- "查找全部"按钮：在指定范围内查找全部符合要求的字符，并在"查找和替换"对话框下边延伸出的列表内显示出来。双击列表内的某一项，可立即定位到页面的相应字符处。
- "替换"按钮：替换从光标处开始的第一个查找到的字符。
- "替换全部"按钮：在指定的范围内，替换全部查找到的字符。
- "保存"按钮▤：单击该按钮，会弹出一个保存查找内容的对话框，输入文件名字，单击"保存"按钮，即可将要查找的文字保存到文件中。
- "打开"按钮▱：单击该按钮，会弹出一个装载查找内容文件的对话框，输入文件名字，单击"打开"按钮，即可将文件中的查找文字加载到"替换"文本框内。

2.2　插入和编辑图像及超链接

2.2.1　插入图像

1．利用"插入"（常用）栏中的"图像"按钮▣

（1）单击"插入"（常用）栏内的"插入图像"按钮▣，或拖曳▣按钮到网页内，均可以弹出"选择图像源文件"对话框，如图 2-2-1 所示。如果"插入图像"按钮▣处显示的不是该按钮，可以单击旁边的黑色按钮，弹出它的快捷菜单，单击该菜单中的"插入图像"命令。

（2）选中图像文件后，在"URL"文本框内会给出该图像的路径。在"相对于"下拉列表框内，如果选择"文档"选项，则"URL"文本框内会给出该图像文件的相对于当前网页文档的路径和文件名，例如，"TU/香山 1.gif"。如果选择"站点根目录"选项，则"URL"文本框内会给出以站点目录为根目录的路径，例如，"/TU/香山 1.gif"。选择"站点根目录"选项后，如果整个站点文件夹移动了位置，也不会出现断链现象。

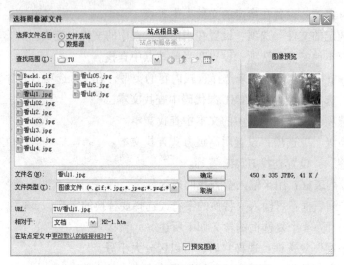

图 2-2-1 "选择图像源文件"对话框

（3）单击"确认"按钮，可关闭该对话框，并将选定的图像加入到页面的光标处。

另外，可以在 Windows 的"我的电脑"或"资源管理器"中，拖曳一个图像文件的图标到网页文档窗口内，也可以将图像加入到页面内的指定位置。

双击页面内的图像，可以弹出"选择图像源文件"对话框，供用户更换图像。

2. 移动、复制、删除图像和调整图像的大小

（1）移动和复制图像：单击选中要编辑的图像，这时图像周围会出现几个黑色方形的小控制柄。拖曳图像到目标点，可移动图像；按住 Ctrl 键并拖曳图像到目标点，可复制图像。

（2）删除图像：选中要删除的图像，再按 Delete 键即可。还可以将它剪切到剪贴板中。

（3）简单调整图像大小：选中要调整的图像，拖曳其控制柄。按住 Shift 键，同时拖曳图像右下角的控制柄，可以在保证图像长宽比不变的情况下调整图像大小。

2.2.2 编辑图像

1. 设置附属图像处理软件

设置外部图像处理软件为 Dreamweaver CS5 附属图像处理软件的方法如下：

（1）单击"编辑"→"首选参数"命令，弹出"首选参数"对话框。选择"分类"列表框中的"文件类型/编辑器"选项，此时的"首选参数"对话框如图 2-2-2 所示。

（2）选择"扩展名"列表框中的一个选项，再选择"编辑器"列表框中原来链接的外部文件名字，然后单击"编辑器"列表框上边的 ─ 按钮，删除原来链接的外部文件。

（3）单击"编辑器"列表框上边的 ＋ 按钮，弹出"选择外部编辑器"对话框，利用该对话框，选择外部图像处理软件的执行程序，再单击"打开"按钮，将该外部图像处理软件设置成 Dreamweaver CS5 的附属图像处理软件编辑器。还可以设置多个外部图像处理软件。

图 2-2-2　"首选参数"（文件类型/编辑器）对话框

（4）设置多个外部图像处理软件后，选择"编辑器"列表框中的一个图像处理软件的名字，再单击"编辑器"列表框上边的"设为主要"按钮，设置选择的图像处理软件为默认的 Dreamweaver CS5 的附属图像处理软件编辑器。

（5）单击该对话框内的"确定"按钮，即可完成外部图像处理软件编辑器的设置。

2．用外部图像处理软件编辑图像

在设置了外部图像处理软件编辑器后，要用它编辑网页图像，可采用下述方法。

（1）右击图像，弹出它的快捷菜单，单击该菜单内的"编辑以"命令，弹出它的菜单，如图 2-2-3 所示。单击该菜单内的命令，可以应用不同软件编辑图像。

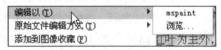

图 2-2-3　图像快捷菜单内的"编辑以"菜单

（2）按住 Ctrl 键，双击页面中的图像。

（3）选中网页图像，再单击图像"属性"栏中的"编辑"按钮。

利用外部图像处理软件编辑器编辑完图像后，存盘退出，即可返回 Dreamweaver CS5 的网页文档窗口状态。

3．优化网页图像

右击图像，弹出它的快捷菜单，单击该菜单内的"优化"命令，弹出"图像预览"对话框，如图 2-2-4 所示。利用该对话框可以调整选中图像的大小、品质等参数，优化图像。选中图像，单击"属性"栏中的"编辑图像设置"按钮，也可弹出"图像预览"对话框。

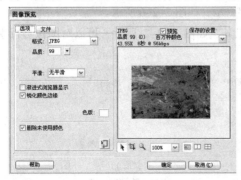

（a）"选项"选项卡

（b）"文件"选项卡

图 2-2-4　"图像预览"对话框

4．图像"属性"栏

选中页面中加入的图像后，图像的"属性"栏如图 2-2-5 所示。其设置方法如下：

图 2-2-5　图像"属性"栏

（1）ID：在"属性"栏内左上角会显示选中图像的缩略图，右边会显示它的字节数。在 ID 文本框内输入图像名字，以后可以使用脚本语言（JavaScript 等）对它进行引用。

（2）精确调整图像大小：在"宽"文本框内输入图像宽度，系统默认的单位是像素（pixel），如果要使用其他单位，则在数字右边再输入单位名称，例如，in（英寸）、mm（毫米）、pt（磅），pc（派卡）等。用同样的方法可在"高"文本框内输入图像的高度。在数字右边加入%，表示图像占文档窗口的宽度和长度百分比，设置后，图像的大小会跟随文档窗口的大小自动进行调整。例如，不管页面大小，只想占页面宽度的30%，可在"宽"文本框中输入 30%。

如果要还原图像大小的初始值，可单击 宽(W) 和 高(H) 文字或删除"宽"和"高"文本框中的数值；要想将宽度和长度全部还原，则可单击"重设大小"按钮 C。

（3）图像的路径："源文件"文本框内给出了图像文件的路径。文件路径可以是绝对路径，也可以是相对路径（如 JPG/L1.jpg，相对网页文档所在目录）。单击"源文件"文本框右边的 按钮，可弹出"选择图像源文件"对话框，利用它可以更换图像。

（4）链接："链接"文本框内给出了被链接文件的路径。超链接所指向的对象可以是一个网页，也可以是一个具体的文件。设置图像链接后，用户在浏览网页时只要单击该图像，即可打开相关的网页或文件。建立超链接有如下 3 种方法：

- 直接输入链接地址 URL。
- 拖曳指向文件图标 到"站点"窗口要链接的文件上。
- 单击该文本框右边的按钮 ，弹出"选择文件"对话框，利用它可以选定文件。

（5）图像中添加文字提示说明：选中图像，在图像"属性"栏的"替换"下拉列表框内输入图像文字说明（如"这是一幅香山图像"）。用浏览器弹出图像页面后，将鼠标移到加文字说明的图像上，或者在发生断链现象时，即可出现相应的文字提示，如图 2-2-6 所示。

（6）利用网页中图像"属性"栏内的图像编辑工具，如图 2-2-7 所示，可以对图像进行编辑。图像编辑工具中各工具的作用如下：

（a）图像页面

（b）断链页面

图 2-2-6　显示图像的文字提示说明

图 2-2-7　图像编辑工具

- 裁切图像：单击"裁切"按钮◻，选中的图像四周会显示 8 个黑色控制柄。拖曳这些控制柄，按 Enter 键即可裁切图像。
- 调整图像的亮度和对比度：单击"亮度和对比度"按钮◑，会弹出"亮度和对比度"对话框，利用该对话框可以调整选中图像的亮度和对比度。
- 调整图像的锐度：单击"锐度"按钮▲，会弹出"锐度"对话框，利用该对话框可以调整选中图像的锐度。
- 重新取样：在图像调整后，"重新取样"按钮变为有效，单击它可使图像重新取样。

2.2.3　图文混排

当网页内有文字和图像混排时，系统默认的状态是图像的下沿和它所在的文字行的下沿对齐。如果图像较大，则页面内的文字与图像的布局会很不协调，因此需要调整它们的布局。调整图像与文字混排的布局需要使用图像"属性"栏内的"对齐"下拉列表框。

1．图像与文字相对位置的调整

"对齐"下拉列表框中有 10 个选项，它们的含义如下所述。

（1）默认值：使用浏览器默认的对齐方式，不同的浏览器会稍有不同。

（2）基线：图像的下沿与文字的基线水平对齐。基线不到文字的最下边。

（3）顶端：图像的顶端与当前行中最高对象（图像或文本）的顶端对齐。

（4）中间：图像的中线与文字的基线水平对齐。

（5）底部：图像的下沿与文字的基线水平对齐。

（6）文本上方：图像的顶端与文本行中最高字符的顶端对齐。

（7）绝对居中：图像的中线与文字的中线水平对齐。

（8）绝对底部：图像的下沿与文字的下沿水平对齐。

（9）左对齐：图像在文字的左边缘，文字从右侧环绕图像。

（10）右对齐：图像在文字的右边缘，文字从左侧环绕图像。

文字的上沿、中线、基线、下沿、左边缘和右边缘之间的关系如图 2-2-8 所示。

2．图像与文字间距的调整

图像与文字的间距是指图像与文字水平方向和垂直方向的间距。这可以通过改变"水平边距"和"垂直边距"文本框内的数值来实现，数值的单位是像素。如果在"对齐"下拉列表框内选择"左对齐"选项，在"水平边距"文本框内输入 40，"垂直边距"文本框内输入 30，则图文混排的效果如图 2-2-9 所示。

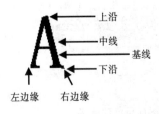

图 2-2-8　文字对齐含义

图 2-2-9　设置图文间距后的图文混排效果

2.2.4 超链接和创建链接

超链接是网络中的重要内容。如果没有超链接，在浏览网页时就需要不停地在地址栏中输入新的 URL 来跳转到其他网页，这是让人无法接受的，如果是这样，可能 Internet 就不会是今天这个样子。有了超链接，用户在浏览网页时，就可以方便地跳转到所要浏览的页面，而网页设计者也能够以此来引导用户浏览希望其浏览的页面（如广告页面）。

HTML 中可以使用超链接来连接到网络上的其他页面，也可以使用超链接来跳转到当前页面的另一个位置，甚至还可以使用超链接来打开电子邮件程序来编辑电子邮件。

链接的创建与管理有多种不同的方法。一种是创建一些指向尚未建立的页面或文件的链接，使用这种方法可以快速添加链接，而且可以在实际完成所有页面之前对这些链接进行检查；而另一些设计者则倾向于首先创建所有的文件和页面，然后再添加相应的链接。

Dreamweaver 提供多种创建超链接的方法，可以创建到文档、图像、多媒体文件或可下载软件的链接，可以建立到文档内任意位置的任何文本或图像（包括标题、列表、表、层或框架中的文本或图像）的链接。常用的创建链接的方法如下：

1. 利用"属性"面板内"链接"栏

（1）用鼠标拖曳选中源文件中要链接的文字或单击选中要链接的图像等对象。

（2）单击"属性"面板中的"链接"栏中的文件夹按钮 🗀，弹出"选择文件"对话框，利用该对话框选择要链接的 HTML 文件或图像文件（即目标文件）。也可以直接在文本框内输入要链接的 HTML 文件或图像文件的路径与文件名。使用路径时一定注意相对路径与绝对路径的使用方法，通常最好使用相对路径。

2. 利用"属性"面板内的指向图标 ⊕ 创建链接

（1）在网页编辑窗口内，同时打开要建立链接的源文件和要链接的目标文件（HTML 文件），如图 2-2-10 所示。

（2）选中建立链接的源文件中的文字或图像等对象（如单击选中图 2-2-10 中左边网页中的图像）。

（3）用鼠标拖曳文字或图像"属性"面板内"链接"栏的指向图标 ⊕ 到图 2-2-10 中右边网页编辑窗口内。这时会产生一个从指向图标 ⊕ 指向目标文件的箭头，如图 2-2-10 所示。然后松开鼠标左键，即可完成链接。

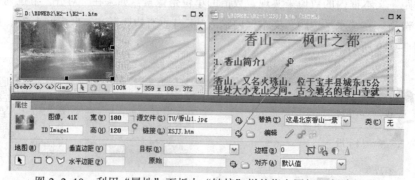

图 2-2-10 利用"属性"面板内"链接"栏的指向图标 ⊕ 创建链接

3．利用"文件"面板创建链接

（1）弹出"文件"面板，使要链接的目标文件名字出现在"文件"面板内。同时在网页编辑窗口内打开建立链接的源文件。

（2）选择网页编辑窗口内建立链接的源文件中的文字或图像等对象（如单击选中图2-2-11中左边网页编辑窗口内的图像）。

（3）用鼠标拖曳文字或图像"属性"面板内"链接"栏的指向图标🔾，移到图2-2-11中"文件"面板内要链接的目标文件。这时会产生一个从指向图标🔾指向目标文件的箭头。当目标文件名字周围出现矩形框时，松开鼠标左键，即可完成链接。

图 2-2-11　利用"站点"面板创建链接

2.3　鼠标经过图像与拼图

2.3.1　鼠标经过图像

鼠标经过图像即翻转图，它是一种最简单的、有趣的动态网页效果。当浏览器调入有翻转图的网页页面时，页面显示的是翻转图的原始图像，当鼠标指针移到该图像上边时，该图像会迅速变为另一幅图像，当鼠标指针移出图像时，图像又会恢复为原始图像。图2-3-1（a）给出了翻转图的原始图像，图2-3-1（b）给出了翻转图变化后的图像。

1．创建翻转图的方法

（1）准备两幅最好一样大小的图像，而且有一定的含义和联系，如图2-3-1所示。

（2）单击"插入"（常用）工具栏中的"图像"下拉菜单中的"鼠标经过图像"命令，弹出"插入鼠标经过图像"对话框，如图2-3-2所示（还没有设置）。

（a）原始图像　（b）翻转后图像

图 2-3-1　翻转图

图 2-3-2　"插入鼠标经过图像"对话框

（3）进行"插入鼠标经过图像"对话框的设置，然后单击该对话框中的"确定"按钮。

2．"插入鼠标经过图像"对话框的设置

"插入鼠标经过图像"对话框中各选项的作用如下：

（1）"图像名称"文本框：输入图像的名字后，可以使用脚本语言（JavaScript、VBScript 等）对它进行引用。

（2）"原始图像"文本框：单击它右边的"浏览"按钮，可以弹出"原始图像"对话框，利用"原始图像"对话框可以加载初始图像。

（3）"鼠标经过图像"文本框：单击它右边的"浏览"按钮，可以弹出"鼠标经过图像"对话框，利用"鼠标经过图像"对话框可以加载翻转图。

（4）"预载鼠标经过图像"复选框：选中它后，当页面载入浏览器时，会将翻转图预先载入，而不必等到鼠标指针移到图像上边时才下载翻转图，这样可使翻转图变化连贯。

（5）"替换文本"文本框：文本框中的文字，将在鼠标经过图像时显示。

（6）"按下时，前往的 URL"文本框：单击它右边的"浏览"按钮，可以弹出"按下时，前往的 URL"对话框，利用它可以建立与翻转图像链接的网页文件。

2.3.2　拼图

如果网页中有较大的图像，则浏览器通常是在将图像文件的内容全部下载完后，才在网页中显示该图像。这样会使网页的浏览者等待较长。为此，可采用拼接图像的方法来解决长时间等待的问题。拼接图像的方法就是用图像处理软件（例如，Photoshop 等）将一幅较大的图像切割成几部分，每部分图像分别以不同的名字存成文件。在网页中再将它们分别弹出，并"无缝"拼接在一起，形成一个完整的图像。采用这种方法，并不能使整幅图像的下载时间减少，但它可以让浏览者看到图像部分的下载过程，减少等待中的枯燥。

下边以中文 Photoshop 软件为例介绍图像的切割和在 Dreamweaver 中进行拼图的方法。

1．图像的切割

（1）运行中文 Photoshop，单击"文件"→"打开"命令，弹出"打开"对话框。选中所需的图像文件，单击"打开"按钮，将图像弹出，再调整图像大小。为了切割准确，可单击"视图"→"标尺"命令，图形左边与上边显示标尺，如图 2-3-3 所示。

（2）单击"工具"栏中的"裁切工具"按钮口，再在图像左上角单击鼠标并向右下边拖曳，拖曳出一个占图像 1/4 大小的虚线矩形，松开鼠标左键，表示选择了虚线矩形内的图像，没有选中的图像蒙上了一层透明的红色，图像如图 2-3-4 所示。

图 2-3-3　显示标尺

图 2-3-4　占图像 1/4 大小的虚线矩形

（3）按 Enter 键，将虚线框内的 1/4 图像裁切出来，如图 2-3-5 所示。

（4）单击"文件"→"存储为"命令，弹出"存储为"对话框，将切割出的图像存储到磁盘中，例如，将"PC1.jpg"存放在 JPG 文件夹内。单击"存储为"对话框中的"保存"按钮，会弹出"JPG 选项"对话框，单击该对话框内的"确定"按钮，即可将图像保存。

（5）单击"窗口"→"历史记录"命令，弹出"历史记录"面板，选择该面板内的"图像大小"选项，如图 2-3-6 所示。此时，画布窗口又还原为图 2-3-4 所示状态。

图 2-3-5　裁切出的图像

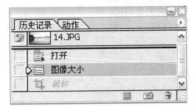

图 2-3-6　"历史记录"面板

（6）按照上述方法，依次从上到下切割出另外 4 幅图像，分别以名字 PC2. jpg、……、PC5.jpg 存入相同的文件夹内。

切割图像时一定要认真和严格，不要使虚线矩形中有白边或少选的现象。

2．在 Dreamweaver CS5 中进行拼图

（1）启动 Dreamweaver CS5，将光标移到文档窗口中新一行的左边。然后在光标处插入第 1 幅切割的图像"PC1.jpg"。

（2）单击"插入"（字符）面板中的"换行符"按钮🖱，在第一行的图像末尾插入一个行中断标记
，即回车符。

（3）将光标移到下一行，然后插入第 2 幅切割的图像 PC2.jpg。照上述方法再插入第 3、4 和 5 幅切割的图像"PC3.jpg""PC4.jpg"和"PC5.jpg"。最终效果如图 2-3-7 所示。

图 2-3-7　切割出的 5 个 1/5 大小的图像

2.4　插　入　表　格

2.4.1　插入和调整表格

1．插入表格的方法

单击"插入"（常用）栏中的"表格"按钮▦，弹出"表格"对话框，如图 2-4-1 所示。利

用"表格"对话框可以在网页中插入表格。按照图 2-4-1 所示进行设置后，单击"确定"按钮，即可插入符合要求的表格，如图 2-4-2 所示。

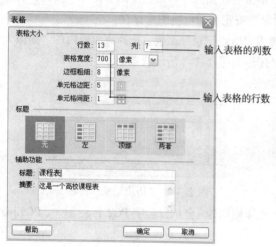

图 2-4-1 "表格"对话框

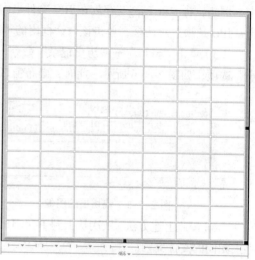

图 2-4-2 制作的第 1 个表格

2."表格"对话框各选项的作用

（1）"行数"和"列"文本框：输入表格的行数和列数，例如，设置为 13 行、7 列。

（2）"表格宽度"文本框：输入表格宽度，单位为像素或百分数，在其右边的列表框中选择。例如，设置表格宽度 700 像素。如果选择"百分比"，则表示表格占页面或其母体容量宽度的百分比。

（3）"边框粗细"文本框：输入表格边框的宽度数值，其单位为像素。当它的值为 0 时，表示没有表格线。例如，设置为 8。

（4）"单元格边距"文本框：输入的数表示单元格之间两个相邻边框线（左与右、上和下边框线）间的距离。例如，设置为 5。

（5）"单元格间距"文本框：输入单元格内的内容与单元格边框间的空白数值，其单位为像素。这种空白存在于单元格内容的四周。

（6）"标题"选项组：用来选择标题的类型。

（7）"辅助功能"选项组：其中，"标题"文本框用来输入表格的标题，"摘要"文本框用来输入表格的摘要。

3．表格和单元格标签

（1）表格标签：选择表格后，在表格的上边或下边会用绿色显示出表格的宽度，如图 2-4-3（a）所示。单击表格标签上边的三角按钮，可以弹出"表格"下拉菜单。利用"表格"下拉菜单可以对表格进行选择表格、清除所有高度、清除所有宽度、使所有宽度一致、隐藏表格宽度等操作。

（2）单元格标签：选择表格后，在表格标签的上面会显示出每一列单元格的标签，如图 2-4-3（b）所示。单击单元格标签的三角按钮，可以弹出"单元格"下拉菜单，利用该下拉菜单中的命令，可以对表格的单元格进行选择列、清除列宽、左侧插入列、右侧插入列等操作。

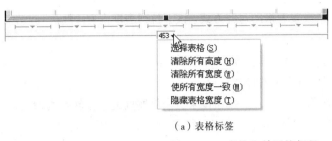

（a）表格标签　　　　　　　　　（b）单元格标签

图 2-4-3　表格和单元格标签

4．选择和调整表格

（1）选择表格：选择表格和表格中的单元格有以下几种方法。

- 选择整个表格：将鼠标指针移到表格左上角边框处，当鼠标指针呈表格状时，单击表格的外边框，可以选中整个表格。此时表格右边、下边和右下角会出现 3 个方形黑色控制柄。
- 选择多个表格单元格：按住 Ctrl 键，同时依次单击所有要选择的表格单元格。
- 选择表格的一行或一列单元格：将鼠标移到一行的最左边或移到一列的最上边，当鼠标指针呈黑色箭头时单击鼠标，即可选中一行或一列。
- 选择表格的多行或多列单元格：按住 Ctrl 键，将鼠标依次移到要选择的各行或各列，当鼠标指针呈黑色箭头时单击，即可选中多行或多列。还可以将鼠标指针移到要选择的多行或多列的起始处，当鼠标指针呈黑色箭头时，拖曳鼠标也可选择多行或多列单元格。

（2）调整整个表格的大小：单击表格的边框，选中该表格，此时表格右边、下边和右下角会出现 3 个方形的黑色控制柄。再用鼠标拖曳控制柄，即可调整整个表格的大小。

（3）调整表格中行或列的大小：将鼠标指针移到表格线处，当鼠标指针变为双箭头横线或双箭头竖线时，拖曳鼠标，即可调整表格线的位置，从而调整了表格行或列的大小。

2.4.2　设置表格的属性

1．设置整个表格的属性

将鼠标指针移到表格的外边框，选当鼠标指针呈表格状后单击，选中整个表格，此时表格的"属性"栏如图 2-4-4 所示。表格"属性"栏内各选项的作用如下：

图 2-4-4　表格的"属性"栏

（1）"表格"下拉列表框：用来输入表格的名字。

（2）"行"和"列"文本框：用来输入表格的行数与列数。

（3）"宽"文本框：用来输入表格的宽度数。它们的单位可利用其右边的下拉列表框来选择，其中的选项有"%"（百分数）和"像素"。

（4）"填充"文本框：用来输入单元格内的内容与单元格边框间的空白数，单位为像素。

（5）"间距"文本框：用来输入单元格之间两个相邻边框线间的距离。

（6）"对齐"下拉列表框：用来设置表格的对齐方式。该下拉列表框内有"默认"、"左对齐"、"居中对齐"和"右对齐"4个选项。

（7）"边框"文本框：用来输入表格边框宽度，单位为像素。

（8）"类"下拉列表框：用于设置表格的样式。

（9）4个按钮：⊠按钮用来清除列宽，⊠按钮用来将表格宽度的单位转换为像素，⊠按钮用来将表格高度的单位改为百分比，⊠按钮用来清除行高。

2．设置表格单元格的属性

选择几个单元格，此时的"属性"栏（分别按下"HTML"或"CSS"按钮）如图2-4-5所示。在表格单元格的"属性"栏中，上半部分用来设置单元格内文本的属性，它与文本"属性"栏的选项基本一样。其下半部分用来设置单元格的属性，各选项的作用如下：

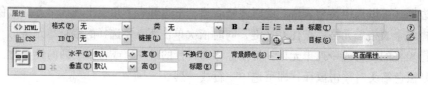

（a）按下"HTML"按钮

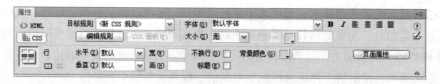

（b）按下"CSS"按钮

图 2-4-5　表格单元格的"属性"栏

（1）"合并所选单元格"按钮⊟：选择要合并的单元格，单击⊟按钮，即可将选择的单元格合并（将表格左上角的3行3列单元格合并），其效果如图2-4-6所示。

（2）"拆分单元格"按钮⊞：单击选择一个单元格，再单击⊞按钮，弹出"拆分单元格"对话框，如图2-4-7所示。选择"行"单选按钮，表示要拆分为几行；单击选择"列"单选按钮，表示要拆分为几列。在"行数"数字框内选择行的值数。再单击"确定"按钮即可。将图2-4-6所示的表格中左上角的单元格拆分为两行，其效果如图2-4-8所示。

图 2-4-6　合并单元格

图 2-4-7　"拆分单元格"对话框

图 2-4-8　拆分单元格

（3）"水平"和"垂直"下拉列表框：用来选择水平对齐方式和垂直对齐方式。

（4）"宽"和"高"文本框：设置单元格宽度与高度。

（5）"不换行"复选框：选择该复选框，则当单元格内的文字超过单元格的宽度时，不换行，自动将单元格的宽度加大到刚刚可以放下文字；未选择该复选框，则当单元格内的文字超过单元格的宽度时，自动换行。

（6）"标题"复选框：如果选择该复选框，则单元格中的文字以标题的格式显示（粗体、居中）；如果没选择该复选框，则单元格中的文字不以标题的格式显示。

（7）"背景颜色"按钮与文本框：单击"背景"按钮，可以弹出颜色面板，利用它可以给表格单元格添加背景色。在"背景颜色"文本框中也可以直接输入颜色数据。

3．表格菜单

单击单元格宽度标注右边的箭头，可弹出单元格标签下拉菜单，如图 2-4-3（b）所示。单击选中表格，再单击总宽度标注右边的箭头，可弹出表格标签下拉菜单，如图 2-4-3（a）所示，部分命令作用如下：

（1）清除所有高度：可以将表格内的单元格的高（即单元格顶部与表格顶端的间距）清除。如果表格内没有单元格，则自动建立充满布局表格的单元格。

（2）清除所有宽度：可以将表格内的单元格的宽清除。

（3）使所有宽度一致：使所有布局单元格的宽度一样。

（4）隐藏表格宽度：使表格宽度表示数字隐藏。

2.5　编　辑　表　格

2.5.1　删除、复制和移动表格

1．删除表格中的行或列

（1）利用表格的快捷菜单删除表格中的行与列：选中要删除的行（或列），单击鼠标右键，弹出它的快捷菜单。单击该菜单中的"表格"命令，弹出"表格"菜单，如图 2-5-1 所示。单击"删除行"（或"删除列"）命令，即可删除选定的行（或列）。例如，选中图 2-5-2（a）所示表格中最下边的 1 行，再删除该行，其效果如图 2-5-2（b）所示。

（a）初始表格　　　　　　　　　　（b）删除行后

图 2-5-1　"表格"菜单　　　　　　　图 2-5-2　删除表格下边 1 行

（2）利用清除命令删除表格中的行与列：选中要删除的行或列。再单击"编辑"→"清除"

命令，即可删除选定的行或列。

2．复制和移动表格的单元格

（1）选择要复制或移动的表格的单元格，它们应构成一个矩形。

（2）单击“编辑”→“复制”或单击“编辑”→“剪切”命令。

（3）将光标移到要复制或移动处，再单击“编辑”→“粘贴”命令。

2.5.2　表格中插入对象和表格数据的排序

1．在表格中插入对象

（1）在表格中插入表格：单击要插入表格的一个单元格内部。再按照上述创建表格的方法建立一个新的 4 行、4 列表格，如图 2-5-3 所示。

（2）在表格中插入图像或文字：单击要插入对象的一个单元格内部，再按照以前所述的方法在单元格内输入文字或粘贴文字；也可以在单元格内插入图像或动画，如图 2-5-4 所示。

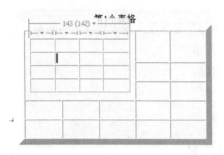

图 2-5-3　在表格单元格内插入表格

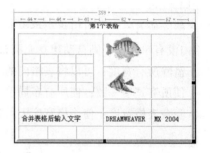

图 2-5-4　在表格单元格内插入文字和图像

2．表格数据的排序

（1）对表格单元格中数据排序的要求：对表格单元格中数据的排序，要求表格的行列是整齐的，而且没有合并和拆分过。单击“命令”→“排序表格”命令，可弹出“排序表格”对话框，如图 2-5-5 所示。利用该对话框可以对表格中的数据进行排序。

第 2 列的字母降序排序，第 1 行也参加排序。图 2-5-6（a）所示表格按照图 2-5-5 所示进行排序后的结果如图 2-5-6（b）所示。从图 2-5-6 可以看出，首先按照左起第 1 列的数值进行升序排序，在数值相同的情况下，再按左起第 2 列的数值进行降序排序。

图 2-5-5　“排序表格”对话框

1	A	语文
1	B	数学
2	C	外语
1	D	政治
2	E	生物
1	F	体育
2	G	地理
3	AB	计算机
3	AC	美术
3	JAD	音乐

（a）初始表格

1	F	体育
1	D	政治
1	B	数学
1	A	语文
2	G	地理
2	E	生物
2	C	外语
3	JAD	音乐
3	AC	美术
3	AB	计算机

（b）排序后

图 2-5-6　待排序的表格和排序后的表格

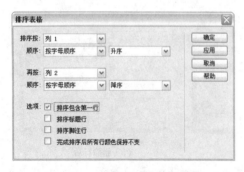

（2）"排序表格"对话框选项的含义如下：

- "排序按"下拉列表框：选择对第几列排序。列号为"列 1""列 2"等。
- "顺序"下拉列表框：在左边的下拉列表框内选择按字母或数字排序。在右边的下拉列表框内选择按升序或降序排序。字母排序不分大小写。
- "再按"下拉列表框：按照"排序按"排序时，如果有相同的数据，则按照该下拉列表框的选择排序。该下拉列表框的选项也是"列 1""列 2"等。
- "选项"选项组：选择"排序包含第一行"复选框后，表格的第一行也参加排序，否则不参加排序。选择"完成排序后所有行颜色保持不变"复选框后，保持排序后的单元格的行颜色不变。

2.6 锚点、图像热区与邮件链接

2.6.1 锚点

当页面内容很长时，在浏览器中查看某一部分的内容会很麻烦，这时可以在要查看内容的地方加一个定位标记，即锚点（也叫锚记）。这样，可以建立页面内文字或图像（也可以是图像映射图）与锚点的链接，单击页面内文字或图像等后，会迅速显示锚点处的内容，也可以建立页面内文字或图像（也可以是图像映射图）等对象与其他网页中锚点的链接。

1. 设置锚点的方法

（1）单击设置锚点的地方，将光标定位此处。再单击"插入"（常用）工具栏中的"命名锚记"按钮 🖑 ，弹出"命名锚记"对话框，如图 2-6-1 所示。

（2）在"锚记名称"文本框内输入锚点的标记名称（如设置锚点的方法）。再单击"确定"按钮，在页面光标处会产生一个锚点标记 🖑 。单击选中锚点标记 🖑 ，则它的"属性"栏如图 2-6-2 所示。利用该"属性"栏可以修改锚点标记的名称。

图 2-6-1 "命名锚记"对话框

图 2-6-2 锚记的"属性"栏

如果看不到该标记，可单击"查看"→"可视化助理"→"不可见元素"命令。

注意： 在浏览器内浏览时，不会显示锚点标记。

2. 建立对象与锚点的链接

选中页面内的文字或图像等对象，再按照下述的方法之一建立它们与锚点的链接。

（1）在"属性"面板内的"链接"文本框内输入"#"和锚点的名字。例如，输入"#设置锚点的方法"，即可完成选中的文字或图像等对象与锚点的链接。

（2）用鼠标拖曳"链接"栏的指向图标 🖑 到目标锚点上，再松开鼠标左键，即可完成选中的文字或图像与锚点的链接。

2.6.2 图像热区

图像热区也叫图像映射图，即在源文件内的图像中划定一个区域，使该区域与目标 HTML 文件产生链接。图像热区可以是矩形、圆形或多边形。

1. 创建图像热区的方法

创建图像热区应先选中要建立图像热区，再利用"插入"（常用）工具栏的"图像"下拉菜单中的绘制热点工具或图像的"属性"面板（见图 2-6-3）内的"地图"选项组中的绘制热点工具来建立图像热区。下面以图 2-6-4 所示的"建筑欣赏"图像为例介绍其方法。创建热区的图像上会蒙上一层半透明的蓝色矩形、圆形或多边形，如图 2-6-5 所示。

图 2-6-3 图像的"属性"面板

图 2-6-4 "建筑欣赏"图像

创建的矩形 创建的圆形 创建的多边
图像热区 图像热区 形图像热区

图 2-6-5 进行图像热区设置后的图像

（1）使用"插入"（常用）工具栏创建热区的方法如下：

- 创建矩形或圆形热区：单击"插入"（常用）工具栏中"图像"下拉菜单中的"绘制矩形热点"按钮□或"绘制椭圆热点"按钮○，然后在图像上拖曳绘制矩形或圆形热区。
- 创建多边形热区：单击"插入"（常用）工具栏中"图像"下拉菜单中的"绘制多边形热点"按钮♡，然后将鼠标指针移到图像上，单击多边形上的一点，再依次单击多边形的各个转折点，最后双击起点，即可形成图像的多边形热区。

（2）使用"属性"面板创建热区的方法如下：

- 创建矩形或圆形热区：单击图像"属性"面板中的"矩形热点工具"按钮□或"椭圆热点工具"按钮○，然后将鼠标指针移到图像上，鼠标指针会变为十字形。用鼠标从要选择区域的左上角向右下角拖曳，即可创建矩形或椭圆形热区。
- 创建多边形热区：单击图像"属性"面板中的"多边形热点工具"按钮♡，然后将鼠标指针移到图像上，鼠标指针会变为十字形，用鼠标单击多边形上的一点，再依次单击多边形的各个转折点，最后双击起点，即可形成图像的多边形热区。

2. 图像热区的编辑

（1）选取热区：单击图像"属性"面板内的"指针热点工具"按钮 ，再单击热区，即可选取热区。选中圆形或矩形热区后，其四周会出现 4 个方形的控制柄。选中多边形热区后，其四周会出现许多方形的控制柄，如图 2-6-5 所示。

（2）热区：拖曳热区的方形控制柄，可以调整热区的大小与形状；拖曳热区，可以调整热区的位置；按 Delete 键，可删除选中的热区。

3．给热区指定链接的文件

（1）选中热区。这时"属性"面板变为图像热区"属性"面板，如图 2-6-6 所示。

（2）利用其中的"链接"文本框，可以将热区与外部文件或锚点建立链接。

图 2-6-6　图像热区的"属性"面板

2.6.3　邮件链接与其他链接

1．创建电子邮件链接

通过电子邮件链接，单击电子邮件热字或图像等对象时，可以打开邮件窗口。在打开的邮件程序窗口（通常是 Outlook Express）中的"收件人"文本框内会自动填入链接时指定的 E-mail 地址。在选定源文件页面内的文字或图像后，建立电子邮件链接的方法有以下两种方法。

（1）在其"属性"面板中"链接"文本框内输入"mailto"和 E-mail 地址，例如，"mailto:scorpioy@sohu.com"，如图 2-6-7 所示。

图 2-6-7　在"属性"面板中设置邮件链接

（2）单击"插入"（常用）工具栏中的"电子邮件链接"图标按钮，弹出"电子邮件链接"对话框，如图 2-6-8 所示。

（3）在"电子邮件链接"对话框内的"文本"文本框中输入链接的热字，E-mail 文本框中输入要链接的 E-mail 地址，例如，"mailto:scorpioy@sohu.com"。单击"确定"按钮，即可完成插入电子邮件链接的操作。

图 2-6-8　"电子邮件链接"对话框

2．创建无址链接

无址链接是指产生链接，但不会跳转到其他任何地方的链接。它并不一定是针对文本或图像等对象，而且也不需要用户离开当前页面，只是使页面产生一些变化效果，即产生动感。

这种链接只是链接到一个用 JavaScript 定义的事件。例如，对于大多数浏览器来说，鼠标指针经过图像或文字等对象时，图像或文字等对象不会发生变化（能发生变化的事件是 OnMouseOver 事件），为此必须建立无址链接才能实现 OnMouseOver 事件。在 Dreamweaver CS5 中的翻转图像行为就是通过自动调用无址链接来实现的。

建立无址链接的操作方法是：选择页面内的文字或图像等对象，然后在其"属性"面板的"链接"文本框内输入"#"号。

3．创建脚本链接和远程登录

（1）创建脚本链接：脚本链接与无址链接类似，也是指产生不会跳转到其他任何地方的链接，它执行 JavaScript 或 VBScript 代码或调用 JavaScript 或 VBScript 函数。这样，可以在不离开页面的情况下，为用户提供更多的信息。建立脚本链接的操作方法如下：

选择页面内的文字或图像等对象。然后，在其"属性"（HTML）面板的"链接"文本框内输入"javascript:"加 JavaScript 或 VBScript 的代码或函数的调用。例如，选择"脚本链接"文字，再在"链接"文本框内输入"javascript：alert（脚本链接的显示效果）"，如图 2-6-9 所示。

图 2-6-9　在"属性"面板中建立脚本链接

存储后按 F12 键，在浏览器中会显示"脚本链接"热字，单击热字后，屏幕显示一个有文字"脚本链接的显示效果"的提示框。

（2）远程登录链接：远程登录是指单击页面内的文字或图像等对象，即可链接到 Internet 的一些网络站点上。远程登录的操作方法是：选择页面内的文字或图像等对象，再在其"属性"面板的"链接"文本框内输入"telnet://"加网站站点的地址。

2.7　应 用 实 例

2.7.1　【实例 2-1】香山红叶

"香山红叶"（H2-1.htm）网页是"香山"网站中的一个网页。将鼠标指针移到图像之上时，其上会显示"这是北京香山一景"文字，如图 2-7-1 所示。

图 2-7-1　"香山红叶"网页显示效果

当鼠标指针移到第 1 幅图像之上时，该图像会反转为另一幅图像。单击第 1 幅或第 4 幅图像或网页内下边的链接文字"北京香山简介"，都可以弹出"香山简介"（XSJJ.htm）网页，如图 2-7-2 所示。该实例的制作方法如下：

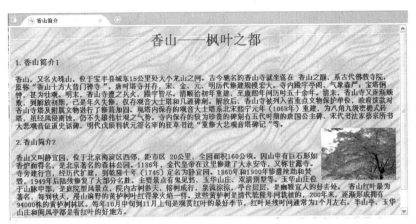

图 2-7-2　"香山简介"网页显示效果

1．页面属性设置和输入文字

（1）"Back1.jpg"和"香山 1.jpg"等图像文件保存在"BDWEB2\H2-1\TU"文件夹内。

（2）启动中文 Dreamweaver CS5，新建一个网页，再以名字"H2-1.htm"保存在"BDWEB2\H2-1"文件夹内。单击"设计"视图窗口内部，再单击"属性"栏内的"页面属性"按钮，弹出"页面属性"对话框，如图 1-3-1 所示。

（3）切换到"页面属性"（标题/编码）对话框，设置页面标题为"香山红叶"。

（4）切换到"页面属性"（外观）对话框，单击"浏览"按钮，弹出"选择图像源文件"对话框，如图 1-3-4 所示。利用它导入"D:\BDWEB2\H2-2\TU"目录下的纹理图像"Back1.jpg"。

（5）按照前面所述方法，在网页中输入文字"香山红叶"标题文字，标题文字采用标题 1 格式、蓝色、36 磅、居中，按 Enter 键，将光标移到下一行。若按下 Shift+Enter 键，则只是强迫文本换行。然后，输入段落文字，段落文字采用段落格式、16 磅、蓝色。

（6）按 Enter 键，将光标移到下一行。在段落文字下边，输入蓝色、居中、18 磅文字"北京香山简介"，如图 2-7-1 所示。

（7）再新建一个网页，设置页面标题为"香山简介"，背景图像为"Back1.jpg"。按照前面所述方法，输入相关文字，再以名字"XSJJ.htm"保存在"BDWEB2\H2-1"文件夹内。

2．插入图像

（1）单击"香山红叶"网页标签，切换到"香山红叶"网页。将光标定位在段落文字的下边，单击"插入"（常用）面板内的■按钮，弹出"选择图像源文件"对话框，如图 2-2-1 所示。选中"香山 1.jpg"，在"相对于"下拉列表框内选择"文档"选项。单击"确认"按钮，将选中的图像加入到光标处。再加载"香山 2.jpg"……"香山 4.jpg"3 幅图像。

（2）单击选中第 1 幅图像，在其"属性"栏内的"高"文本框中输入"120"，在"宽"文本框中输入"180"，如图 2-2-5 所示，调整图像高为 120 像素，宽为 180 像素。调整其他 3 幅图像，使它们的高度均为 120 像素，宽度均为 180 像素。

（3）在"属性"栏内的"替换"下拉列表框内输入"这是北京香山一景"文字，在"链接"文本框内输入"XSJJ.htm"。此时的"属性"栏如图 2-2-5 所示（ID 文本框内是空的）。

（4）设置其他图像的"替换"文字，设置第 4 幅图像的"链接"也为"XSJJ.htm"。

（5）将光标定位在第 1 幅图像的右边，加载一幅"Back1.jpg"背景图像，将选中的图像调整为高 120 像素，宽 22 像素。其目的是在第 1 幅和第 2 幅图像之间插入一些空。

（6）按住 Ctrl 键并拖曳背景图像到第 2 幅图像和第 3 幅图像之间，复制一幅背景图像。按照相同方法，在第 3 幅和第 4 幅图像之间复制一幅背景图像，效果如图 2-7-3 所示。

图 2-7-3　在图像之间插入背景图像

（7）切换到"香山简介"网页。按照上述方法，将光标定位在第 1 段文字末尾，再插入一幅图像，在其"属性"栏内调整该图像高为 120 像素，宽为 180 像素。再在"对齐"下拉列表框内选择"右对齐"选项，使图像在文字的右边缘，文字环绕图像，如图 2-7-2 所示。

3. 插入鼠标经过图像

（1）切换到"香山红叶"网页。单击选中第 1 幅图像，按 Delete 键，删除该图像。

（2）单击"插入"（常用）栏中的"图像"菜单中的"鼠标经过图像"按钮 ，弹出"插入鼠标经过图像"对话框，如图 2-3-2 所示（还没有设置）。

（3）在"插入鼠标经过图像"对话框内的 ID 文本框中输入"Image1"。

（4）单击该对话框中"原始图像"栏右边的"浏览"按钮，弹出"原始图像"对话框，利用该对话框选择一幅图像文件"TU/香山 1.jpg"，即加载了原始图像。

（5）单击该对话框中"鼠标经过图像"栏右边的"浏览"按钮，弹出"鼠标经过图像"对话框，利用该对话框选择一幅图像文件"TU/香山 01.jpg"，即加载了翻转图像。

（6）在"插入鼠标经过图像"对话框中"替换文本"文本框中输入"这是北京香山一景"文字，如图 2-3-2 所示。单击"确定"按钮，即可制作好翻转图像。

（7）单击该对话框中"按下时，前往的 URL"右边的"浏览"按钮，弹出"按下时，前往的 URL"对话框，利用它选择"XSJJ.htm"网页文件，设置该网页为与其他网页的链接。

（8）单击选中新创建的翻转图像，在其"属性"栏内的"高"文本框中输入"120"，在"宽"文本框中输入"180"，将选中的背景图像调整为高 120 像素，宽 180 像素。

此时翻转图像的"属性"栏如图 2-2-5 所示。然后将该网页保存。

2.7.2 【实例 2-2】课程表

"课程表"（H2-2.htm）网页如图 2-7-4 所示。网页内上边是标题文字"北京信息技术学院"图像，该图像两边各有一幅图像。标题图像的下边是一个课程表格。该网页的制作方法如下：

（1）新建一个网页文档，将该文档以名称"H2-2.htm"保存到"BDWEB2\H2-2"文件夹内。

（2）将光标定位在第 1 行，单击"插入"（常用）工具栏中的 按钮，弹出"选择图像源"对话框。在"选择图像源"对话框选择"JPG"文件夹下的一幅校园图像文件"X1.jpg"，在"选择图像源"对话框中的"相对于"下拉列表框中选择"文档"选项。然后，单击"确认"按钮，将选中图像加入到页面的光标处，适当调整图像的大小。

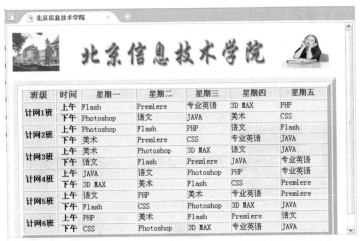

图 2-7-4　"课程表"网页案例的效果

（3）按照上述方法，在"X1.jpg"校园图像的右边插入一幅"北京信息技术学院"标题图像，再在标题图像右边插入另一幅"X2.jpg"图像，然后在标题图像两边再分别插入一幅"JPG"文件夹中的空白图像"空白.jpg"。适当调整这些图像的大小。

（4）按 Enter 键，将光标移到下一行。单击"插入"（常用）工具栏中的"表格"按钮 ，弹出"表格"对话框。如图 2-4-1 所示进行设置，再单击"确定"按钮，制作出一个 13 行、7 列、边框粗 8 像素、表格宽 700 像素的表格，如图 2-4-2 所示。

（5）拖曳选择第 2 行和第 3 行第 1 列两个单元格，如图 2-7-5 所示。鼠标指针移到选中的两个单元格之上，单击鼠标右键，弹出其快捷菜单，单击该菜单内的"表格"→"合并单元格"命令，将选中的两个单元格合并成一个单元格，如图 2-7-6 所示。

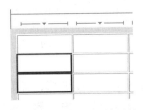

图 2-7-5　选中 2 个单元格

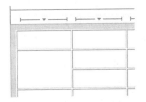

图 2-7-6　合并单元格

（6）按照上述方法，将第 1 列的第 4 个和第 5 个单元格合并，将第 1 列第 6 个和第 7 个、第 8 个和第 9 个、第 10 个和第 11 个、第 12 个和第 13 个单元格合并，效果如图 2-7-4 所示。

（7）拖曳选中第 1 行的所有单元格。在表格的"属性"栏中"背景颜色"文本框中输入"#FFCCCC"，按 Enter 键后，将第 1 行所有单元格背景色设置为浅粉色。使用同样的方法，为第 1 列的第 2 行到第 13 行单元格也设置浅粉色背景色，为其他单元格中的偶数行单元格设置浅黄色背景色，为其他单元格中的奇数行单元格设置浅蓝色背景色。

（8）在表格的各单元格中输入宋体、不同颜色和大小的文字，如图 2-7-4 所示。第 1 行单元格的文字颜色为"蓝色"，其他单元格中文字的颜色为黑色。

（9）将鼠标指针移到表格线之上，当鼠标指针呈双箭头状时，按照箭头指示的方向，拖曳鼠标，可以调整一行或一列单元格的宽度和高度，最终效果如图 2-7-4 所示。

2.7.3 【实例 2-3】世界名车

"世界名车"(H2-3.htm)网页就是利用表格编排的网页,它在浏览器中的显示效果如图 2-7-7 所示。可以看到,整个网页分为几个单元格,各单元格内分别插入 GIF 格式动画、标题图像、汽车图像和文字。利用表格来编排网页可使页面更紧凑和丰富多彩。该网页的制作方法如下:

图 2-7-7 "世界名车"网页的显示效果

(1)新建一个网页文档,将该网页文档以名称"H2-3.htm"保存到"BDWEB2\H2-3"文件夹内。采用插入表格的方法,插入一个 5 行 3 列,宽 600 像素,单元格边框、单元格间距和边框粗细均为 1 个像素的表格。

(2)选中第 2 行的 3 个单元格,单击"属性"栏内右下角内的"合并单元格"按钮▢,将选中的单元格合并。再将第 5 行的 3 个单元格合并。

(3)选中第 2 行单元格,单击"属性"栏中的"背景颜色"按钮▇,将单元格的背景颜色设置为绿色。选中第 5 行单元格,单击"属性"栏中的"背景颜色"按钮▇,将单元格的背景颜色设置为黄色。然后调整表格大小,最终效果如图 2-7-8 所示。

(4)在 Word 编辑窗口内选中一段文字,将它复制到剪贴板中。再回到 Dreamweaver CS5 的网页文档窗口,在第 5 行单元格内单击,再按 Ctrl+V 组合键,将剪贴板内的文字粘贴到第 4 行单元格内。调整粘贴文字的大小和颜色,文字效果如图 2-7-9 所示。

(5)选中第 1 行左边的单元格,单击"插入"(常用)工具栏中的▇按钮,弹出"选择图像源"对话框。选择"BDWEB2\H2-3\JPG"目录下的"汽车 1.jpg",在"相对于"下拉列表框中选择"文档"选项。单击"确认"按钮,将选定的图像加入到光标处。然后,调整图像的宽为 240 像素,高为 160 像素。在插入图像后,会使单元格变大,调整图像大小后,需要调整表格单元格大小。然后,按住 Ctrl 键,将图像拖曳复制到第 1 行右边的单元格内。

(6)按照上述方法,在各单元格内分别插入"标题.jpg""汽车 2.jpg""汽车 3.jpg""标牌.jpg""汽车 8.jpg""汽车 4.jpg""汽车 5.jpg"和"汽车 6.jpg"图像。

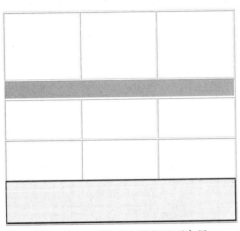

图 2-7-8　制作表格进行网页布局　　　　图 2-7-9　网页在网页设计窗口中的显示效果

（7）调整各图像的大小，调整单元格大小和表格线，最后效果如图 2-7-7 所示。

（8）单击表格的边框，选中整个表格，在表格属性栏内的"边框"文本框内输入 0，取消表格线。单击"文件"→"保存"命令，保存网页文档。

2.7.4　【实例 2-4】爱犬之家

"爱犬之家"（H2-4.htm）网页主页的显示效果如图 2-7-10 所示。单击"我的邮箱"文字，可以弹出邮件程序窗口（通常是 Outlook Express），同时在该窗口内的"收件人"文本框中会自动填入链接时指定的 E-mail 地址。单击右边的图像，还可以打开另一个网页，该网页还可以播放音乐。该网页的制作方法如下：

图 2-7-10　"爱犬之家"网页主页的显示效果

（1）按照图 2-7-11 所示进行表格布局设计。

（2）按照图 2-7-10 所示输入文字"我的邮箱"和"点击图片进入首页"文字，插入 2 幅"小狗"图像，在右边图像之上创建一个椭圆的热区。插入一个 GIF 格式的动画，一幅"爱犬之家"文字图像，如图 2-7-12 所示。

（3）单击插入"爱犬之家"文字图像下边的表格单元格，将光标定位在该单元格内，单击"插入"→"媒体"→"插件"命令，弹出"选择文件"对话框。在"文件类型"下拉列表框中选择"所有文件"选项，选择一个音频文件"Music1.wav"，单击"确定"按钮，插入该音乐文件。选择网页内的插件图标，拖曳插件图标的黑色控制柄，调整它的大小。

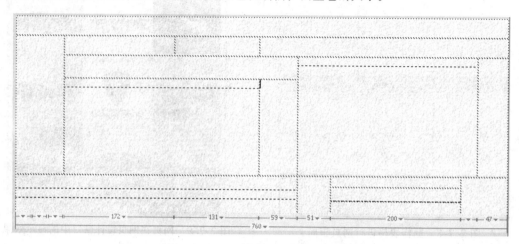

图 2-7-11 "爱犬之家"网页的布局

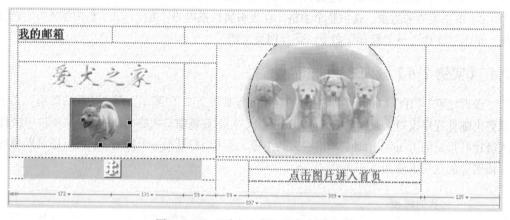

图 2-7-12 "爱犬之家"网页中的对象

（4）选择图像的椭圆热区，在"属性"面板内"链接"文本框中输入"A.htm"，"A.htm"是一个网页的名称，其内插入一幅放大的小狗图像。该网页存放的位置与"爱犬之家"网页主页存放的位置一样。

（5）拖曳选中"我的邮箱"文字，在它的"属性"面板中"链接"文本框中输入"mailto:shendalin@yahoo.com.cn"。

思考与练习

1. 修改【实例 2-1】网页，添加更多的香山图像，并对图文排版进行美化。

2. 参考【实例 2-2】网页制作方法，制作一个"中国名胜—故宫"网页，如题图 2-1 所示。

3. 参考【实例 2-2】网页的制作方法，制作一个"通讯录"网页。

4. 制作一个题图 2-2 所示的"用表格编排的网页"网页。在标题文字两边有 GIF 动画图像，下边有小球动画。动画下面的正中间是一幅图像，图像两边是翻转图像，单击翻转图像可分别弹出两个网页。

题图 2-1　"中国名胜—故宫"网页显示效果

题图 2-2　网页效果

5．参考【实例 2-3】网页的设计方法，设计一个"中国美食"网页。

6．在【实例 2-3】网页中输入"进入我的邮箱"文字，建立该文字与一个电子邮箱的链接。使单击"进入我的邮箱"文字后可以打开的邮件程序窗口，并在"收件人"文本框内自动填入 E-mail 地址。

7．在一幅图像上创建 5 个热区，如题图 2-3 所示。热区分别与一个 GIF 动画文件、一个图像文件、一个 SWF 格式文件和两个网页文件链接。

题图 2-3　在一幅图像上创建 5 个热区

第3章
插入媒体等对象

　　Dreamweaver 可以轻松地帮助我们在网页内插入日期、Shockwave 影片、SWF 动画、FLV 视频、Applet、ActiveX 和插件等对象，使网页更精彩。

3.1　插入日期、Fireworks HTML 和 Shockwave

1．插入日期

　　（1）单击"插入"（常用）工具栏中的"日期"按钮 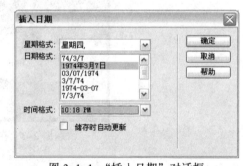，弹出"插入日期"对话框，如图 3-1-1 所示。利用它可以插入日期和时间。

　　（2）在"插入日期"对话框的"星期格式"下拉列表框中选择是否显示星期和以什么格式显示，在"日期格式"列表框中选择以什么格式显示日期，在"时间格式"下拉列表框中选择以什么格式显示时间。

　　（3）选择"储存时自动更新"复选框，则可以在保存网页文档时自动更新日期和时间。

图 3-1-1　"插入日期"对话框

2．插入 Fireworks HTML

　　（1）选择"插入"（常用）工具栏的"图像"下拉菜单中的"Fireworks HTML"命令，弹出"插入 Fireworks HTML"对话框，如图 3-1-2 所示。

　　（2）在"Fireworks HTML 文件"文本框中输入 Fireworks 文件目录与文件名，或者单击"浏览"按钮，弹出"选择 Fireworks HTML 文件"对话框，利用该对话框选择 Fireworks 生成的 HTML 格式文件名，单击"确定"按钮，即可插入 Fireworks 图像或动画。

图 3-1-2　"插入 Fireworks HTML"对话框

3．插入 Shockwave 影片

Shockwave 影片是 Director 软件创建的，插入它的方法如下所述。

（1）选择"插入"（常用）工具栏中的"媒体"下拉菜单中的"Shockwave"命令，弹出"选择文件"对话框。利用该对话框可以插入 Shockwave 影片文件（它的扩展名为".dcr"）。

（2）插入 Shockwave 影片文件后，网页文档窗口内会显示一个 Shockwave 影片图标，如图 3-1-3（a）所示。用鼠标拖曳 Shockwave 影片图标右下角的黑色控制柄，可以调整它的大小。

（3）播放 Shockwave 影片的条件是在"C:\Program Files\Adobe\Adobe Dreamweaver CS5\configuration\Plugins"目录下有播放 Shockwave 影片的插件。该插件可从网上下载。

（4）Shockwave 影片对象的"属性"栏如图 3-1-3（b）所示，其中各选项的作用如下：

（a）图标　　　　　　　　　　　　（b）"属性"栏

图 3-1-3　Shockwave 影片对象的图标和"属性"栏

- Shockwave 文本框：用来输入 Shockwave 影片对象的名字。
- "宽"与"高"文本框：用来输入 Shockwave 影片对象的宽与高。
- "文件"文本框与文件夹按钮：用来选择 Shockwave 影片文件。
- "对齐"列表框：用来设置 Shockwave 影片的定位方式。
- "背景颜色"文本框与按钮：用来设置 Shockwave 影片的背景颜色。
- "播放"按钮：单击它可播放 Shockwave 影片。如果没有插件，会弹出一个提示框。
- "垂直边距"和"水平边距"文本框：用来设置影片与边框间垂直和水平方向的空白量。
- "参数"按钮：单击它可弹出一个对话框，利用它可输入附加参数，用于传递影片。

3.2　插入其他媒体对象

3.2.1　插入 SWF 动画和 FLV 视频

1．插入 SWF 动画

（1）创建一个网页文件，并保存。然后，选择"插入"（常用）工具栏中的"媒体"下拉菜单中的"SWF"命令，弹出"选择 SWF"对话框，如图 3-2-1 所示。选中要导入的 SWF 文件，单击"确定"按钮，如果 SWF 文件保存在站点文件夹内，在网页内导入 SWF 文件。

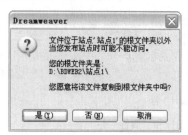

图 3-2-1 "选择 SWF"对话框

如果 SWF 文件没有保存在站点文件夹内，会显示图 3-2-2 所示的提示框，单击该提示框内的
"是"按钮，可以将 SWF 文件复制到站点文件夹内，同时导入站点文件夹内的 SWF 文件；单击
该提示框内的"否"按钮，可以将 SWF 文件直接导入网页内。导入 SWF 文件后，在网页内形成
的 SWF 图标如图 3-2-3 所示。

图 3-2-2 提示框   图 3-2-3 SWF 图标

（2）SWF 对象的"属性"栏（导入站点目录下"SWF"文件夹中的 SWF 文件）如图 3-2-4
所示。"属性"栏中前面没有介绍过的各选项的作用如下：

图 3-2-4 SWF 对象的"属性"栏

- "文件"文本框与文件夹按钮📁：用来选择 SWF 影片源文件。
- "循环"复选框：选择它后，可循环播放。
- "自动播放"复选框：选择它后，可自动播放。
- "品质"下拉列表框：设置图像的质量。
- "比例"下拉列表框：选择缩放参数。
- "参数"按钮：单击它，可以弹出"参数"对话框，利用它可以设置相关参数。例如，输
  入参数"wmode"，值为"transparent"，可使 Flash 动画透明。

2．插入 FLV 视频

（1）选择"插入"（常用）工具栏中的"媒体"下拉菜单中的"FLV"命令，弹出"插入 FLV"对话框，如图 3-2-5 所示（还没有设置）。

（2）在"视频类型"下拉列表框内选择"累进式下载视频"选项后的"插入 FLV"对话框如图 3-2-5 所示，选择"流视频"选项后的"插入 FLV"对话框如图 3-2-6 所示。

图 3-2-5　"插入 FLV"对话框 1　　　　　　图 3-2-6　"插入 FLV"对话框 2

（3）单击图 3-2-5 所示对话框内 URL 文本框右边的"浏览"按钮，弹出"选择 FLV"对话框，利用该对话框选择一个扩展名为".flv"的 Flash 视频文件。

如果 FLV 文件没有保存在站点文件夹内，也会显示一个提示框，单击该提示框内的"是"按钮，可以将 FLV 文件复制到站点文件夹内，同时导入站点文件夹内的 FLV 文件；单击该提示框内的"否"按钮，可以将 FLV 文件直接导入网页内。

（4）在"外观"下拉列表框内选择一种播放器样式。其下边会显示相应播放器的外观。

（5）在"宽度"和"高度"文本框内分别输入 FLV 视频的宽和高，单位为像素。单击"检测大小"按钮，可自动在这两个文本框内显示视频实际的宽度和高度值。

（6）"自动播放"和"自动重新播放"复选框用来设置播放方式。

设置完成后，单击"确定"按钮，即可在光标处插入一个 FLV 格式的视频。

3.2.2　插入 Applet、ActiveX 和插件对象

1．插入 Applet 对象

Applet 是 Java 的小型应用程序，可以从网上下载 Java Applet 程序文件及有关文件。Java 是一种可以在 Internet 上应用的语言，用它可以编写动画。Java Applet 可以嵌入 HTML 文档中，通过主页发布到 Internet 上。

选择"插入"（常用）工具栏中的"媒体"下拉菜单中的"Applet"命令，弹出"选择文件"对话框，导入扩展名为".class"的 Java Applet 文件。使用 Java Applet 程序时应看程序作者给出的说明，再按照说明进行操作。插入文件后，网页内会显示一个 Java Applet 图标，如图 3-2-7（a）

所示。单击选中它后，可以拖曳插件图标的黑色控制柄，来调整它的大小。

Java Applet 对象的"属性"栏如图 3-2-7（b）所示，其中主要选项的作用如下所述。

（1）"代码"文本框与按钮□：文本框用来输入或导入 Java Applet 程序文件的路径和名称。单击按钮□可弹出"选择 Java Applet 文件"对话框，利用该对话框可导入 Applet 程序。

（2）"基址"文本框：用来输入 Java Applet 程序文件的名字。

（3）"替换"文本框与文件夹按钮：输入 Java Applet 替代图像的路径与名字。单击文件夹按钮，弹出"选择文件"对话框，利用该对话框选择 Java Applet 的替代图像。

（4）"参数"按钮：单击该按钮，可以弹出"参数"对话框，利用该对话框可以设置 Java Applet 程序中所使用的参数。

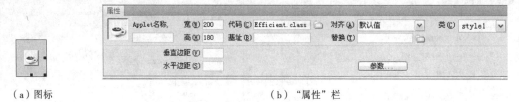

（a）图标　　　　　　　　　　　　　　　（b）"属性"栏

图 3-2-7　Java Applet 对象的图标和"属性"栏

2．插入 ActiveX 对象

ActiveX 控件是 Microsoft 对浏览器的功能扩展，其作用与插件基本一样。不同的是，如果浏览器不支持网页中的 ActiveX 控件，则浏览器会自动安装所需软件。如果是插件，则需要用户自己安装所需软件。单击"插入"（常用）工具栏中的"媒体"下拉菜单中的"ActiveX"命令，可在文档窗口内创建一个 ActiveX 图标，如图 3-2-8（a）所示。单击选中它后，可拖曳插件图标的控制柄。该对象的"属性"栏如图 3-2-8（b）所示。各选项的作用如下：

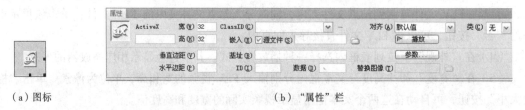

（a）图标　　　　　　　　　　　　　　　（b）"属性"栏

图 3-2-8　ActiveX 图标和 ActiveX 对象的"属性"栏

（1）选中"嵌入"复选框，"源文件"栏变为有效，单击"源文件"栏的文件夹按钮□，可弹出"选择 Netscape 的插入文件"对话框。利用该对话框可以选择要加载的文件。

（2）"ClassID"列表框：它给出了 3 个类型代码，标明了 ActiveX 类型，其中一个用于 Shockwave 影片，一个用于 Flash 电影和一个用于 Real Audio。如果要使用其他控件，需要自己输入相应的代码。选择不同类型代码后，"属性"栏会产生相应的变化。

（3）"ActiveX"文本框：用来输入 ActiveX 的 ID 参数。

（4）"基址"文本框：用来输入加载的 ActiveX 控件的 URL。

（5）"数据"文本框：用来输入加载的数据文件名字。

3．插入插件对象

插件可以是各种格式的音乐（MP3、MIDI、WAV、AIF、RA、RAM 和 Real Audio 等）、Director

的 Shockwave 影片、Authorware 的 Shockwave 和 Flash 电影等。插入插件的方法如下所述。

（1）选择"插入"（常用）工具栏中的"媒体"下拉菜单中的"插件"命令，弹出"选择文件"对话框。利用该对话框来选择一个要插入的文件。

（2）插入文件后，文档窗口内会显示一个插件图标，如图 3-2-9（a）所示。单击选中它后，拖曳插件图标的黑色控制柄，来调整它的大小，其大小决定了浏览器窗口中显示的大小。

（3）如果插入声音，在浏览器中可以播放。同时，浏览器内会显示出一个播放器。如果要取消播放器，可将插件图标调整到很小。

（4）单击选中插件图标，弹出其"属性"栏，如图 3-2-9 所示，可设置相关参数。

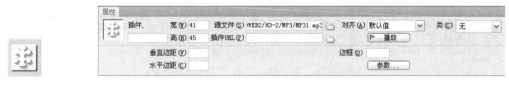

（a）图标　　　　　　　　　　　　　　　（b）"属性"栏

图 3-2-9　插件对象的图标和"属性"栏

3.3　应 用 实 例

3.3.1　【实例 3-1】圣诞节和剪纸

"圣诞节和剪纸"网页如图 3-3-1 所示。第一行是网页的标题"圣诞节和剪纸"图像，在标题的下面有一个导航栏，显示 5 幅图像，将鼠标移到相应的导航图像上时，图像会发生变化，单击图像后可链接到相应的剪纸图像。导航栏的下面是 5 幅小图像，单击其中的一幅图像后，会显示的一个相应的网页，其中显示一幅中华剪纸图像，如图 3-3-2 所示。在页面的底部的左边显示一个 GIF 动画，右边显示网页制作的时间。该网页的制作方法如下：

图 3-3-1　"圣诞节和剪纸"网页效果图　　　　　图 3-3-2　图像网页

（1）在 JPG1 文件夹内放置 10 个 GIF 动画文件"TU1-1.gif""TU1-2.gif"……"TU5-1.gif""TU5-2.gif"，5 个图像文件"TU1.gif"……"TU5.gif"，一个名称为"标题.jpg"的文字标题图像文件。在 JPG2 文件夹内放置"剪纸 1.jpg"……"剪纸 5.jpg"5 个图像文件。

（2）新建一个网页文档，将它以名称"H3-1.htm"保存到"D:\BDWEB2\H3-1"文件夹内。

插入一个 5 行 5 列的表格,然后进行表格的合并和调整。在表格的"属性"栏内设置"填充"和"间距"均为 1 像素,"边框"为 1 像素,效果如图 3-3-3 所示。

（3）在第 1 行导入一幅"JPG1/标题.jpg"文字标题图像,并使它居中对齐。在第 3 行的 5 个表格单元格内分别插入图像"JPG1/TU1.gif"……"JPG1/TU5".gif,

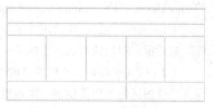

图 3-3-3　表格进行网页布局

宽和高均设置为 115 像素。利用"属性"栏建立这 5 幅图像的链接分别是"JPG2/剪纸 1.jpg"……"JPG2/剪纸 5.jpg"。第 1 幅图像的"属性"栏如图 3-3-4 所示。

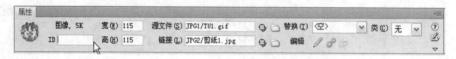

图 3-3-4　第 1 幅图像的"属性"栏设置

（4）将光标定位到表格的第 2 行。单击"插入"（常用）栏中的"图像"下拉菜单中的"鼠标经过图像"按钮，弹出"插入鼠标经过图像"对话框。在该对话框内的"图像名称"文本框中输入"IMG1"，在"原始图像"文本框中输入"JPG1/TU1-1.gif"，在"鼠标经过图像"文本框中输入"JPG1/TU1-2.gif"，在"按下时,前往的 URL"文本框中输入"JPG2/剪纸 1.jpg"，在"替换文本"文本框中输入"这是圣诞节图像"，选中"预载鼠标经过图像"复选框，单击"确定"按钮完成设置。

（5）单击选中新创建的翻转图像，在其"属性"栏内的"高"文本框中输入"90"，在"宽"文本框中输入"100"，在"目标"下拉列表框中选择"_top"选项，此时"属性"栏如图 3-3-5 所示。

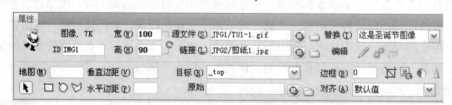

图 3-3-5　IMG1 图像"属性"栏的设置

（6）按照上述方法，在表格第 2 行创建的翻转图像右边依次创建其他 4 个翻转图像。

（7）将光标移到第 4 行中左边的单元格中，插入"JPG1/自转球 1.gif""JPG1/自转球 2.gif"和"JPG1/自转球 3.gif" 3 个 GIF 动画，再分别复制多个 GIF 动画。将光标移到第 4 行中右边的单元格中，单击"插入"（常用）工具栏中的"日期"按钮，弹出"插入日期"对话框，"插入日期"对话框的设置如图 3-1-1 所示。然后，单击"确定"按钮，在单元格中插入当前日期、星期和时间。在其"属性"栏内设置文字字体为宋体、大小为 16 像素、颜色为红色、加粗和居中。此时的"属性"（CSS）栏设置如图 3-3-6 所示。

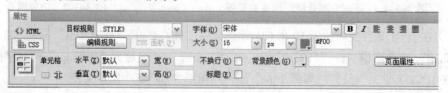

图 3-3-6　插入日期的"属性"栏

3.3.2 【实例 3-2】Flash 动画透明

"Flash 动画透明"网页显示的是在 Banner 图像之上，一些小雪花不断飘下来，如图 3-3-7 所示。通过该网页的制作，可以掌握使 SWF 格式动画透明的方法。该网页的制作方法如下：

图 3-3-7　"Flash 动画透明"网页显示效果

（1）新建网页文档，以名称"H3-2.htm"保存到"D:\BDWEB2\H3-2"文件夹内，该文件夹内的"素材"文件夹中放置一个 SWF 格式的 Flash 动画文件"top.swf"和一幅名称为"XJ.jpg"的图像文件。"top.swf"动画播放后，会在粉色背景之上，一些小雪花不断飘下来。

（2）在第 1 行插入一幅"XJ.jpg"背景图像，如图 3-3-8 所示。

图 3-3-8　插入一幅图像

（3）单击"插入"（布局）工具栏中的"绘制 AP Div"按钮 ，鼠标指针变为十字线状态，在页面顶部拖曳创建一个 AP Div，单击该 AP Div 内部，将光标定位在 AP Div 内。

（4）选择"插入"（常用）工具栏中的"媒体"下拉菜单中的"SWF"命令，弹出"选择 SWF"对话框，如图 3-2-1 所示。选中"素材"文件夹中的"top.swf"SWF 文件，单击"确定"按钮，在 AP Div 内插入 SWF 文件。然后调整 AP Div 和 AP Div 内 SWF 对象的大小，使 AP Div 内 SWF 对象与 AP Div 大小一样，如图 3-3-9 所示。关于 AP Div 将在第 4 章中介绍。

图 3-3-9　插入层和在层内插入 Flash 动画

（5）保存制作的网页，在浏览其内看网页，它是一个播放"top.swf"SWF 动画的网页，其中的一幅画面如图 3-3-10 所示。可以看到，SWF 动画的背景将其下面的图像完全覆盖了。

图 3-3-10　网页显示效果

（6）为了使 SWF 动画的背景透明，选中 AP Div 内 SWF 对象，单击其"属性"栏内的"参数"按钮，弹出"参数"对话框。单击按钮 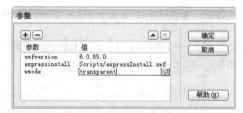，添加一行参数，设置参数为"wmode"，参数值为"transparent"，如图 3-3-11 所示。单击"确定"按钮，使 SWF 动画透明。

（7）选择插入的 SWF 动画。单击"查看"→"代

图 3-3-11　"参数"对话框设置

码和设计"命令，使"文档"窗口切换到"代码和设计"视图窗口状态，可以看到其内自动选择了与插入的 Flash 动画有关的代码，也增加了如下用于产生背景透明效果的命令。

```
<param name="wmode" value="transparent">
```

3.3.3 【实例 3-3】多媒体播放器

"多媒体播放器"网页显示如图 3-3-12 所示。它给出了 4 个多媒体播放器，可以分别播放 MP3、AVI、WAV 和 MIDI 文件。这个网页使用了插件，分别导入 MP3、FLI、MIDI 和 WAV 文件。利用浏览器内 4 个多媒体播放器可控制 4 个对象的播放状态，音乐和视频可以同时播放。该网页的制作方法如下：

图 3-3-12　"多媒体播放器"网页显示效果

（1）新建一个网页文档，以名称"H3-3.htm"保存到"D:\BDWEB2\H3-3"文件夹内。

（2）选择"插入"（常用）工具栏中的"媒体"下拉菜单中的"插件"命令，弹出"选择文件"对话框。利用该对话框来选择一个 MP3 文件，如图 3-3-13 所示。单击"确定"按钮。

（3）插入文件后，网页文档窗口内会显示一个插件图标 。选择它后，可用鼠标拖曳插件图标的黑色控制柄，来调整它的大小，其大小决定了浏览器窗口中显示的大小。

（4）按照上述方法，再插入 3 个插件，插件内分别导入一个 AVI 文件、一个 WAV 文件和一个 MIDI 文件。

图 3-3-13　"选择文件"对话框

3.3.4 【实例 3-4】Flash 浏览

"Flash 浏览"网页的显示如图 3-3-14 所示。第 1 行是"Flash 浏览"标题图像，在标题下面是 5 幅图像，这 5 幅图像是 5 个 Flash 动画播放中的一幅画面。单击其中一幅图像，可打开另一个网页窗口，播放相应的 Flash 动画，如图 3-3-15 所示。该网页的制作方法如下：

图 3-3-14　"Flash 作品展示"网页显示的效果

（1）在"D:\BDWEB2\H3-4"文件夹内创建一个"SWF"和"TU"文件夹，在"TU"文件夹内保存 KONGBAI.gif 空白图像、"FlashBT.jpg"标题文字图像和 5 幅网页中第 2 行的图像。在"SWF"文件夹内保存 5 个 SWF 格式的 Flash 动画文件。

（2）新建一个网页文档，将该网页文档以名称"H3-4. html"保存到"D:\BDWEB2\H3-4"文件夹内。利用"页面属性"对话框设置网页的背景色为白色，以及标题文字。

图 3-3-15　"图像特效切换"网页动画

（3）在"H3-4. html"网页第 1 行插入"TU/FlashBT.jpg"图像，在第 2 行依次插入 TU 文件夹内的 5 幅图像，这些图像分别是 5 个 Flash 动画播放中的一幅图像。然后在第 2 行各幅图像之间插入一幅"KONGBAI.gif"空白图像，调整图像之间的间距。然后，调整这 5 幅图像的大小。

（4）选中网页第 2 行内第 1 幅图像，弹出它的"属性"栏，在"链接"文本框内输入"SWF/可变探照灯.swf"，建立该图像与"SWF/可变探照灯.swf"的链接，在"目标"下拉列表框内选择"_new"选项，如图 3-3-16 所示。

图 3-3-16　第 2 行内的第 1 幅图像"属性"栏设置

（5）按照上述方法，建立第 2 行内的其他图像与 SWF 的链接。文字为"可变探照灯"。单击"插入"（常用）工具栏中的"媒体"下拉菜单中的"SWF"命令，弹出"选择 SWF"对话框，选中"SWF"文件夹中的"可变探照灯.swf"文件，单击"确定"按钮，插入该动画。调整 SWF 图标大小，如图 3-3-17 所示。保存网页到"D:\BDWEB2\H3-4"文件夹内。

（6）选中"H3-4. html"网页第 2 行内第 1 幅图像，在它的"属性"栏"链接"文本框内输入"Flash1.html"，建立该图像与"Flash1.html"网页的链接，如图 3-3-18 所示。

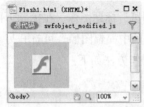

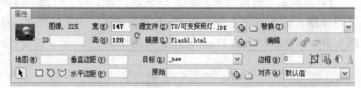

图 3-3-17　网页设计　　　　图 3-3-18　第 2 行内的第 1 幅图像"属性"栏设置修改

3.3.5 【实例 3-5】媒体浏览

"媒体"网页在浏览器中的显示效果如图 3-3-19 所示。该网页中上边是"媒体浏览"标题文字，第 2 行插入了 Java Applet 程序，可以交替显示 5 幅图像。网页中下边还有 5 幅小图像。单击页面底部的小图像，可以链接到相应的子页面，其中第 2 个子页的显示效果如图 3-3-20 所示。该网页的制作方法如下：

图 3-3-19　网页的主页　　　　　　　图 3-3-20　网页的第 2 子页

（1）在"D:\BDWEB2\H3-5"文件夹内保存本实例所有文件。新建一个主网页"H3-5..htm"。进入它的编辑状态后，利用"页面属性"对话框设置网页的背景颜色为黄色；链接字的颜色和已访问链接字的颜色均为黑色，以及标题文字"媒体浏览"。

（2）制作"Flash1.htm""Flash2.htm""Flash3.htm"和"Flash4.htm"网页。每个网页内均插入一个 SWF 格式的 Flash 动画文件。

（3）在网页的第 1 行，设置文字"居中对齐"，字体为"华文彩云"，采用 36 像素大小，然后输入"媒体浏览"文字。再按 Enter 键，将光标移到第 2 行。

（4）单击"插入"（常用）栏中的"媒体"下拉菜单中的"Applet"命令，插入一个 Java Applet 对象。

（5）在"属性"栏中的"代码"文本框内输入 Applet 程序的名称"EFFICIENT.CLASS"。

（6）单击"属性"栏中的"参数"按钮，弹出"参数"对话框。在该对话框中输入 Applet 程序需要使用的参数，如图 3-3-21 所示。该 Applet 程序的作用是使设置的几幅图像交替显示，并产生渐变效果。其中，delay 参数的作用是设置图像切换速度。

单击➕按钮可以插入一个新参数选项，单击➖按钮可以删除选中的参数选项。单击▲按钮或▼按钮，可改变选中的参数选项的上下位置。

（7）按 Enter 键，将光标移到下一行。设置文字为"居中对齐"格式，依次插入 5 幅图像。选中第 1 幅图像，单击"属性"栏中的"链接"文本框右边的"浏览文件"按钮▭，弹出"选择文件"对

图 3-3-21 "参数"对话框

话框，利用该对话框为该图像建立链接，链接的网页是"Flash1.htm"。使用相同的方法分别为另外 4 幅图像建立链接，链接的网页分别是 Flash2.htm、Flash3.htm、Flash4.htm 和 Flash5.htm。然后单击"文件"→"保存"命令，保存制作好的主网页文档。

思考与练习

1. 制作一个网页，其内有图像、文字、表格和 Flash 动画等对象。

2. 参考【实例 3-1】网页的设计方法，设计一个"九寨沟风景图像浏览"网页，显示效果如题图 3-1 所示。页面内第一行是网页的标题"九寨沟"，在标题的下面显示 5 幅图像，将鼠标移到相应的导航图像上时，图像会发生变化，单击图像后可链接到相应的页面。导航栏的下面是 10 幅小图像，单击其中的一幅图像后，会显示的一个相应的网页，其中显示该图像的高清晰图。在页面的底部的左边显示一个 GIF 动画，右边显示网页制作的时间。

题图 3-1 "九寨沟风景图像浏览"网页效果图

3. 修改【实例 3-4】"Flash 作品展示"网页，使该网页内有 2 行 10 幅图像，单击这些图像，可以弹出相应的网页（每个网页内播放一个 Flash 动画）。

4. 参考【实例 3-5】实例的制作方法，制作一个"图像和 Flash 动画浏览"网页，该网页中插入了 Java Applet 程序，可以交替显示 10 幅图像。网页中下边还有 5 幅小图像。单击页面底部的小图像，可以链接到相应的子页面，子页面内分别插入不同的 SWF 对象。

第4章
创建框架、AP Div 与描图

文本是大多数网页的主要内容，Dreamweaver 提供了文本的基本工具，可以编排段落、建立与更改项目符号等，能够更随心所欲地安排网页内容。使用精美的图片帮衬，可以让网页更加动人；将标题做成一张图片，可以让标题更醒目，还可以替网页加上背景图或者是图片超链接等，如果网页缺少了图片的点缀，那么就会逊色许多。表格是网页上经常使用的表现方式，它不仅用来显示有关系性的内容，也可以作为规划安排网页内容的依据让网页看起来更有规则，看起来更丰富美观。

超链接是互联网中最重要的功能，通过单击网页上的这些链接，就可以和其他网页相连起来。另外，还可以传送 E-mail、下载音乐和文件或是链接到指定的锚点位置。

框架就是把一个网页页面分成几个单独的区域（即窗口），每个区域就像一个独立的网页，可以是一个独立的 HTML 文件。因此，框架可以实现在一个网页内显示多个 HTML 文件。

AP Div 可以帮助我们轻松进行网页布局，它与表格可以快速互换。描图也叫跟踪图像，它是 Dreamweaver 提供的一种网页辅助制作工具，类似学生学习毛笔字所用的描红纸。使用描图时，原来的背景图像或背景色将变为不可见。描图只会在网页设计窗口内看到，在浏览器中是看不到的，但背景图像或背景色可以显示出来。

4.1 框　　架

4.1.1　创建框架和框架观察器

1．创建框架

在网页中创建框架的常用方法有以下两种。

（1）单击"插入"→"HTML"→"框架"→"××"命令（见图 4-1-1）。

（2）单击"文件"→"新建"命令，弹出"新建文档"对话框。单击选中该对话框左边"类别"列表框中的"示例中的页"选项，再单击选中"示例文件夹"栏内的"框架页"文件夹，然后在"示例页"栏内选中一种框架选项，在"文件类型"下拉列表框中选择一个文件类型选项，如图 4-1-2 所示。最后单击"创建"按钮，即可创建有框架的网页。

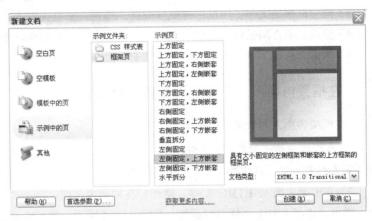

图 4-1-1　"框架"菜单　　　　　　　　　　图 4-1-2　"新建文档"对话框

在使用上述两种方法创建框架时，会自动弹出"框架标签辅助功能属性"对话框，如图 4-1-3 所示。利用该对话框可以更改框架集内各框架的名称。如果单击"取消"按钮，则采用它的默认名称。上边框架的名称为"topFrame"，左边框架的名称为"leftFrame"，右下边的主要框架的名称为"mainFrame"。

2. "框架"面板

单击"窗口"→"框架"命令，弹出"框架"面板，也叫框架观察器，如图 4-1-4 所示。"框架"面板框的作用是显示出框架网页的框架结构（也叫分栏结构）。单击"框架"面板内某个框架，则"框架"面板中该框架边框会变为黑色，表示选中该框架，同时"属性"栏变为该框架"属性"栏。单击网页窗口中某个框架内，且框架内插入了对象，则"框架"面板中该框架内的文字变为黑色，如图 4-1-4（a）所示。如果单击框架集的外框线，可以选中整个框架集，如图 4-1-4（b）所示，同时"属性"栏变为框架集"属性"栏。

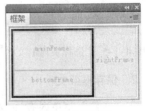

　　　　　　　　　　　　　　　　　（a）选中框架　　　　　　　　（b）选中框架集

图 4-1-3　"框架标签辅助功能属性"对话框　　　　　图 4-1-4　"框架"面板

3. 框架基本操作

在创建框架后，要增加或删除框架的个数，首先应单击框架内部，再单击"查看"→"可视化助理"→"框架边框"命令，使该菜单选项左边有 ✓，然后可采用如下方法进行。

（1）在框架区域内增加新框架：单击某一个框架区域内部，使光标在此区域内出现，然后按照上述方法即可在框架区域内增加新框架。

（2）增加新框架：将鼠标指针移到框架的四周边缘处，当鼠标指针为"↔"或"↕"形状时，按住 Alt 键，向鼠标指针箭头指示的方向拖曳，即可在水平或垂直方向增加一个框架。

（3）调整框架的大小：用鼠标拖曳框架线，即可调整框架的大小。

（4）删除框架：用鼠标拖曳框架线，一直拖曳到另一条框架线或边框处，即可删除框架。

（5）单击"修改"→"框架集"→"××"命令，可以拆分框架。

4.1.2　在框架内插入 HTML 文件和保存框架文件

1．在框架内插入对象和 HTML 文件

（1）在框架内插入对象：单击框架的一个框架窗口内，使光标在其内出现。再向光标处输入文字或插入对象。然后将该框架中的内容保存为网页文件。

（2）在框架内插入 HTML 文件：使光标在框架内出现，单击"文件"→"在框架中打开"命令，弹出"选择 HTML 文件"对话框，如图 4-1-5 所示。利用该对话框可将外部 HTML 文件插入框架内。

（3）单击"框架"面板中的框架内部，选中相应的框架。单击其"属性"栏中"源文件"按钮🗀，也可以弹出"选择 HTML 文件"对话框。在框架内插入 HTML 文件后，框架的"属性"栏如图 4-1-6 所示。

图 4-1-5　"选择 HTML 文件"对话框

图 4-1-6　框架的"属性"栏

2．保存框架文件

在"文件"菜单内有许多命令用来保存框架集和框架分栏内的网页，而且具有智能化，可以针对需要保存的内容显示可以使用的相应的命令。

（1）如果网页中的框架集是新建的或是进行过修改的，则单击"文件"→"保存全部"命令，弹出"另存为"对话框，同时整个框架（即框架集）会被虚线围住。利用该对话框可输入文件名，再单击"保存"按钮，完成整个框架集网页文件的存储，会自动再弹出"另存为"对话框，同时某一个框架会被虚线围住。利用该对话框可输入文件名，再单击"保存"按钮，完成该框架内网页文件的存储。以后依次将框架分栏内的内容保存为 HTML 网页文件。保存的是哪个分栏中的网页文件，则该分栏会被虚线围住。

（2）如果网页中的框架集是新建的或修改后的，则单击"文件"→"框架集另存为"命令，或单击"文件"→"保存框架页"命令，可弹出"另存为"对话框。利用该对话框可输入文件名，再单击"保存"按钮，完成框架集文件的保存。

（3）单击一个框架分栏内部，使光标出现在该框架窗口内。单击"文件"→"保存框架"命令，弹出"另存为"对话框。输入网页的名字，单击"保存"按钮，即可将该框架分栏中的网页保存。

（4）修改后单击"文件"→"关闭"命令关闭框架文件时，会弹出一个提示框，提示是否存储各个 HTML 文件。几次单击"是"按钮即可依次保存各框架（先保存光标所在的框架，最后保存整个框架集）。保存的是哪个分栏中的网页文件，则该分栏会被虚线围住。

4.1.3　框架的"属性"栏

1. 框架集的"属性"栏

单击"框架"面板内框架集的外边框后，可使"属性"栏变为框架集的"属性"栏，如图 4-1-7 所示。其内各选项的作用如下：

图 4-1-7　框架集的"属性"栏

（1）"边框"下拉列表框：用来确定是否保留边框。选择"是"选项是保留边框；选择"否"选项是不保留边框；选"默认"选项是采用默认状态，通常是保留边框。

（2）"边框颜色"文本框：用来确定边框的颜色。单击 按钮，可弹出颜色面板，利用它可确定边框的颜色，也可在文本框中直接输入颜色数据。

（3）"边框宽度"文本框：用来输入边框的宽度数值，其单位是像素。如果在该文本框内输入 0，则没有边框。单击"查看"→"可视化处理"→"框架边框"命令，则网页页面编辑窗口内会显示辅助的边框线（它不会在浏览器中显示出来）。

（4）"值"文本框：用来确定网页左边分栏的宽度或上边分栏的高度。

（5）"单位"下拉列表框：用来选择"值"文本框内数的单位，其内有"像素"等。

2. 框架"属性"栏

单击"框架"面板内框架的内部后，可使"属性"栏变为框架"属性"栏，如图 4-1-8 所示，其内各选项的作用如下：

（1）"框架名称"文本框：用来输入分栏的名字。

（2）"源文件"文本框：用来设置该分栏内 HTML 文件的路径和文件的名字。

（3）"滚动"下拉列表框：用来选择分栏是否要滚动条。选择"是"选项，表示要滚动条；选择"否"选项，表示不要滚动条；选择"自动"选项，表示根据分栏内是否能够完全显示出其中的内容来自动选择是否要滚动条；选择"默认"选项，表示采用默认状态。

图 4-1-8　上边框架的"属性"栏设置

（4）"不能调整大小"复选框：如果选择它，则不能用鼠标拖曳框架的边框线，调整分栏大小；如果没选择它，则可以用鼠标拖曳框架的边框线，调整分栏大小。

（5）"边框"下拉列表框：用来设置是否要边框。当此处的设置与框架集"属性"栏的设置矛盾时，以此处设置为准。

（6）"边框颜色"文本框：用来设置边框的颜色。

（7）"边界宽度"文本框：用来输入当前框架中内容距左右边框的间距。

（8）"边界高度"文本框：用来输入当前框架中内容距上下边框的间距。

4.2　AP Div

4.2.1　设置 AP Div 的默认属性和创建 AP Div

1. 设置 AP Div 的默认属性

单击"编辑"→"首选参数"命令，弹出"首选参数"对话框，再单击选中该对话框内"分类"列表框中的"AP 元素"选项，如图 4-2-1 所示。其内各个选项的作用如下：

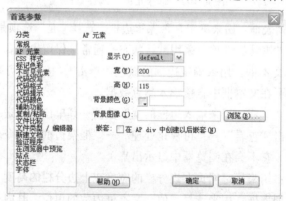

图 4-2-1　"参数选择"（AP 元素）对话框

（1）"显示"下拉列表框：设置默认状态下 AP Div 的可视度。可选择"default"（浏览器默认状态）、"inherit"（继承母体可视度）、"visible"（可视）和"hidden"（隐藏）。

（2）"宽"和"高"文本框：设置默认状态下 AP Div 的宽和高，单位为像素。

（3）"背景颜色"按钮与文本框：设置默认状态下插入 AP Div 的背景颜色，默认为透明。单击◻按钮可弹出颜色面板，利用它来选中颜色；也可以在文本框内输入颜色代码。

（4）"背景图像"文本框与"浏览"按钮：用来输入 AP Div 的背景图像路径和名称。单击"浏览"按钮，可弹出"选择图像源"对话框，用来选择 AP Div 的背景图像文件。

（5）"嵌套"复选框：选择它后，可以在将 AP Div 拖曳到其他 AP Div 时实现嵌套。

2．在页面中创建 AP Div

（1）单击"插入"→"布局"栏内的"绘制 AP Div"按钮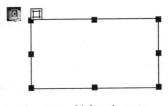，将鼠标指针移到文档窗口之中，这时鼠标指针变为十字线状态。在页面内拖曳鼠标来创建 AP Div，如图 4-2-2 所示。将"绘制 AP Div"按钮拖曳到页面中，也可以在页面光标处插入一个默认属性的 AP Div。

图 4-2-2　创建一个 AP Div

（2）将光标移到要插入 AP Div 的位置。单击"插入"→"布局对象"→"AP Div"命令。

4.2.2　AP Div 的属性设置

1．利用 AP Div 的"属性"栏设置 AP Div 的属性

AP Div"属性"栏有两种，一种是单 AP Div"属性"栏，这是在选中一个 AP Div 时出现的；另一个是多 AP Div"属性"栏，这是在选中多个 AP Div 时出现的。单 AP Div"属性"栏如图 4-2-3 所示，多 AP Div"属性"栏如图 4-2-4 所示。可以看出，多 AP Div"属性"栏内除了基本的属性设置选项外，增加了关于文本属性的设置选项。"属性"栏中各个选项的作用如下：

图 4-2-3　单 AP Div"属性"栏

图 4-2-4　多 AP Div"属性"栏

（1）"CSS-P 元素"下拉列表框：用来输入 AP Div 的名称，它会在"AP 元素"面板中显示出来。

（2）"左"和"上"文本框：用来确定 AP Div 在页面中的位置，单位为像素。"左"文本框内的数据是 AP Div 左边线与页面左边缘的间距，"上"文本框内的数据是 AP Div 顶边线与页面顶边缘的间距。对于嵌套中的子 AP Div，是相对于父 AP Div 的位置。

（3）"宽"和"高"文本框：用来确定 AP Div 的大小，单位为像素。

（4）"Z 轴"文本框：用来确定 AP Div 的显示顺序，数值越大，显示越靠上。

（5）"显示"和"可见性"下拉列表框：用来确定 AP Div 的可视性。它有"default"（默认）、"inherit"（与父 AP Div 的可视性相同）、"visible"（可见）和"hidden"（隐藏）选项。

（6）"背景图像"文本框与按钮：用来确定 AP Div 的背景图案。

（7）"背景颜色"按钮与文本框：用来确定 AP Div 的背景颜色。

（8）"标签"下拉列表框：用来确定标记方式。

（9）"溢出"下拉列表框：它决定了当 AP Div 中的内容超出 AP Div 的边界时的处理方法。它有 Visible（可见，即根据 AP Div 中的内容自动调整 AP Div 的大小，为系统默认）、Hidden（剪切）、Scroll（加滚动条）和 Auto（自动，会根据 AP Div 中的内容能否在 AP Div 中放得下，决定是否加滚动条）4 个选项。选择前 3 个不同选项后，浏览器中的效果如图 4-2-5 所示。注意：在网页页面设计视图窗口内显示的都与图 4-2-5（a）一样。

（10）"剪辑"栏：用来确定 AP Div 的可见区域，即确定 AP Div 中的对象与 AP Div 边线的间距。"左""上""右"和"下"四个文本框分别用来输入 AP Div 中的对象与 AP Div 的左边线、顶部边线、右边线和底部边线的间距，单位为像素。

（a）Visible　　　　　　　（b）Hidden　　　　　　　（c）Scroll

图 4-2-5　在"溢出"下拉列表框中选择 Visible、Hidden 和 Scroll 后的不同效果

2. 利用"AP 元素"面板设置 AP Div 的属性

（1）显示 AP Div 的信息：在图 4-2-6 所示的"AP 元素"面板中有 5 个 AP Div，"ID"栏给出了各个 AP Div 的 ID 名字，"Z"栏内的数据给出了各 AP Div 的显示顺序，Z 值越高，显示越靠上。Z 值可以是负数，表示在网页下边，即隐藏起来，网页的"Z 轴"数值为 0。

图 4-2-6　"AP 元素"面板

（2）选定 AP Div：单击"AP 元素"面板中 AP Div 的名字，即可选中网页中相应的 AP Div。按住 Shift 键，同时依次单击"AP 元素"面板中各个 AP Div 的名字，即可选中网页中相应的多个 AP Div。

（3）更改 AP Div 的名称：双击"名称"栏内 AP Div 的名字，使此行名字处出现白色的矩形，如图 4-2-6 所示。此时即可输入 AP Div 的新名字。

（4）设定是否允许 AP Div 重叠：如果不选中"AP 元素"面板中的"防止重叠"复选框，则表示允许 AP Div 之间有重叠关系；如果选中"防止重叠"复选框，则表示不允许 AP Div 之间有重叠关系。

（5）改变 AP Div 的显示顺序：单击要更改显示顺序的 AP Div 的 Z 值（如"apDiv3"），使它周围出现矩形框，如图 4-2-7 所示。再输入新的 Z 值。另外，在 AP Div 的"属性"栏内的"Z 轴"文本框内也可以改变 Z 值。

（6）设置 AP Div 的可视性：单击"AP 元素"面板内 ◉ 按钮，使 ◉ 按钮列出现许多人眼图像，如图 4-2-8 所示。"AP 元素"面板内的 ◉ 按钮列显示的 ◉ 图像（睁开的人眼图像），表示此行的 AP Div 是可视的（即可见的）。

单击 ◉ 图像，可使 ◉ 图像消失，再单击原 ◉ 图像处，会出现 ◉ 图像，表示此行的 AP Div 是不可视的。如果再单击 ◉ 图像，可使它变为 ◉ 图像，表示此行的 AP Div 又变为可视的。将

"apDiv2"AP Div 变为不可视后的"AP 元素"面板如图 4-2-9 所示。

图 4-2-7 修改 Z 值

图 4-2-8 单击 👁 按钮后效果

图 4-2-9 "apDiv2"AP Div 不可视

4.2.3 AP Div 的基本操作和在 AP Div 中插入对象

1. AP Div 的基本操作

（1）选定 AP Div：在改变 AP Div 的属性前应先选定 AP Div，选中的 AP Div 会在 AP Div 矩形的左上角产生一个双矩形状控制柄图标回，同时在 AP Div 矩形的四周产生 8 个黑色的方形控制柄。选定一个 AP Div 的情况如图 4-2-10 所示。选定 AP Div 的方法可以有多种，操作方法如下所述。

- 单击 AP Div 的边框线，即可选定该 AP Div。
- 单击 AP Div 的内部，会在 AP Div 矩形的左上角产生一个双矩形状控制柄图标回，单击该控制柄图标回，即可选定与它相应的 AP Div。
- 按住 Shift 键，分别单击要选择的各个 AP Div 的内部或边框线，可以选中多个 AP Div。

如果选定的是多个 AP Div，则只有一个 AP Div 的方形控制柄是黑色实心的，其他选定的 AP Div 的方形控制柄是空心的，如图 4-2-11 所示。

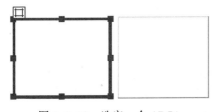
图 4-2-10 选定一个 AP Div

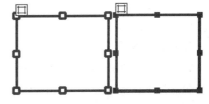
图 4-2-11 选定多个 AP Div

（2）调整一个 AP Div 大小：选中要调整的 AP Div，改变 AP Div 大小有如下方法。

- 鼠标拖曳调整的方法：将鼠标移到 AP Div 的方形控制柄处，当鼠标指针变为双箭头状时，拖曳鼠标，即可调整 AP Div 的大小。
- 按键调整的方法：按住 Ctrl 键，同时按→或←键，可使 AP Div 在水平方向增加或减少一个像素；每按↓或↑键，可使 AP Div 在垂直方向增加或减少一个像素。
- 按住 Ctrl+Shift 组合键的同时，按光标移动键，可每次增加或减少 5 像素。
- 利用 AP Div "属性"栏进行设置的方法：在其"属性"栏内的"宽"和"高"文本框内分别输入修改后的数值（单位是像素），即可调整 AP Div 的宽度和高度。

（3）调整多个 AP Div 的大小：选中要调整大小的多个 AP Div，改变这些 AP Div 的大小有如下方法。

- 用命令的方法：单击"修改"→"排列顺序"→"设成宽度相同"命令（见图 4-2-12），即可使选中的 AP Div 宽度相等，其宽度与最后选中的 AP Div（它的方形控制柄是黑色实心的）的宽度一样。
- 利用 AP Div"属性"栏进行设置的方法：选中多个 AP Div 后，其"属性"栏变为多 AP Div "属性"栏。在其多 AP Div"属性"栏内的"宽"和"高"文本框内分别输入修改后的数值（单位是像素），即可调整选中的多个 AP Div 的宽度和高度（单位是像素）。

（4）多个 AP Div 排列顺序：可采用命令、按键和鼠标操作结合和"属性"栏设置的方法。

- 用命令的方法：选中多个 AP Div，单击"修改"→"排列顺序"命令，可弹出它的下一级菜单，如图 4-2-12 所示。选择其中的一个命令，即可获得相应的对齐效果。例如，选中多个 AP Div，单击"修改"→"排列顺序"→"对齐上缘"命令，即可将各 AP Div 以最后选中的 AP Div（它的方形控制柄是黑色实心的）的上边线为基准对齐，如图 4-2-13 所示。

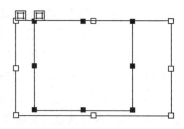

图 4-2-12 "对齐"的下一级菜单   图 4-2-13 对齐上缘后的多个 AP Div

- 用按键的方法：按住 Ctrl 键，同时按光标移动键，即可将选中的多个 AP Div 对齐。按→键可右对齐，按←键可左对齐，按↓键可下对齐，按↑键可上对齐。
- 利用 AP Div"属性"栏进行设置的方法：选中多个 AP Div 后，在其多 AP Div"属性"栏内的"左"或"上"文本框内输入修改后的数值，即可使多个 AP Div 的左边线或上边线以修改的数值对齐。

（5）调整 AP Div 的位置：可以采用命令、按键和鼠标操作结合、"属性"栏设置的方法。

- 鼠标拖曳调整的方法：选中要调整位置的一个或多个 AP Div，将鼠标移到 AP Div 的方形轮廓线处或双矩形状控制柄图标 处，当鼠标指针变为 状时，拖曳鼠标，即可调整 AP Div 的位置。
- 按键调整的方法：每按一次→或←键，可使 AP Div 向右或向左移动一个像素；每按一次↓或↑键，可使 AP Div 向下或向上移动一个像素。
- 如果按住 Shift 键的同时，按光标移动键，也可调整 AP Div 的位置，每次移动 5 像素。
- 利用 AP Div"属性"栏进行设置的方法：选中要调整大小的 AP Div，在其单个 AP Div"属性"栏内的"左"文本框中输入修改后的数值（单位是像素），即可调整 AP Div 的水平位置；在"上"文本框内输入修改后的数值（单位是像素），即可调整 AP Div 的垂直位置。

2. 在 AP Div 中插入对象

在 AP Div 内部可插入能够在页面内插入的所有对象。在 AP Div 中插入对象的方法如下：

（1）单击 AP Div 的内部，使该 AP Div 中出现光标。

（2）就像在页面内插入对象的方法那样，在选中的 AP Div 内插入网页对象。在两个 AP Div

内分别插入文字和 GIF 动画后的页面如图 4-2-14 所示。

图 4-2-14　在 AP Div 内插入文字和图像后的页面

4.3　AP Div 与表格互换和描图

4.3.1　AP Div 与表格的相互转换

1. 转换 AP Div 为表格

单击"修改"→"转换"→"将 AP Div 转换为表格"命令，弹出"将 AP Div 转换为表格"对话框，如图 4-3-1 所示。该对话框内各选项的作用如下：

（1）"最精确"单选按钮：表示使用最高的精度转换。转换后的单元格位置基本不变，空白处会产生空的单元格。

（2）"最小：合并空白单元"单选按钮：选择它后，会合并空白单元格。

（3）小于：4　像素宽度文本框：选中"最小："单选按钮后，该文本框会变为有效，其内可以输入数值，单位为像素。当 AP Div 与 AP Div 的间距小于此值时，转换为表格后会自动对齐，而不是以空白单元格去补充，从而避免产生过多的表格和单元格。

（4）"使用透明 GIFs"复选框：选择它后，转换后的表格空白单元格内用透明的 GIF 图像填充，从而保证在任何浏览器中都能正常显示。

（5）"置于页面中央"复选框：选择它后，转换后的表格在页面内居中显示。不选择它时，转换后的表格居页面内左上角显示。

（6）"防止重叠"复选框：选择它后，可防止 AP Div 重叠。

（7）"显示 AP 元素面板"复选框：选择它后，可显示"AP 元素"面板。

（8）"显示网格"复选框：选择它后，可显示网格。

（9）"靠齐到网格"复选框：选择它后，可使网格吸附（捕捉）功能有效。

2. 转换表格为 AP Div

由于 AP Div 的功能比表格的功能要强的多，所以将表格转换为 AP Div 以后，可以利用 AP Div 的操作，使网页更丰富多彩。将表格转换成 AP Div 的方法如下所述。

单击"修改"→"转换"→"将表格转换为 AP Div"命令，弹出"将表格转换为 AP Div"对话框，如图 4-3-2 所示。该对话框内各复选框的作用与"将 AP Div 转换为表格"对话框内"布局工具"选项组中各选项的含义一样。

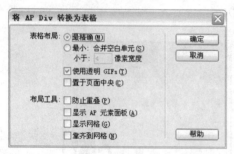

图 4-3-1 "将 AP Div 转换为表格"对话框

图 4-3-2 "将表格转换为 AP Div"对话框

4.3.2 编辑描图

1. 制作和导入描图

（1）制作描图的样图：先在图像处理软件（如 Photoshop）中制作一幅与网页相似的图像，其中的图像、动画和文字对象可以用其他图像和文字替代。也可以复制一份别人做好的网页图像并按照自己的要求进行修改。这幅图像是用来作为设计网页的描图，然后将图像存成 JPG、GIF 或 PNG 图像格式文件。

（2）导入描图：制作好描图后，就可以在 Dreamweaver CS5 下将设计的描图导入，再按照描图的结构样子进行网页的设计。导入描图的方法如下：

单击"查看"→"跟踪图像"→"载入"命令，弹出"选择图像源文件"对话框，利用它可以选择作为描图的图像。选择图像后，单击"选择图像源文件"对话框内的"确定"按钮，即可加载图像，同时弹出"页面属性"对话框。这时，"页面属性"对话框内的"跟踪图像"文本框中已经填入了加载图像的路径与文件名。用鼠标拖曳"图像透明度"滑块，来调整描图的透明度。通常透明度调到 50%左右，有利于区分描图和网页的图像，如图 4-3-3 所示。单击"应用"按钮，即可将图像导入网页中，单击"确定"按钮。

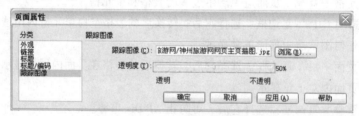

图 4-3-3 "页面属性"对话框

（3）将描图与其他对象对齐：选择网页页面内一个对象，如图像或文字。单击"查看"→"跟踪图像"→"对齐所选范围"命令，即可将描图的左上角与选中对象的左上角对齐。载入描图和编辑描图后，可以按照描图进行网页的布局设计，如图 4-3-4 所示。然后可以按照前面介绍的各种方法插入对象和建立链接。

2. 显示/隐藏描图和调整描图位置

（1）显示/隐藏描图：在网页中导入描图后，单击"查看"→"跟踪图像"→"显示"命令，可以在显示描图和隐藏描图之间切换。

（2）调整描图位置：单击"查看"→"跟踪图像"→"调整位置"命令，弹出"调整跟踪图像位置"对话框,如图 4-3-5 所示。利用它可以改变描图的位置。在该对话框的 X 和 Y 文本框内分别输入坐标值(如均为 5,单位为像素),即可将描图的左上角以指定的坐标值定位。单击"确定"按钮即可完成重定位。

图 4-3-4 按照描图进行网页布局设计   图 4-3-5 "调整跟踪图像位置"对话框

另外,在打开"调整跟踪图像位置"对话框的情况下,也可以通过按键盘中的方向键来移动描图,每按一次键即可移动 1 像素。按住【Shift】键的同时,按键盘中的方向键也可以移动描图,每按一次键即可移动 5 像素。单击"查看"→"跟踪图像"→"重设位置"命令,即可将描图的位置恢复到调整前的位置。

4.4 应 用 实 例

4.4.1 【实例 4-1】北京香山红叶美景

"北京香山红叶美景"网页是利用 AP Div 编排的网页,显示效果如图 4-4-1 所示。AP Div 可视为一种可以插入各种网页对象、可以自由定位、精确定位和容易控制的容器。它实际上就是一个网页的子页面。在 AP Div 中可以嵌套其他的 AP Div,AP Div 可以重叠,可以控制对象的位置和内容,从而实现网页对象的重叠和立体化等特效。制作该实例的方法如下:

图 4-4-1 "北京香山红叶美景"网页的显示效果

(1)新建一个网页,设置它的背景为"bj.gif"纹理图像,标题为"北京香山红叶美景"。单击"文件"→"保存"命令,将网页文档保存为"H4-2.htm"。

(2)单击"插入"(布局)面板内的"绘制 AP Div"按钮🔲,鼠标指针变为十字线状态,用鼠标拖曳,在页面顶部居中位置创建一个"apDiv1"AP Div,单击该 AP Div 内部,将光标定位在其内。插入"D:\BDWEB2\H4-2"目录下的"TU/标题.jpg"图像,然后调整"apDiv1"AP Div 和 AP Div 内图像的大小,使 AP Div 内图像大小与 AP Div 大小一样。

(3)在"apDiv1"AP Div 下边创建第 2 个 AP Div,名称为"apDiv2",将光标定位在其内,

然后输入图 4-4-2 所示的文字（网页内图左边的文字），设置文字为黑色，字体为宋体，大小为 16 像素，加粗。

（4）在"apDiv2"AP Div 的右边创建第 3 个 AP Div，名称为"apDiv3"，将光标定位到其内，插入"TU/香山 1.jpg"图像，调整 AP Div 和 AP Div 内图像的大小，如图 4-4-2 所示。

图 4-4-2 "北京香山红叶美景"网页设计

（5）在"apDiv2"AP Div 的右边创建第 4 个 AP Div，名称为"apDiv4"，并适当调整大小。然后，在该 AP Div 内输入如图 4-4-2 所示的文字（网页内图右边的文字），设置文字的颜色为黑色，字体为宋体，大小为 16px，加粗。此时的网页如图 4-4-2 所示。

按照上述方法，还可以继续创建其他 AP Div，在 AP Div 内插入图像和动画，输入文字。

（6）单击"文件"→"保存"命令，将网页文档保存为"H4-2.htm"。

4.4.2 【实例 4-2】北京香山

"北京香山"网页的显示效果如图 4-4-3 所示。页面由 3 个分栏的框架组成，框架的边框是蓝色、3 像素宽。上边一行分栏的底色是黄色，居中插入一幅"北京香山红叶美景"标题图像。左边分栏内的底色是白色。其上边是一幅小标题图像，下边有 11 幅小香山图像。标题右下边的分栏内的背景是白色。

图 4-4-3 "北京香山"网页的显示效果

单击左边分栏内任一幅小香山图像，则右边分栏内会显示出相应的大幅香山图像。例如，单击第 4 幅小香山图像后，右边分栏内会显示如图 4-4-4 所示。单击左边分栏内小标题图像，则右边分栏内会显示出关于香山的文字说明，如图 4-4-5 所示。制作该实例的方法如下：

图 4-4-4　单击第 4 幅图像后网页的显示效果　　　　图 4-4-5　　　关于香山的文字说明

1．创建子网页

（1）在"D:\BDWEB2\H4-1"文件夹内放置所有有关的网页文件，"D:\BDWEB2\H4-1\TU"文件夹内放置所有有关的图像文件。

（2）在"D:\BDWEB2\H4-1"文件夹内，创建一个名称为"LEFT.htm"的网页。创建一个名称为"TOP.htm"的网页，其中插入一幅标题图像，如图 4-4-3 中右上分栏框架中的图像所示。创建一个名称为"XSWZ.htm"的网页，其中插入介绍香山的纯文字内容，如图 4-4-5 中右下分栏框架中的文字。创建一个名称为"RIGHT.htm"的网页，其中插入一幅图像，如图 4-4-3 中右下分栏框架中的图像。

（3）分别将"LEFT.htm""TOP.htm""RIGHT.htm"和"XSWZ.htm"子网页保存。

（4）选中"LEFT.htm"的网页，单击"插入"栏"布局"栏内的"绘制 AP Div"按钮，将鼠标指针移到"LEFT.htm"网页文档窗口之中，这时鼠标指针变为十字线状态。在页面内左上角拖曳鼠标来创建一个名称为"apDiv1"的 AP Div。

（5）单击"apDiv1"AP Div 内部，将光标定位在其内，插入"D:\BDWEB2\H4-1\TU"目录下的"TU/标题 1A.jpg"图像，然后调整 AP Div 和 AP Div 内图像的大小均为宽 100 像素，高 80 像素，使它们的大小合适，AP Div 内图像大小与 AP Div 大小一样。

（6）从上到下再依次创建 11 个 AP Div，在各 AP Div 内分别插入不同的图像"TU/香山 1A.jpg"……"TU/香山 11A.jpg"，如图 4-4-6 所示。调整 AP Div 和 AP Div 内图像的大小均为宽 100 像素，高 80 像素。

（7）弹出"AP 元素"面板，如图 4-4-7 所示，不选中"防止重叠"复选框。

（8）单击选中"标题 1A.jp"图像，单击"属性"栏内的"链接"右边的文件夹按钮，弹出"选择文件"对话框。在该对话框内，选择"D:\BDWEB2\H4-1"文件夹内的"XSWZ.htm"网页文件，再单击"确定"按钮。在"目标"下拉列表框内选择显示链接图像的分栏名字为"Frame-R"，即在右下分栏内显示链接的图像。此时，图像的"属性"栏如图 4-4-8 所示。

（9）单击选中"香山 1A.jpg"图像，在"链接"右边的文本框内分别输入"TU/香山 1.jpg"，在"目标"下拉列表框内选择显示链接图像的分栏名字为"Frame-R"。

图 4-4-6　插入 11 个 AP Div 和图像

图 4-4-7　"AP 元素"面板

图 4-4-8　"标题 1A.jp"图像的"属性"栏

（10）按照上述方法，分别将其他 10 幅小香山图像与大香山图像建立链接，均设置为在右下分栏内显示。单击"文件"→"保存"菜单命令，将编辑后的"LEFT.htm"网页保存。

2．创建主页

（1）单击"文件"→"新建"命令，弹出"新建文档"对话框，单击该对话框左边"类别"栏中的"框架集"选项，再单击选中该对话框右边"框架集"栏内的一种框架选项，如图 4-1-1 所示。然后，单击"创建"按钮，创建一个有框架的网页。

（2）单击"文件"→"保存全部"命令，弹出"另存为"对话框，在"文件名"文本框内输入"H4-1.htm"，单击"保存"按钮，将整个框架集以名称"H4-1.htm"保存。

（3）按住 Shift 键，单击选中整个框架，在框架集"属性"栏内"边框"下拉列表框内选择"是"选项；单击"边框颜色"按钮 ，弹出颜色面板，利用该面板可确定边框的颜色为蓝色；在"边框宽度"文本框内输入 3。调整各分栏的大小。框架如图 4-4-9 所示。

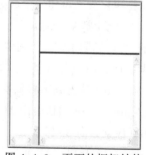

图 4-4-9　页面的框架结构

（4）单击"框架"面板内框架分栏，选中相应的框架分栏，在框架分栏的"属性"栏内的"框架名称"文本框中分别输入框架分栏的名字，左分栏名字为"Frame-L"，右下分栏名字为"Frame-R"，右上分栏名字为"Frame-T"。同时，在右下和左分栏内的"滚动"下拉列表框中选择"是"选项。

（5）单击"框架"面板内"Frame-L"框架分栏，在"属性"栏内的"源文件"文本框内输入"LEFT.htm"；单击"框架"面板内"Frame-R"框架分栏，在"属性"栏内的"源文件"文本框内输入"RIGHT.htm"；单击"框架"面板内"Frame-T"框架分栏，在"属性"栏内的"源文件"文本框内输入"TOP.htm"。

（6）右击框架内"Frame-T"框架分栏，弹出其快捷菜单，再单击快捷菜单内的"页面属性"命令，弹出"页面属性"对话框。在该对话框内的"背景颜色"文本框内输入"#FFFF00"（表示背景色为黄色）。单击"确定"按钮，关闭"页面属性"对话框。

（7）单击"文件"→"保存全部"命令，将整个框架集以名称"H4-1.htm"保存。

思考与练习

1. 制作一个"圣诞树"网页，显示效果如题图 4-1 所示。网页内上边是标题框架窗口，左边是目录框架窗口，右边用来显示中心内容。单击左边框架窗口内的文字图像，可以在右边的框架窗口中显示相应的内容。

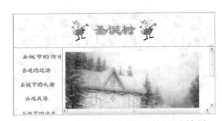

题图 4-1　"圣诞树"网页的显示效果

2. 制作一个"北京建筑浏览"网页，显示效果如题图 4-2 所示。页面由 3 个分栏的框架组成，框架的边框是蓝色的，宽为 3 像素。页面中，上边一行分栏内，底色是"黄色"，有一行华文彩云字体、6 号字、蓝色的"北京建筑浏览"标题，居中分布。左边的分栏内，底色是白色。其上边是一个公鸡动画，下边有多幅小建筑图像。标题右下边的分栏内，背景是白色。该分栏内显示的是一幅建筑图像。单击左边分栏内公鸡动画，则右边分栏内会显示出关于北京建筑的文字说明，如题图 4-3 所示。单击左边分栏内任一幅小建筑图像，则右边分栏内会显示出相应的大幅建筑图像。

题图 4-2　"北京建筑浏览"网页的显示效果

题图 4-3　单击公鸡动画后网页的显示效果

3. 制作一个"秦始皇兵马俑—兵器介绍"网页，显示效果如题图 4-4 所示。

4. 制作一个"带阴影图像"网页，它在浏览器中的显示效果如题图 4-5 所示。

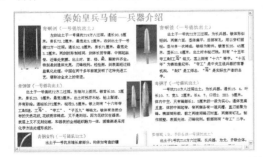

题图 4-4　"秦始皇兵马俑—兵器介绍"网页的显示效果

题图 4-5　"带阴影图像"网页效果

第5章

CSS 样式和 Div 标签

Dreamweaver 的一大特色就是可以轻松地自定义 CSS 格式，而无须记忆烦琐的指令，可以在网页上一次赋予相同元素具有特定的字体、颜色等属性。使用 Div 标签和 CSS，可以更方便地进行网页布局。

5.1 CSS 样 式

在设计网页时，常常需要对网页中各种对象的属性进行设置，通常网站中众多网页内会有许多相同属性的对象，例如，相同颜色、大小、字体的文字，同样粗细的图像边框等。如果对这些相同的元素进行逐一的属性设置，会大大增加工作量，而且修改也很烦琐。为了简化这项工作，就需要使用 CSS 样式表，它可以对页面布局、背景、字体大小、颜色、表格等属性进行统一的设置，然后再应用于页面各个相应的对象。

CSS（Cascading Style Sheet，即层叠样式表）技术是一种格式化网页的标准方式，它通过设置 CSS 属性使网页元素对象获得不同的效果。在定义了一个 CSS 样式后，就可以将它应用于网页内不同的元素，使这些元素对象具有相同的属性，在修改 CSS 样式后，所有应用了该 CSS 样式的网页元素的属性会随之一同被修改。另外，相对于 HTML 标记符而言，CSS 样式属性提供了更多的格式设置功能。例如，可以通过 CSS 样式属性的设置将链接文字的下画线去掉，给文字添加阴影，为列表指定图像作为项目符号等。由于 CSS 具有上述这些优点，所以它已经被广泛用于网页的设计中。

5.1.1 创建和应用 CSS 样式

1. 了解"CSS 样式"面板

单击"窗口"→"CSS 样式"命令，弹出"CSS 样式"面板，单击按下"全部"按钮后的"CSS 样式"面板如图 5-1-1 所示，单击按下"当前"按钮后的"CSS 样式"面板如图 5-1-2 所示。"CSS 样式"面板也叫 CSS 样式表编辑器。

（1）窗格：在"全部"模式下，"CSS 样式"面板显示"所有规则"窗格和"属性"窗格。

可以通过拖曳窗格之间的边框调整任意窗格的大小，通过拖曳分隔线调整列的大小。

"所有规则"窗格显示当前文档中定义的规则（样式表的名称）以及附加到当前文档的样式表中定义的所有规则（外部 CSS 样式文件的名称）。该窗格内如果显示"未定义样式"选项，则表示没有定义 CSS 样式。

使用"属性"窗格可以编辑"所有规则"窗格中任何所选规则的 CSS 属性。单击"添加属性"热字，会在"添加属性"热字处出现一个下拉列表框，该下拉列表框中列出了所有相关的属性名称，选择其中一个属性，即可设置该属性的相应值。单击属性值，即可进入该属性值的编辑状态，可以修改该属性值。

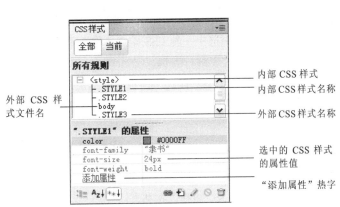

图 5-1-1 "CSS 样式"（全部）面板

图 5-1-2 "CSS 样式"（当前）面板

在"当前"模式下，"CSS 样式"面板显示"所选内容的摘要"窗格、"规则"窗格和"属性"窗格。"所选内容的摘要"窗格内显示文档中当前所选内容的 CSS 属性；"规则"窗格内显示所选属性的位置（或所选标签的一组层叠的规则，具体取决于您的选择）；"属性"窗格可以编辑"所有规则"窗格中任何所选规则的 CSS 属性。

（2）"显示类别视图"按钮 ：单击按下该按钮后，可以分类显示选中的 CSS 样式的属性和属性值。将 Dreamweaver 支持的 CSS 属性分为"字体""背景""区块""边框""方框""列表""定位"和"扩展名"8 个类别。每个类别的属性都包含在一个列表中，可以单击类别名称旁边的加号（+）按钮展开或折叠它。

（3）"显示列表视图"按钮 ：单击按下该按钮后，可以按英文字母的顺序显示 Dreamweaver 支持的所有 CSS 属性和属性值。"设置属性"（蓝色）将出现在列表顶部。

（4）"只显示设置属性"按钮 ：单击按下该按钮后，只显示已经设置过的 CSS 样式的属性和属性值。"设置属性"视图为默认视图。

（5）"附加样式表"按钮 ：单击它，可以弹出一个"链接外部样式表"对话框，如图 5-1-3 所示。再单击"浏览"按钮，可弹出"选择样式表文件"对话框，利用该对话框可以选择要链接或导入外部样式表（文件的扩展名为".css"）。

在"链接外部样式表"对话框内的"媒体"下拉列表框中可以选择媒体类型。单击"范例样式表"热字，可以弹出"范例样式表"对话框，如图 5-1-4 所示。该对话框给出一些样式表范例，并给出与它们相应的文件名称和路径，可供使用。

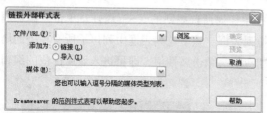

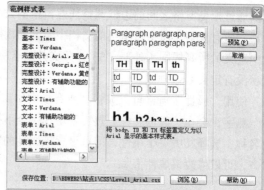

图 5-1-3 "链接外部样式表"对话框   图 5-1-4 "范例样式表"对话框

（6）"编辑样式表"按钮：在"CSS 样式"面板中选中一种 CSS 样式名称，单击该按钮，可弹出相应的"CSS 规则定义"对话框，可以对 CSS 样式表进行编辑。

（7）"删除 CSS 规则"按钮：单击它，可以删除"CSS 样式"面板中的选定规则或属性，并从它所应用于的所有元素中删除格式设置。但是，不会删除由该样式引用的类或 ID 属性。还可以分离（或"取消链接"）附加的 CSS 样式表。

2. 弹出"新建 CSS 规则"对话框的 3 种方法

（1）选择"格式"→"CSS 样式"→"新建"命令。

（2）单击"CSS 样式"面板中内右下角的"新建 CSS 规则"按钮。

（3）在"文档"窗口中选择文本，在"属性"（CSS）栏内"目标规则"下拉列表框选中"新 CSS 规则"选项，然后单击"编辑规则"按钮，或者在其"属性"栏进行属性设置（如单击"粗体"图标）。

如果在"属性"（CSS）栏内"目标规则"下拉列表框选中"内联样式"选项，则在其"属性"栏进行属性设置时，不会弹出"新建 CSS 规则"对话框。

3. "新建 CSS 规则"对话框中其他各选项的含义

"新建 CSS 规则"对话框如图 5-1-5 所示，其中各选项的作用如下：

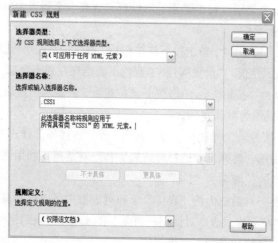

图 5-1-5 "新建 CSS 规则"对话框

（1）"选择器类型"下拉列表框：其内有"类""ID""标签"和"复合内容"4 个选择器类型选项。用来设置要创建的 CSS 规则（即 CSS 样式）的选择器类型

- 选择"类"选项后，设置的 CSS 规则可以应用于所有 HTML 元素。
- 选择"ID"选项后，设置的 CSS 样式（即规则）只可以应用于一个 HTML 元素。
- 选择"标签"选项后，则"选择器名称"下拉列表框内提供了可以应用于重新定义的所有 HTML 元素标记名称，可以对 HTML 元素重新定义，改变它们的属性。
- 选择"复合内容"选项后，可定义能同时影响多个标签、类或 ID 的复合规则设。

（2）"选择器名称"下拉列表框：在"选择器类型"下拉列表框内选择不同选项时，在该下拉列表框内可以输入和选择的名称形式也不一样。

- 选择"类"选项后，类名称必须以"."开头，并且包含字母和数字组合（如".CSS1"）。如果没有输入开头的"."，则 Dreamweaver CS5 会自动在输入的名称左边添加"."。
- 选择"ID"选项后，输入的 ID 名称 必须以"#"开头，并且包含字母和数字组合（如"#myID1"）。如果没输入开头的"#"，则 Dreamweaver 会自动在输入的名称左边添加"#"。
- 选择"标签"选项后，输入或选择一个 HTML 标签。
- 选择"复合内容"选项后，输入用于复合规则的选择器，例如，如果输入"div p"，则 div 标签内的所有 p 元素都将受此规则影响。它下边的文本区域内会自动给出准确说明，说明添加或删除选择器时，该规则将影响哪些元素。

（3）"规则定义"下拉列表框：用来确定是创建外部 CSS 还是内部 CSS。选中"仅限该文档"选项，则创建内部 CSS，定义在当前文档中。选中"新建样式表文件"选项，则创建外部 CSS 样式表文件（扩展名为".css"）。选中一个已经创建的 CSS 样式文件，则修改选中的 CSS 样式文件定义的属性。

4．应用 CSS 样式

可将定义的 CSS 样式应用于网页中的文本、图像、Flash 等对象。具体方法介绍如下：

（1）利用"CSS 样式"面板：选中要应用 CSS 样式的对象（文本、图像、Flash 等对象），右击该面板中相应的样式名称，弹出它的快捷菜单，再单击该菜单中的"套用"命令。

（2）利用"属性"栏：选中要应用 CSS 样式的文本对象，在其"属性"栏的"项目规则"下拉列表框中选择需要的 CSS 样式名称，即可将选中的 CSS 样式应用于选中的文本对象。

选中要应用 CSS 样式的图像等对象，在其"属性"栏的"类"下拉列表框中选择需要的 CSS 样式名称，即可将选中的 CSS 样式应用于选中图像或 Flash 等对象。

5.1.2　定义 CSS 的部分属性

在"CSS 样式"面板中选中一种 CSS 样式名称（如".CSS1"），单击"编辑样式表"按钮 ✎，可以弹出相应的".CSS1 的 CSS 规则定义"对话框，如图 5-1-6 所示。利用该对话框可以对 CSS 样式进行编辑。

1．定义 CSS 的背景属性

选择图 5-1-6 所示对话框内左边"分类"列表框中的"背景"选项，此时的".CSS1 的 CSS 规则定义"对话框内的"背景"栏如图 5-1-7 所示。其中各选项的作用如下：

（1）"背景颜色"（Background-color）按钮与文本框：用来给选中的对象添加背景色。

（2）"背景图像"（Background-image）下拉列表框与"浏览"按钮：用来设置选中对象的背景图像。下拉列表框内有两个选项。

- "无"选项：它是默认选项，表示不使用背景图案。
- "URL"选项：选择该选项或单击"浏览"按钮，可以弹出"选择图像源"对话框，利用该对话框，可以选择背景图像。

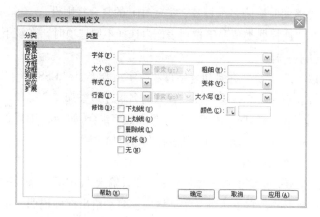

图 5-1-6 ".CSS1 的 CSS 规则定义"对话框

图 5-1-7 "背景"栏

（3）"重复"（Background-repeat）下拉列表框：用来设置背景图像的重复方式。它有 4 个选项："不重复"（只在左上角显示一幅图像）、"重复"（沿水平与垂直方向重复）、"横向重复"（沿水平方向重复）和"纵向重复"（沿垂直方向重复）。

（4）"附件"（Background-attachment）下拉列表框：设置图像是否随内容的滚动而滚动。

（5）"水平位置"（Background-position（X））下拉列表框：用来设置图像与选定对象的水平相对位置。如果选择了"值"选项，则其右边的下拉列表框变为有效，可用来选择单位。

（6）"垂直位置"（Background-position（Y））下拉列表框：用来设置图像与选定对象的垂直相对位置。如果选择了"值"选项，则其右边的下拉列表框变为有效，可用来选择单位。

2. 定义 CSS 的区块属性

单击".CSS1 的 CSS 规则定义"对话框内左边"分类"列表框内的"区块"选项，此时对话框内的"区块"栏如图 5-1-8 所示。其中各选项的作用如下所述。

（1）"单词间距"（Word-spacing）下拉列表框：用来设定单词间距。选择"值"选项后，可以输入数值，再在其右边的下拉列表框内选择数值的单位。此处可以用负值。

（2）"字母间距"（Letter-spacing）下拉列表框：用来设定字母间距。选择"（值）"选项后，可以输入数值，再在其右边的下拉列表框内选择数值的单位。此处可以用负值。

（3）"垂直对齐"（Vertical-align）下拉列表框：用它可以设置选中的对象相对于上级对象或相对所在行，在垂直方向的对齐方式。

（4）"文本对齐"（Text-align）下拉列表框：用来设置首行文字在对象中的对齐方式。

（5）"文字缩进"（Text-indent）文本框：用来输入文字的缩进量。

（6）"空格"（White-space）下拉列表框：设置文本空白的使用方式。"正常"选项表示将所有的空白均填满，"保留"选项表示由用户输入时控制，"不换行"选项表示只有加入标记
时才换行。

（7）"显示"（Display）下拉列表框：在其中可以选择区块重要显示的格式。

3. 定义 CSS 的列表属性

选择".CSS1 的 CSS 规则定义"对话框内左边"分类"列表框内的"列表"选项，右边的"列表"栏如图 5-1-9 所示。其中各选项的作用如下：

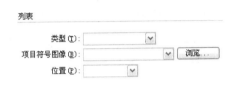

图 5-1-8　"区块"栏　　　　　　　　　　　　　　图 5-1-9　"列表"栏

（1）"类型"（List-style-type）下拉列表框：用来设置列表的标记。选择标记是序号（有序列表）或符号（无序列表）。该下拉列表框内有 9 个选项，包括"圆点""圆圈"等。

（2）"项目符号图像"（List-style-image）下拉列表框和按钮：该下拉列表框内有"无"和"（URL）"两个选项。选择前者后，不加图像标记；选择后者后，单击"浏览"按钮，弹出"选择图像源"对话框，利用它可选择图像，在列表行加入小图标作为列表标记。

（3）"位置"（List-style-Position）下拉列表框：用来设置列表标记的缩进方式。

4. 定义 CSS 的扩展属性

选择单击".CSS1 的 CSS 规则定义"对话框内左边"分类"列表框中的"扩展"选项，此时该对话框内右边的"扩展"栏如图 5-1-10 所示。该对话框中各选项的作用如下所述。

（1）"分页"选项组：用来在选定对象的前面或后面强制加入分页符。一般浏览器均不支持此项功能。该选项组中有"之前"（Page-break-before）和"之后"（Page-break-after）两个下拉列表框，其内选项是"自动""总是""左对齐"和"右对齐"，用来确定分页符的位置。

（2）"视觉效果"选项组：利用该栏内下拉列表框的选项，可使页面的显示效果更动人。

- "光标"（Cursor，即鼠标指针）下拉列表框：可以利用该下拉列表框中的选项，设置各种鼠标的形状。对于低版本的浏览器，不支持此项功能。
- "过滤器"（Filter）下拉列表框：用来对图像进行滤镜处理，获得各种特殊的效果。

（3）过滤器中几个常用滤镜的显示效果如下：

- Blur（模糊）效果：选择该选项后，其选项内容为：Blur（Add=?，Direction=?，Strength=?），需要用户用数值取代其中的"?"，即给 3 个参数赋值。Add 用来确定是否在模糊移动时使用原有对象，取值"1"表示"是"，取值"0"表示"否"，对于图像一般选"1"。Direction决定了模糊移动的角度，可在 0~360 之间取值，表示 0°~360°。Strength 决定了模糊移动的力度。如果设置为：Blur（Add=1，Direction=60，Strength=90），则图 5-1-11 所示图像在浏览器中看到的是图 5-1-12 所示的样子。

图 5-1-10 "扩展" 栏   图 5-1-11 原图   图 5-1-12 Blur 滤镜处理效果

- FlipH/FlipV（翻转图像）效果：选择 FlipV（垂直翻转图像）选项后，图 5-1-11 所示图像在浏览器中看到的是图 5-1-13 所示的样子。选择 FlipH（水平翻转图像）选项后，图 5-1-11 所示图像在浏览器中看到的是图 5-1-14 所示样子。
- Wave（波浪）效果：选择该选项后，其选项为 Wave（Add=?，Freq=?，LightStrength=?，Phase=?，Strength=?），用数值取代 "?" 后的结果为：Wave（Add=0，Freq=2，LightStrength=4，Phase=6，Strength=12）。图 5-1-11 所示图像在浏览器中显示如图 5-1-15 所示。
- Xray（X 光透视效果）效果：选择 Xray（X 光透视效果）选项后，图 5-1-11 所示图像在浏览器中看到的是图 5-1-16 所示的样子。

图 5-1-13 垂直翻转   图 5-1-14 水平翻转   图 5-1-15 波浪处理   图 5-1-16 X 光透视处理

5.2 使用 Div 标签和 CSS 的网页布局

5.2.1 定义 CSS 的部分属性

1. 定义 CSS 的方框属性

单击 ".××的 CSS 规则定义" 对话框内左边 "分类" 列表框内的 "方框" 选项，此时的对话框如图 5-2-1 所示。如果选中 "全部相同" 复选框，则其下变的所有下拉列表框均有效，否则只有第一行下拉列表框有效。其中各选项的作用如下所述。

图 5-2-1 ".PIC 的 CSS 规则定义"（方框）对话框

（1）"宽"（Width）下拉列表框：用来设置对象的宽度。它有两个选项："自动"（由对象自身大小决定）和"值"（由输入的数值决定）。在其右边的下拉列表框内选择数字的单位。

（2）"高"（Height）下拉列表框：用来设置对象的高度。它也有"自动"和"值"两个选项。

（3）"浮动"（Float）下拉列表框：用来设置选中对象的对齐方式，例如，是否允许文字环绕在选中对象的周围。它有"左对齐""右对齐"和"无"3 个选项。

（4）"清除"（Clear）下拉列表框：用来设定其他对象是否可以在选定对象的左右。

（5）"填充"（Padding）栏：用来设置边框与其中的内容之间填充的空白间距，下拉列表框内应输入数值，在其右边的下拉列表框内选择数值的单位。

（6）"边界"（Margin）栏：设置边缘空白宽度，下拉列表框内可输入数值或选择"自动"。

2. 定义 CSS 的边框属性

单击".××的 CSS 规则定义"对话框内左边"分类"列表框内的"边框"选项，此时的对话框如图 5-2-2 所示。它用来对围绕所有对象的边框属性进行设置。

（1）设置边框的宽度与颜色：该对话框内有 4 行选项，分别为上、右、下和左边框。每行有 3 个下拉列表框和一个按钮与文本框。第 1 列的下拉列表框用来设置边框的样式，第 2 列的下拉列表框用来设置边框的宽度，第 3 列的下拉列表框用来选择数值的单位，按钮和后面的文本框用来设置边框的颜色。边框的宽度下拉列表框内的选项有 4 个。选择"细"，用来设置细边框；选择"中"，用来设置中等粗细的边框；"粗"，用来设置粗边框；选择"值"，用来可以输入边框粗细的数值，此时其右边的下拉列表框变为有效，可以选择单位。

（2）"样式"下拉列表框：在此下拉列表框中有 9 个选项。其中，"无"选项是取消边框，其他选项对应着一种不同的边框。边框的最终显示效果还与浏览器有关。

3. 定义 CSS 样式表的定位属性

单击".××的 CSS 规则定义"对话框内左边"分类"列表框内的"定位"选项，此时该对话框内右边的"定位"栏如图 5-2-3 所示。其中各选项的作用如下所述。

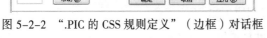
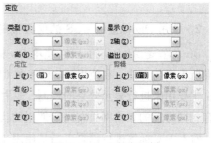

图 5-2-2　".PIC 的 CSS 规则定义"（边框）对话框　　　　图 5-2-3　"定位"栏

（1）"类型"（Position）下拉列表框：用来设置对象的位置。

- "绝对"（Absolute）：使用"定位"框中输入的、相对于最近的绝对或相对定位上级元素的坐标（如果不存在这样的上级元素，则为相对于页面左上角的坐标）来放置内容。

- "固定"（Fixed）：使用"定位"框中输入的坐标（相对于浏览器的左上角）来放置对象。当用户滚动页面时，对象将在此位置保持固定。

- "相对"（Relative）：使用"定位"框中输入的、相对于在文本中位置的坐标来定位。

- "静态"（Static）：将内容放在其文本中的位置。这是 HTML 元素的默认位置。

（2）"显示"（Visibility）下拉列表框：用来设置对象的可视性。

- "继承"（Inherit）：选中的对象继承其母体的可视性。
- "可见"（Visible）：选中的对象是可视的。
- "隐藏"（Hidder）：选中的对象是隐藏的。

（3）"Z轴"（Z-Index）下拉列表框：设置不同层对象的显示次序。有两个选项为"自动"（按原显示次序）和"值"。选择后一项后，可输入数值，其数值越大，越在上边显示。

（4）"溢出"（Overflow）下拉列表框：用来设置当文字超出其容器时的处理方式。

- "可见"（Visible）：当文字超出其容器时仍然可以显示。
- "隐藏"（Hidder）：当文字超出其容器时，超出的内容不能显示。
- "滚动"（Scroll）：在母体加一个滚动条，可利用滚动条滚动显示母体中的文字。
- "自动"（Auto）：当文本超出容器时自动加入一个滚动条。

（5）"定位"（Placement）栏：用来设置放置对象的容器的大小和位置。

（6）"剪辑"（Clip）栏：用来设定对象溢出母体容器部分的剪切方式。

5.2.2 使用 Div 标签和 CSS 的网页布局

1. "布局"栏中的工具

Dreamweaver CS5 的"插入"（布局）工具栏如图 5-2-4 所示。利用它可以完成网页的布局操作，这对于网页设计来说是非常重要的。"插入"（布局）工具栏中布局部分有"插入 Div 标签" 、"绘制 AP Div" 和"表格"工具 等。使用"绘制 AP Div"工具 可以进行网页布局，在第 4 章已经介绍了；利用"表格"工具 可以制作出网页布局的表格，在第 3 章已经进行了简单的介绍；"插入 Div 标签"工具 和 CSS 的网页布局将在下面介绍；其他工具将在第 6 章进行介绍。

图 5-2-4 "插入"（布局）栏

2. 使用 Div 标签和 CSS 的网页布局

Div 标签是 AP Div 的一种，使用 Div 标签和 CSS 进行网页的布局及页面效果的控制是 Web 2.0 标准所推崇的方法。在使用 Div 标签和 CSS 进行网页布局时，Div 标签主要用来进行布局和定位，CSS 主要用来进行显示效果的控制。这种网页布局的方法不但操作容易，而且所使用的代码要比具有相同特性的表格网页布局所使用的代码要少得多，便于阅读和维护。

插入 Div 标签进行网页布局是使用 Div 标签创建 CSS 布局块（即 Div 块），并在网页中对 CSS 布局块进行定位。下面的操作是使用 Div 标签在网页中插入一个水平居中的 Div 块。

（1）单击"插入"（布局）面板内的"插入 Div 标签" 按钮 ，弹出"插入 Div 标签"对话框，在"ID"下拉列表框中输入 Div 标签的名称"kuang"，如图 5-2-5 所示。

（2）单击"插入 Div 标签"对话框内"新建 CSS 规则"按钮，弹出"新建 CSS 规则"对话

图 5-2-5 "插入 Div 标签"对话框

框，在"选择器类型"下拉列表内选择"ID"选项，在"规则定义"下拉列表内选择"仅限该文档"选项，"选择器名称"下拉列表内已有 CSS 样式名称"#kuang"，如图 5-2-6 所示。

（3）单击"新建 CSS 规则"对话框内的"确定"按钮，弹出"#kuang 的 CSS 规则定义"对话框，单击选中该对话框中"分类"列表框内的"方框"选项。在"宽"下拉列表框中输入"600"，在"高"下拉列表框中输入"80"，在"边界"栏内的"上"下拉列表框中选择"自动"选项，如图 5-2-7 所示。然后，单击"确定"按钮，关闭"#kuang 的 CSS 规则定义"对话框，回到"新建 CSS 规则"对话框。

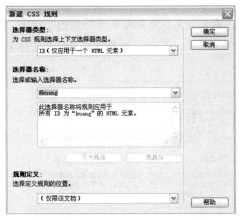

图 5-2-6　"新建 CSS 规则"对话框

图 5-2-7　"新建 CSS 规则"（方框）对话框设置

（4）单击"新建 CSS 规则"对话框内的"确定"按钮，关闭"新建 CSS 规则"对话框，完成 CSS 的设置。此时，网页窗口内的显示效果如图 5-2-8 所示。

（5）打开"CSS 样式"面板。可以看到，添加了名称为"#kuang"的 CSS 样式，如图 5-2-9 所示。

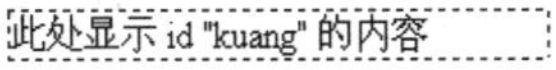

此处显示 id "kuang" 的内容

图 5-2-8　网页内生成的 Div 标签

图 5-2-9　"CSS 样式"面板

（6）单击"文档工具"栏中的"代码"按钮，切换到"代码"视图窗口。其中，定义的"#kuang"的内部 CSS 的程序如下：

```
<style type="text/css">
<!--
#kuang {
    margin: auto;
    height: 80px;
```

```
    width: 600px;
  }
  -->
</style>
```

5.3 应 用 实 例

5.3.1 【实例 5-1】牡丹花简介

"牡丹花简介"网页的显示效果如图 5-3-1 所示。第 1 行文字是标题文字是红色、隶书、52 像素大小、粗体；两个小标题文字是蓝色、宋体、24 像素大小、粗体；段落文字是蓝色、宋体、16 像素大小、粗体。制作该实例的方法如下：

图 5-3-1 "牡丹花简介"网页在浏览器中的显示效果

1. 创建基本网页

（1）在"D:\BDWEB2\H5-1"文件夹下建立一个名为"GIF"的文件夹，用来保存网页中的"G1.gif""G2.gif"GIF 格式动画文件和"BJ.jpg"背景图像文件。

（2）新建一个网页文档，单击"文件"→"另存为"命令，弹出"另存为"对话框。将网页以名称"H5-1.htm"保存在"D:\BDWEB2\H5-1"文件夹内。切换到"设计"视图窗口，单击网页页面，单击其"属性"栏内的"页面属性"按钮，弹出"页面属性"（外观）对话框。在"背景图像"文本框内输入"GIF\ BJ.jpg"，单击"确认"按钮，给网页设置背景图像。

（3）在页面内第 1 行输入"牡丹花的特点和用途"文字，拖曳选中这些文字，在"属性"（HTML）栏内的"格式"下拉列表框中选择"标题 1"选项，使文字为"标题 1"格式。

（4）按 Enter 键，再输入文字"牡丹花的特点"，然后拖曳选中这些文字，在文字的"属性"（HTML）栏内的"格式"下拉列表框中选择"标题 2"选项。

（5）按 Enter 键，将 Word 文档中关于"牡丹花的特点"的文字复制到剪贴板中，再将剪贴板中的文字粘贴到网页文档窗口中的光标处。然后拖曳选中这些文字，在文字的"属性"（HTML）栏内的"格式"下拉列表框中选择"段落"选项，使文字为"段落"格式。

（6）按 Enter 键，输入文字"牡丹花的用途"，然后拖曳选中这些文字，在文字的"属性"（HTML）栏内的"格式"下拉列表框中选择"标题 2"选项。

（7）按 Enter 键，再输入关于"牡丹花的用途"的文字，然后拖曳选中这些文字，在文字的"属性"（HTML）栏中，在"格式"下拉列表框中选择"段落"选项。

（8）将光标定位在文字"牡丹花的特点"的左边，单击"插入"（常用）面板内的  按钮，弹出"选择图像源文件"对话框。利用该对话框导入"G1.gif"图像。再将光标定位在文字"牡丹花的用处"的左边，单击"插入"（常用）面板内的 按钮，弹出"选择图像源文件"对话框。利用该对话框导入"G2.gif"图像。

2．创建内部 CSS

（1）弹出"CSS 样式"面板，如图 5-3-2 所示。单击该面板内右下角的"新建 CSS 规则"按钮 ，弹出"新建 CSS 规则"对话框，如图 5-3-3 所示（还没有输入名称）。

（2）在该对话框内的"选择器类型"下拉列表框中选择"类"选项，在"选择器名称"文本框中输入 CSS 样式的名称".STYLE1"，在"规则定义"下拉列表框中选择"仅限该文件"选项（确定定义内部 CSS），如图 5-3-3 所示。单击"确定"按钮，关闭"新建 CSS 规则"对话框，弹出".STYLE1 的 CSS 规则定义"对话框，如图 5-3-4 所示（还没有进行设置）。

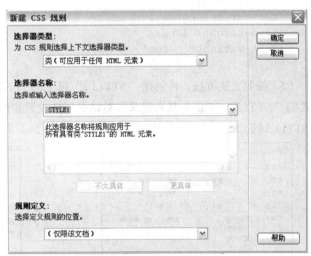

图 5-3-2　"CSS 样式"面板　　　　　图 5-3-3　"新建 CSS 规则"对话框

（3）在".STYLE1 的 CSS 规则定义"对话框内，在"行高"下拉列表框中输入 23，设置文本行与行之间的距离为 23 像素；在"字体"下拉列表框汇总选择"宋体"，设置文字字体为宋体；在"大小"下拉列表框中输入 52，设置文字大小为 52 磅；在"粗细"下拉列表框选择"粗体"选项，设置文字为粗体；单击"颜色"按钮 ，弹出颜色面板，单击该面板内的蓝色色块，设置文字颜色为蓝色；再选择"样式"和"变体"下拉列表框中的"正常"选项，以及其他设置。设置完的对话框如图 5-3-4 所示。单击"确定"按钮，关闭该对话框，完成".STYLE1"CSS 样式的定义。此时的"CSS 样式"面板如图 5-3-5 所示。

图 5-3-4 ".STYLE1 的 CSS 规则定义"对话框   图 5-3-5 "CSS 样式"面板

（4）单击"文档工具"栏中的"代码"按钮，切换到"代码"视图窗口。可以看到增加了如下代码，这些代码定义了一个内部 CSS 样式（也叫"内嵌式"CSS 样式）。

```
.STYLE1 {
    font-size: 52px;
    font-weight: bold;
    font-family: "隶书";
    color: #F00;
    font-style: normal;
    line-height: 40px;
    font-variant: normal;
}
```

（5）按照上述方法，再创建".STYLE2"和".STYLE3"两个内部 CSS 样式。".STYLE2" CSS 样式的".STYLE2 的 CSS 规则定义"对话框属性设置如图 5-3-6 所示。".STYLE3" CSS 样式的 ".STYLE3 的 CSS 规则定义"对话框属性设置如图 5-3-7 所示。

图 5-3-6 ".STYLE2 的 CSS 规则定义"对话框

图 5-3-7 ".STYLE3 的 CSS 规则定义"对话框

（6）单击"文档工具"栏中的"代码"按钮，切换到"代码"视图窗口。可以在"代码"视图窗口内看到在 HTML 程序中增加了如下代码，这些代码定义了 3 个内部 CSS 样式。

此时，"CSS 样式"（全部）面板如图 5-3-8 所示。可以看出，已经定义了 3 个内部 CSS 样式，以及自动定义的网页背景图像的"body" CSS 样式。选中不同的 CSS 样式名称，会在下边显示相应的属性设置情况，属性值可以修改。

图 5-3-8 "CSS 样式"（全部）面板

```
<style type="text/css">
<!--
.STYLE1 {
    font-size: 52px;
    font-weight: bold;
    font-family: "隶书";
    color: #F00;
    font-style: normal;
    line-height: 40px;
    font-variant: normal;
}
.STYLE2 {
    font-family: "宋体";
    font-weight: bold;
    color: #00F;
    font-size: 24px;
}
body {
    background-image: url(GIF/BJ.jpg);
}
.STYLE3 {
    font-size: 16px;
    color: #0000FF;
    font-family: "宋体";
    font-weight: bolder;
}
-->
</style>
```

上述定义 CSS 样式的代码含义如下：

（1）样式表的定义是在<STYLE>…</STYLE>标识符内完成的，<STYLE>…</STYLE>应置于<HEAD>…</HEAD>标识符内。

（2）<STYLE TYPE="text/css">：用来设置 STYLE 的类型，"text/css"类型指示了文本 CSS 样式表类型，可使不支持样式表的浏览器忽略样式表。

（3）<!--…-->：可使不支持<STYLE>…</STYLE>标记符的浏览器忽略样式表。

（4）"font-family: 宋体";"代码定义了字体为宋体；"font-size: 24px;"代码定义了字大小为 24 像素；"font-style: normal;"代码定义了字样式为"普通"；"line-height: 30px;"代码定义了字的行高为 30 像素；"font-weight: bold;"代码定义了字的粗细为"粗体"；"font-variant: normal;"代码定义了字的变体为"正常"；"color: #FF0000;"代码定义了字的颜色为红色。

（5）"background-image: url(GIF/BJ.jpg);"定义背景图像为"GIF/ BJ.jpg"。

3．创建外部 CSS 样式

（1）弹出图 5-3-9 所示的"新建 CSS 规则"对话框。选中"选择器类型"下拉列表框中的"类（可应用于任何 HTML 元素）"选项，在"选择器名称"文本框中输入 CSS 样式的名称".SP"，选中"规则定义"下拉列表框内选择"（新建样式表文件）"选项（确定定义外部 CSS），如图 5-3-9 所示。然后，单击"确定"按钮，关闭"新建 CSS 规则"对话框，弹出"将样式表文件另存为"

对话框，如图 5-3-10 所示（还没有输入文件名）。

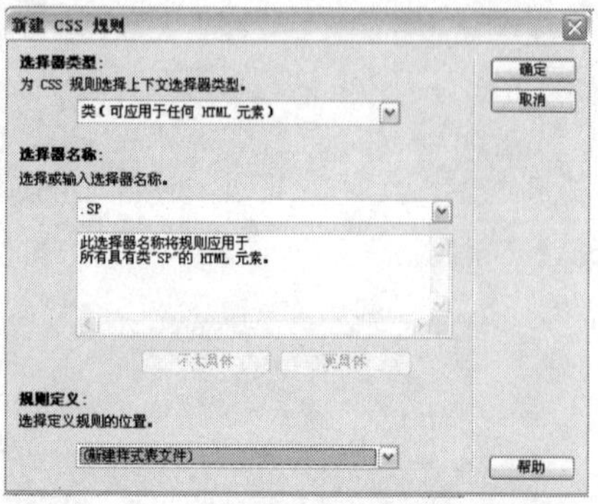

图 5-3-9 "新建 CSS 规则"对话框 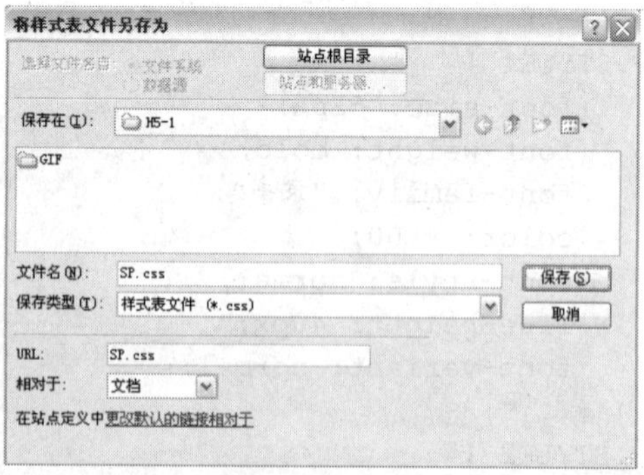　　图 5-3-10 "将样式表文件另存为"对话框

（2）在"将样式表文件另存为"对话框中选择路径，在"文件名"文本框中输入扩展名为".css"的文件名"SP.css"，然后单击该对话框中的"确定"按钮，即可退出该对话框，弹出".SP 的 CSS 规则定义"对话框，它与图 5-3-4 基本一样。

（3）选中".SP 的 CSS 规则定义"对话框左边"分类"列表框内的"方框"选项，在"宽"下拉列表框内输入"80"，在"高"下拉列表框内输入"80"。

（4）定义完后，单击"确定"按钮，可以完成 CSS 样式表的定义。此时，在"CSS 样式"面板内，会显示出新创建的样式表的名称"SP.css"和".SP"，如图 5-3-11 所示。其中，"SP.css"是外部 CSS 样式文件的名称，".SP"是该文件内的外部 CSS 样式名称。"SP.css"外部 CSS 样式文件的内容如下：

图 5-3-11 "CSS 样式"面板

```
@charset "gb18030";
.SP {
    height: 80px;
    width: 80px;
}
```

4. 应用 CSS 样式

（1）拖曳选中标题文字"牡丹花的特点和用途"，在其"属性"（CSS）栏内的"目标规则"下拉列表框中选择"STYLE1"选项，即给选中的标题文字应用".STYLE1" CSS 样式。

（2）拖曳选中标题文字"牡丹花的特点"，在其"属性"（CSS）栏内的"目标规则"下拉列表框中选择".STYLE2"选项，即给选中的标题文字应用".STYLE2" CSS 样式。

（3）拖曳选中标题文字"牡丹花的用处"，在其"属性"（CSS）栏内的"目标规则"下拉列表框中选择".STYLE2"选项，即给选中的标题文字应用".STYLE2" CSS 样式。

（4）拖曳选中段落文字，在其"属性"栏内的"目标规则"下拉列表框中选择".STYLE3"选项，给选中文字应用".STYLE3" CSS 样式。再选中另一段落文字，在其"属性"栏内的"目标规则"下拉列表框中选择".STYLE3"选项，给选中文字应用".STYLE3" CSS 样式。

（5）选中第 1 幅图像，在其"属性"栏内的"类"下拉列表框中选择".SP"选项；选中第

2 幅图像，在其“属性”栏内的“类”下拉列表框中选择“.SP”选项。将 2 幅图像的宽度和高度均调整为 80 像素。

（6）以名称“H5-1.htm”保存在“D:\BDWEB2\H5-1”文件夹内。

5.3.2 【实例 5-2】展期值班表

“展期值班表”网页在浏览器中的显示效果如图 5-3-12 所示，可以看到表格的背景是一幅水印图像。制作该实例的方法如下：

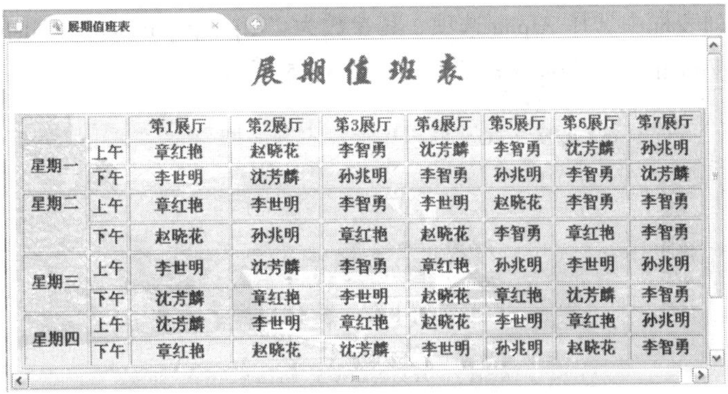

		第1展厅	第2展厅	第3展厅	第4展厅	第5展厅	第6展厅	第7展厅
星期一	上午	章红艳	赵晓花	李智勇	沈芳麟	李智勇	沈芳麟	孙兆明
	下午	李世明	沈芳麟	孙兆明	李智勇	孙兆明	李智勇	沈芳麟
星期二	上午	章红艳	李世明	李智勇	李世明	赵晓花	李智勇	李智勇
	下午	赵晓花	孙兆明	章红艳	赵晓花	李智勇	章红艳	李智勇
星期三	上午	李世明	沈芳麟	李智勇	章红艳	孙兆明	李世明	孙兆明
	下午	沈芳麟	章红艳	李世明	赵晓花	章红艳	沈芳麟	李智勇
星期四	上午	沈芳麟	李世明	章红艳	赵晓花	李世明	章红艳	孙兆明
	下午	章红艳	赵晓花	沈芳麟	李世明	孙兆明	赵晓花	李智勇

图 5-3-12　“展期值班表”网页的显示效果

（1）新建一个网页文档，单击“文件”→“另存为”命令，弹出“另存为”对话框。将网页以名称“H5-2.htm”保存在“D:\BDWEB2\H5-2”文件夹内。

（2）制作一个普通的展期值班表，输入华文行楷字体、红色、字大小为 36 像素、加粗、居中的标题文字“展期值班表”，表格中的文字是蓝色，如图 5-3-13 所示。

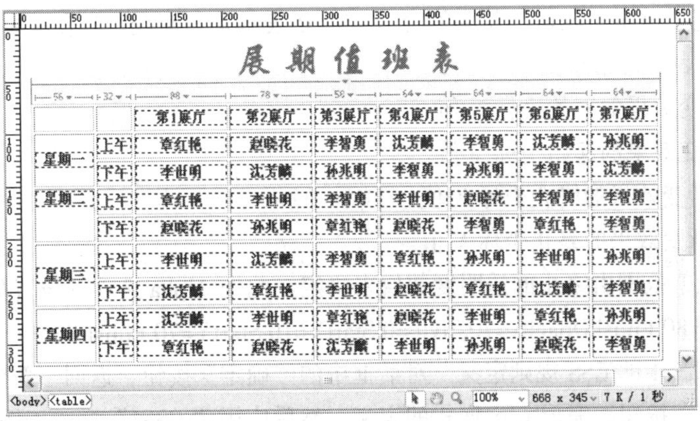

		第1展厅	第2展厅	第3展厅	第4展厅	第5展厅	第6展厅	第7展厅
星期一	上午	章红艳	赵晓花	李智勇	沈芳麟	李智勇	沈芳麟	孙兆明
	下午	李世明	沈芳麟	孙兆明	李智勇	孙兆明	李智勇	沈芳麟
星期二	上午	章红艳	李世明	李智勇	李世明	赵晓花	李智勇	李智勇
	下午	赵晓花	孙兆明	章红艳	赵晓花	李智勇	章红艳	李智勇
星期三	上午	李世明	沈芳麟	李智勇	章红艳	孙兆明	李世明	孙兆明
	下午	沈芳麟	章红艳	李世明	赵晓花	章红艳	沈芳麟	李智勇
星期四	上午	沈芳麟	李世明	章红艳	赵晓花	李世明	章红艳	孙兆明
	下午	章红艳	赵晓花	沈芳麟	李世明	孙兆明	赵晓花	李智勇

图 5-3-13　普通的展期值班表

（3）在表格的上面创建一个 AP Div，其内导入一幅图像。使 AP Div 和图像将整个表格覆盖，如图 5-3-14 所示。

图 5-3-14　图像将表格完全覆盖

（4）弹出“CSS 样式”面板，单击该面板内右下角的“新建 CSS 规则”按钮，弹出“新建 CSS 规则”对话框。在该对话框内，选中“选择器类型”下拉列表框中的“类（可应用于任何 HTML 元素）”选项，在“选择器名称”文本框中输入 CSS

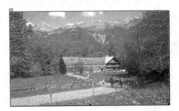

样式的名称 ".CSS1"，在 "规则定义" 下拉列表框中选择 "新建样式表文件" 选项（确定定义外部 CSS）。然后，单击 "确定" 按钮，关闭 "新建 CSS 规则" 对话框，弹出 "将样式表文件另存为" 对话框。

（5）在 "将样式表文件另存为" 对话框中选择路径，在 "文件名" 文本框中输入扩展名为 ".css" 的文件名 "1.css"，然后单击该对话框中的 "确定" 按钮，即可退出该对话框，弹出 ".CSS1 的 CSS 规则定义" 对话框。

（6）选择 ".CSS1 的 CSS 规则定义" 对话框左边 "分类" 列表框中的 "扩展" 选项。然后，在 "过滤器" 下拉列表框中选择 Alpha 选项，其参数为 "Alpha(Opacity=?, FinishOpacity=?, Style=?, StartX=?, StartY=?, FinishX=?, FinishY=?)"，如图 5-3-15 所示。

图 5-3-15 ".CSS1 的 CSS 规则定义"（扩展）对话框设置

该选项可以使图像和文字呈透明或半透明效果。有关参数的含义如下所述。

- Opacity：决定初始的不透明度，其取值为 0~100。0 是不透明，100 是完全透明。
- FinishOpacity：决定终止的透明度，其取值为 0~100。
- Style：决定了透明的风格，其取值为 0~3。0 表示均匀渐变，1 表示线性渐变，2 表示放射渐变，3 表示直角渐变。
- StartX：渐变效果的起始坐标 X 值。
- StartY：渐变效果的起始坐标 Y 值。
- FinishX：渐变效果的终止坐标 X 值。
- FinishY：渐变效果的终止坐标 Y 值。

上述坐标值取值范围由终止的透明度数值来决定。此处 Alpha 选项的设置如下：
Alpha(Opacity=80,FinishOpacity=70,Style=0,StartX=10,StartY=70,FinishX=500,FinishY=800)

（7）单击 ".CSS1 的 CSS 规则定义" 对话框中的 "确定" 按钮，返回 "新建 CSS 规则" 对话框。再单击 "确定" 按钮，完成 CSS 样式的定义。然后应用 ".CSS1" 样式于图像。

（8）保存网页文件，这时还看不到有什么变化。按 F12 键，即可在浏览器中观看到表格的特殊显示效果，如图 5-3-12 所示。

5.3.3 【实例 5-3】动物列表

"动物列表" 网页显示效果如图 5-3-16（a）所示，可以看到，上边居中位置是红色标题文字 "动物列表"，标题下边有 9 幅大小一样的小动物图像。单击表中的任意一幅小动物图像，均可以弹出相应的大的高清晰度图像。例如，单击第 1 行第 1 列动物图像后弹出的网页如图 5-3-16

（b）所示。单击图 5-3-16（b）所示浏览器中的"返回"按钮 ，即可回到图 5-3-16（a）所示的网页画面。通过该网页的制作，可以初步掌握使用 Div 标签和 CSS 进行网页布局的方法，进一步掌握使用 AP Div 进行布局设计的方法，进一步掌握创建外部 CSS 样式表的方法，以及应用外部 CSS 样式表于网页内图像的方法等。制作该实例的方法如下：

（a）网页效果

（b）大图效果

图 5-3-16　"动物列表"网页显示效果

1．设置网页背景和插入标题图像

（1）在"D:\BDWEB2\H5-3"文件夹内保存 9 幅大的动物图像、一幅"动物列表.jpg"立体标题文字图像和一幅名称为"BJ.JPG"的背景图像。再在该文件夹内创建一个名称为"PIC"的文件夹，其内保存与 9 幅大的动物图像内容一样的小动物图像。

（2）新建一个网页文档，以名称"H5-3.htm"保存在"D:\BDWEB2\H5-3"文件夹内。单击文档，单击"属性"栏"页面属性"按钮，弹出"页面属性"对话框。在"背景图像"文本框中输入"BJ.jpg"，在"重复"下拉列表框中选择"不重复"选项，如图 5-3-17 所示。

（3）弹出"CSS 样式"面板，如图 5-3-18 所示。可以看到，在该面板内自动生成了一个名称为"body"的内部 CSS 样式，它的"backgroud-image"属性的值为"url（BJ.Jpg）"，即设置背景图像为当前目录（该网页文档所在目录）下的"BJ.jpg"图像。另外"backgroud-repeat"属性的值为"no-repeat"，即背景图像不重复。

图 5-3-17　"页面属性"对话框

图 5-3-18　"CSS 样式"面板

（4）单击"插入"（布局）面板内的"绘制 AP Div"按钮，将鼠标指针定位在网页内最上边要插入"世界动物列表"立体文字图像的左上角，此时鼠标指针变为十字线状态，拖曳出一个矩形，即可在页面内顶部居中位置创建一个名称为"apDiv1"的 AP Div。

（5）单击 AP Div 内部，将光标定位在 AP Div 内。插入"D:\BDWEB2\H5-3"文件夹下的"动物列表.jpg"图像，然后调整 AP Div 和 AP Div 内图像的大小，使它们的大小合适，AP Div 内图像大小与 AP Div 大小一样。

（6）弹出"CSS 样式"面板，如图 5-3-19 所示。可以看到，在该面板内自动生成了一个名称为"#apDiv1"的内部 CSS 样式。

（7）单击"文档工具"栏中的"代码"按钮，切换到"代码"视图窗口。其中，定义"body"和"#apDiv1"的内部 CSS 样式，以及应用"#apDiv1"内部 CSS 样式的程序如下：

图 5-3-19 "CSS 样式"面板

```
<style type="text/css">
<!--
body {
    background-image: url(BJ.jpg);
    background-repeat: no-repeat;
}
#apDiv1 {
    position:absolute;
    left:136px;
    top:6px;
    width:359px;
    height:51px;
    z-index:1;
}
-->
</style>
</head>
<body>
<div id="apDiv1">
  <div align="center"><img src="世界动物列表.gif" width="440" height="59"
/></div>
</div>
</body>
```

2．插入 Div 标签

（1）单击"插入"（布局）面板内的"绘制 AP Div"按钮，将鼠标指针定位在网页内"动物列表"立体文字图像的左下角，此时鼠标指针变为十字线状态，拖曳出一个矩形，即可在页面内顶部居中位置创建一个名称为"apDiv2"的 AP Div。

（2）单击 AP Div 内部，将光标定位在 AP Div 内。可以看到，在"CSS 样式"面板内自动生成了一个名称为"#apDiv2"的内部 CSS 样式，如图 5-3-20 所示。

（3）单击"插入"（布局）面板内的"插入 Div 标签"按钮，弹出"插入 Div 标签"对话框，在"类"下拉列表框中输入"PIC"，如图 5-3-21 所示。

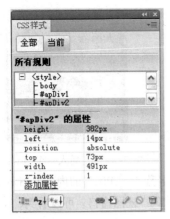

图 5-3-20　"CSS 样式"面板

图 5-3-21　"插入 Div 标签"对话框

（4）单击"插入 Div 标签"对话框内的"新建 CSS 规则"按钮，弹出"新建 CSS 规则"对话框，选中"选择器类型"下拉列表框中的"类"选项，在"选择器名称"文本框中已经有了 CSS 样式的名称".PIC"，在"规则定义"下拉列表框中选择"（仅限该文档）"选项，如图 5-3-22 所示。

（5）单击"新建 CSS 规则"对话框内的"确定"按钮，弹出".PIC 的 CSS 规则定义"对话框，单击选中该对话框中"分类"列表框内的"方框"选项。然后，在"宽"和"高"下拉列表框中输入"150"，在"浮动"下拉列表框中选择"左对齐"选项，在"边界"栏内的"上"下拉列表框内输入"3"，如图 5-3-23 所示。

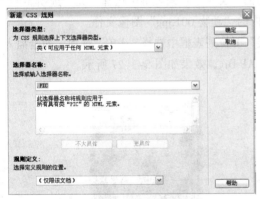

图 5-3-22　"新建 CSS 规则"对话框　　　图 5-3-23　".PIC 的 CSS 规则定义"（方框）对话框

（6）单击".PIC 的 CSS 规则定义"对话框中"分类"列表框内的"边框"选项，在"样式"栏内"上"下拉列表框中选择"实线"，在"宽度"栏内"上"下拉列表框中输入"3"，设置边框颜色为金黄色（#FF6600），如图 5-3-24 所示。

（7）单击".PIC 的 CSS 规则定义"对话框内的"确定"按钮，完成 CSS 样式设置，关闭".PIC 的 CSS 规则定义"对话框，回到"新建 CSS 规则"对话框，再单击该对话框内的"确定"按钮，关闭"新建 CSS 规则"对话框，在名称为"apDiv2"的 AP Div 内插入一个 Div 标签。同时，在其中添加有文字"此处显示 class "PIC" 的内容"，如图 5-3-25 所示。按 Delete 键，删除这些文字。

图 5-3-24 ".PIC 的 CSS 规则定义"（边框）对话框

图 5-3-25 插入一个 Div 标签

此时，"CSS 样式"面板如图 5-3-26 所示，生成了一个名称为".PIC"的内部 CSS 样式。

（8）单击"文档工具"栏中的"代码"按钮，切换到"代码"视图窗口。可以看到，在"-->"标识符上边增加了定义".PIC"内部 CSS 样式的程序如下：

```
.PIC {
    margin: 3px;
    float: left;
    height: 150px;
    width: 150px;
    border: 3px solid #FF6600;
}
```

3．插入图像和创建链接

（1）选中插入的 Div 标签，在其"属性"栏内的"类"下拉列表框中选择"无"选项。

（2）单击 Div 标签内部，插入"PIC"文件夹内的"动物 001.jpg"图像文件。

（3）选中插入的图像，在其"属性"栏内"类"下拉列表框中选择".PIC"选项，即给插入的图像应用".PIC" CSS 样式。单击选中"apDiv2"AP Div，效果如图 5-3-27 所示。

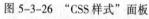

图 5-3-26 "CSS 样式"面板

图 5-3-27 图像应用".PIC" CSS 样式

（4）调整"apDiv2"AP Div，使它宽度和高度大约为原来的 3 倍。选中插入的第 1 幅图像，再插入第 2 幅图像，选中插入的第 2 幅图像，在其"属性"栏内"类"下拉列表框中选择".PIC"选项，即给插入的图像应用".PIC" CSS 样式。

（5）按照上述方法，再插入第 3 幅图像并给该图像应用".PIC" CSS 样式。按 Enter 键后，继续插入第 4、5、6 幅图像并给这些图像应用".PIC" CSS 样式。

（6）单击选中插入的第 1 幅图像，在其"属性"栏内的"链接"文本框输入"动物 001.jpg"，表示单击第 1 幅图像后，可以弹出"D:\BDWEB2\H5-3\PIC"文件夹内的"动物 001.jpg"图像。

（7）按照上述方法，建立其他小图像与相应的大图像的链接。

思考与练习

1. 制作一个"CSS 样式表范例"网页，显示效果如题图 5-1 所示。第 1 行文字是标题 3 文字，黄色背景、蓝色字、字大小为 20 号。第 2 行文字是标题 1 文字，黄色背景、红色字、字大小为 20 像素点和斜体字。第 3 行文字是标题 3 文字，红色背景、黄色字、字大小为 20 号、斜体字。第 1 段正文文字是黄色背景、蓝色字、字风格保持原文件风格、首行缩进 1 厘米。第 2 段正文文字是黄色背景、红色字、字风格保持原文件风格、首行缩进 1 厘米。

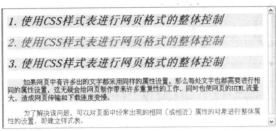

题图 5-1　"CSS 样式表范例"网页的显示效果

2. 验证 CSS 样式表 ".CSS1 的 CSS 规则定义"对话框"扩展"栏中各种滤镜的作用。

3. 参考【实例 5-2】网页的制作方法，制作一个"课程表"网页（见题图 5-2）。

课程表								
		星期一	星期二	星期三	星期四	星期五	星期六	星期日
网页1班	上午	多媒体	linux	数据库	Window NT	数据库	Window NT	java
	下午	网络互连	Window NT	java	数据库	java	数据库	Window NT
网页2班	上午	多媒体	网络互连	数据库	网络互连	linux	数据库	数据库
	下午	linux	java	多媒体	linux	数据库	多媒体	数据库
网页3班	上午	网络互连	Window NT	数据库	多媒体	java	网络互连	java
	下午	Window NT	多媒体	网络互连	linux	多媒体	Window NT	数据库
网页4班	上午	Window NT	网络互连	多媒体	linux	网络互连	多媒体	java
	下午	多媒体	linux	Window NT	网络互连	java	linux	数据库

题图 5-2　"课程表"网页的显示效果

4. 创建一个 CSS 样式表，并将它用于网页中的表格、文字和图像对象。

5. 修改【实例 5-3】网页，使它在浏览时可以显示水平一行 10 幅宝宝图像，图像的宽和高约为原来的一半。

6. 参考【实例 5-3】网页的制作方法，制作一个"奥运场馆列表"网页。

第6章
创建表单和 Spry 构件

表单是用户利用浏览器对 Web 站点进行信息提交的一种界面。网站可以通过表单将一些选项或要求输入的内容显示给用户，用户可以利用表单输入信息或选择选项等，然后将这些信息提交给服务器进行处理。这种查询方式称为交互查询。表单中可包含多种表单对象，包括文本域、下拉列表框、复选框和单选按钮等。

Spry 构件（即表单对象）是预置的常用用户界面组件，是一个页面元素，可以使用 CSS 自定义这些组件，然后将其添加到网页中。使用 Dreamweaver CS5 可以将多个 Spry 构件添加到自己的页面中，创建包括具有验证功能的表单元素、折叠构件和选项卡式界面对象等。

6.1 创 建 表 单

6.1.1 表单域和插入表单对象

1. 表单域的创建与删除

（1）创建表单域：将光标移到要插入表单域的位置。单击"插入"（表单）工具栏（见图 6-1-1）中的"表单"按钮，或将表单图标拖曳到网页文档窗口内，或单击"插入"→"表单"→"表单"命令，都可以在网页设计窗口内创建一个表单域，如图 6-1-2 所示。表单域在浏览器内是看不到的。单击表单域内部，使光标在表单域内，按 Enter 键可将表单域调大。按 Backspace 键可将表单域缩小。

图 6-1-1 "插入"（表单）工具栏

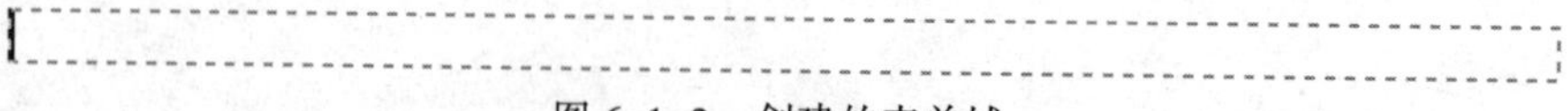

图 6-1-2 创建的表单域

（2）显示表单域：在表单域创建后，若看不到表单域的矩形红线，可以单击"查看"→"可视化助理"→"不可见元素"命令。

（3）删除表单域：单击表单域的边线处，选择表单域，按 Delete 键。

2．表单域"属性"栏

选中表单域，此时表单域"属性"栏如图 6-1-3 所示。

（1）"表单 ID"文本框：在该文本框内输入表单域的名字。表单域的名字可用于 JavaScript 和 VBScript 等脚本语言中，这些脚本语言可以控制表单域的属性。

图 6-1-3　表单域"属性"栏

（2）"动作"栏：利用它们可以输入脚本程序或含有脚本程序的 HTML 文件。

（3）"方法"下拉列表框：用来选择客户端与服务器之间传送数据采用的方式。3 个选项是"默认"、"GET"（获得，即追加表单值到请求该页面 URL，并发送服务器 GET 请求）和"POST"（传递，在 HTTP 请求中嵌入表单数据，并发送服务器 POST 请求）。

（4）"目标"下拉列表框：用来指定一个窗口用于显示被调用程序返回的数据。 如果命名的窗口尚未打开，则打开一个具有该名称的新窗口。设置以下任一目标值。

- _blank：在未命名的新窗口内打开被链接的目标文档，并保持当前窗口可用。
- _new：在新窗口中打开被链接的目标文档用。
- _parent：在显示当前文档窗口的父框架窗口中打开目标文档。
- _self：在当前框架的同一窗口中打开被链接的目标文档，替代该框架中的内容。
- _top：在当前窗口的最外层框架窗口内打开被链接的目标文档。此值可用于确保目标文档占用整个窗口，即使原始文档显示在框架中时也是如此。

（5）"类"下拉列表框：其中有"重命名""附加样式表"和创建的 CSS 样式名称等多个选项，可以用来选择 CSS 样式、给 CSS 样式重命名和创建新的 CSS 样式等。

3．插入表单对象

将光标移到要插入表单对象的位置，单击"插入"（表单）工具栏中的相应按钮，或单击"插入"→"表单"→"××"命令，都可以弹出"插入标签辅助功能属性"对话框，如图 6-1-4 所示。在其内的"ID"文本框内可以输入表单对象名称，在"标签"文本框中输入标签文字；在"样式"栏内选中一个单选按钮，确定一种样式；在"位置"栏内选中一个单选按钮，确定标签文字位置；还可以设置访问键，再单击"确定"按钮完成设置，同时在光标处插入一个相应的表单对象。如果不在"ID"文本框内输入任何名称就单击"确定"按钮，或者单击"取消"按钮，则可以使

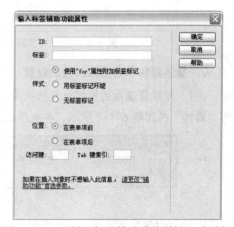

图 6-1-4　"插入标签辅助功能属性"对话框

表单对象采用默认名称。

表单对象的"属性"栏中都有一个名称文本框，用来显示或重新输入表单对象的名称，该名称可在程序中使用，以指定表单对象。

6.1.2 表单对象属性的设置

1．文本字段属性的设置

文本字段也叫文本域，文本字段□的"属性"栏如图6-1-5所示。它可以是单行，也可以是多行，用于接收文本、数字和字符。如果选择了"类型"选项组中的"单行"或"密码"单选按钮，则"属性"栏如图6-1-5所示。如果选择了"类型"选项组中的"多行"单选按钮，则"属性"栏如图6-1-6所示。各选项的作用如下：

图6-1-5　文本字段（即文本域）□的"属性"栏（选择"密码"单选按钮）

（1）"字符宽度"文本框：文本域的宽度，即可以显示字符的最多个数。

（2）"最多字符数"文本框：允许输入的字符个数，可以比文本框宽度大。

（3）"初始值"文本框：用来输入文本框的初始内容。

（4）"类型"栏：该栏有"单行""多行"或"密码"3个单选按钮，用来选择不同的类型的文本域。当用户输入文字时，"密码"文本域内显示的不是这些文字，而是一行"*"；选择"多行"单选按钮时，其"属性"栏内"初始值"文本框变为带滚动条的多行文本框，"最多字符数"文本框变为"行数"文本框，用来输入文本框的行数。

（5）"禁用"复选框：选中它后，文本字段变为灰色，不可以使用。

（6）"只读"复选框：选中它后，文本字段只能用来显示内容，不允许输入内容。

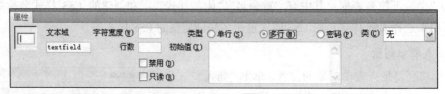

图6-1-6　文本字段（即文本域）□的"属性"（多行）栏

2．复选框和单选按钮属性的设置

（1）设置复选框的属性：复选框☑有选择和未选择两种状态，有多个复选框允许多选。它的"属性"栏如图6-1-7所示，各选项的作用如下：

图6-1-7　复选框的"属性"栏

- "选定值"文本框：用来输入复选框选中时的数值，通常为1或0。

- "初始状态"栏：它有两个单选按钮，用来设置复选框的初始状态。

（2）设置单选按钮的属性：一组单选按钮 ⊙ 中只允许选择一个。它的"属性"栏如图 6-1-8 所示。该"属性"栏内的选项与复选框"属性"栏相应选项的作用一样。

图 6-1-8　单选按钮的"属性"栏

（3）设置单选按钮组的属性：单击"插入"（表单）工具栏中的"单选按钮组"按钮 ⊞，可弹出"单选按钮组"对话框，如图 6-1-9 所示。利用该对话框可以设置单选按钮组中单选按钮的个数、名称和初始值（通常是 1 或 0 等数值）。如果要增加选项，可单击 ✚ 按钮；如果要删除选项，可选择要删除的选项，再单击 ━ 按钮。如果要调整选项的显示次序，可选择要移动的选项，再单击 ▲ 或 ▼ 按钮。

图 6-1-9　"单选按钮组"对话框

（4）设置复选框组的属性：单击"插入"（表单）工具栏中的"复选框组"按钮 ⊞，可弹出"组"对话框，如图 6-1-10 所示。利用该对话框可以设置复选框组中的复选框个数、名称和初始值。

图 6-1-10　"复选框组"对话框

3．按钮属性的设置

按钮 ▭ 用来制作"提交"和"重置"按钮，还可以调用函数。它的"属性"栏如图 6-1-11 所示，各选项的作用如下：

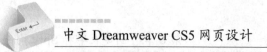

图 6-1-11　按钮的"属性"栏

（1）"值"文本框：用来输入按钮上的文字。

（2）"动作"选项组：它有 3 个单选按钮，用来选择单击该选项后引起的动作类型。

- "提交表单"单选按钮：选择它后，可以向服务器提交整个表单。
- "重设表单"单选按钮：选择它后，可以取消前面的输入，复位表单。
- "无"单选按钮：选择它后，表示是一般按钮，可用来调用脚本程序。

4．列表/菜单和文件域属性的设置

（1）设置列表/菜单的属性：列表/菜单 的作用是将一些选项放在一个带滚动条的列表框内。它的"属性"栏如图 6-1-12 所示，其中各选项的作用如下：

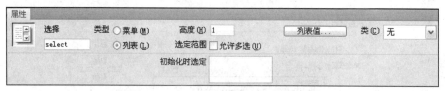

图 6-1-12　列表/菜单的"属性"栏

- "类型"选项组：它有两个单选按钮，用来选择"菜单"或"列表"。"菜单"就是下拉列表框；选择"列表"单选按钮后，其右边的各选项会变为可选项，此时的列表框右边会产生滚动条。
- "高度"文本框：只有选中"列表"单选按钮后才有有效。它用来输入列表的高度值，即可以显示的行数。
- "选定范围"复选框：选择它后，表示列表中的各选项可以同时选择多项。
- "初始化时选定"列表框：用来设置第一次弹出该菜单时，菜单中默认的选中项。
- "列表值"按钮：单击该按钮，可以弹出一个"列表值"对话框。利用该对话框可以输入菜单或列表内显示的选项内容（在"标签"栏内），以及输入此选项提交后的返回值（在"值"栏内），如图 6-1-13 所示。

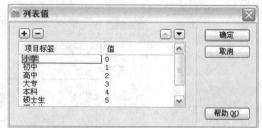

图 6-1-13　"列表值"对话框

（2）设置文件域的属性：文件域（也叫文件字段） 用来让用户从中选择磁盘、路径和文件，并将该文件上传到服务器中。它的"属性"栏如图 6-1-14 所示，各选项的作用如下：

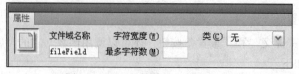

图 6-1-14　文件域的"属性"栏

- "字符宽度"文本框：输入文件域的宽度，即可显示字符的最多个数。
- "最多字符数"文本框：输入允许用户输入的字符个数，它可以比文件域宽度值大。

5．图像域属性的设置

单击"图像域"按钮，弹出"选择图像源文件"对话框，利用该对话框选择图像源文件，再单击"确定"按钮，可弹出图 6-1-4 所示的"插入标签辅助功能属性"对话框，再单击其内的"取消"按钮，可在图像域内的插入选择的图像。它的"属性"栏如图 6-1-15 所示，各选项的作用如下：

图 6-1-15　图像域的"属性"栏

（1）"源文件"文本框与文件夹按钮：单击文件夹按钮，可以弹出一个对话框，用来选择图像文件，也可以在文本框内直接输入图像的路径与文件名。

（2）"替换"文本框：其内输入的文字会在鼠标指针移到图像上面时显示出来。

（3）"对齐"下拉列表框：用来选定图像在浏览器中的对齐方式。

（4）"编辑图像"按钮：单击它，可以弹出设定的图像编辑器，对图像进行加工。

6．隐藏域属性的设置

隐藏域提供了一个可以存储表单主题、数据等的容器。在浏览器中看不到它，但处理表单的脚本程序时可以调用它的内容。其"属性"栏如图 6-1-16 所示，各选项的作用如下：

图 6-1-16　隐藏域的"属性"栏

（1）"隐藏区域"文本框：用来输入隐藏域的名称，以便于在程序中引用。

（2）"值"文本框：用来输入隐藏域的数值。

如果在加入隐藏域时，没有显示 图标，可单击"编辑"→"首选参数"命令，弹出"首选参数"对话框，再在"分类"列表框中选择"不可见元素"选项。然后选中"表单隐藏区域"复选框，单击"确定"按钮退出。

7．跳转菜单属性的设置

跳转菜单采用下拉列表框的方式来实现链接跳转，其外观与列表/菜单一样，是菜单的另外一种形式。用户选择该菜单的某一个选项时，当前页面或框架会跳转到其他的页面。创建跳转菜单的操作方法如下所述。

（1）单击"跳转菜单"按钮，弹出"插入跳转菜单"对话框，如图 6-1-17 所示。在"文本"文本框内输入菜单选按钮的说明文字，在"菜单项"列表框内会显示出来。

（2）＋、－、▲和▼按钮的作用与图 6-1-9 所示对话框中的按钮作用一样。

（3）在"选择时，前往的 URL"文本框内输入要跳转的文件路径与文件名称，也可以单击

"浏览"按钮，弹出"选择文件"对话框，选择链接的文件。

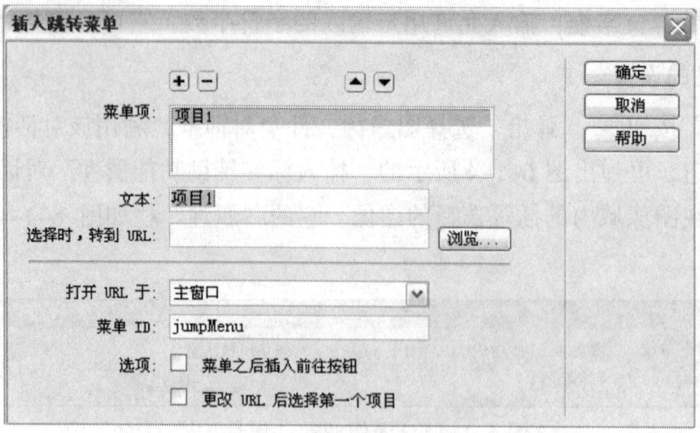

图 6-1-17   "插入跳转菜单"对话框

（4）在"打开 URL 于"下拉列表框中选择在何处打开文件。

（5）在"菜单 ID"文本框内输入跳转菜单的名称。

（6）"选项"选项组中有两个复选框。选择"菜单之后插入前往按钮"复选框后，在菜单的右边会增加一个"前往"按钮。选择"更改 URL 后选择第一个项目"复选框后，可设置跳转后重新定义菜单第 1 个选项为默认选项。

（7）单击"确定"按钮，可退出该对话框，页面会显示一个跳转菜单。

（8）选择创建的跳转菜单后，其"属性"栏与图 6-1-12 基本一样。

6.2　创建 Spry 构件

6.2.1　Spry 构件基本操作和 Spry 验证文本域

1. Spry 构件的基本操作

Spry 构件由构件结构（用来定义构件结构组成的 HTML 代码）、构件行为（用来控制构件如何响应用户启动事件的 JavaScript 程序，它赋予构件功能）和构件样式（用来指定构件外观的 CSS，包含设置构件样式所需的全部信息）3 部分组成。它支持一组用标准 HTML、CSS 和 JavaScript 编写的可重用构件，它们都与唯一的 CSS 和 JavaScript 文件相关联。与网页内所插入的构件相关联的 CSS 文件和 JavaScript（展名为".css"和".js"）文件会自动保存在网页所在文件夹内的"SpryAssets"文件夹（自动生成）中。Spry 框架可以在网页中使用。

当在网页页面内插入构件后，Dreamweaver 会自动将这些文件链接到该页面，以使构件中包含该页面的功能和样式。Spry 构件的基本操作方法如下：

（1）插入 Spry 构件：单击"插入"→"Spry"→"××"命令（"××"是要插入的 Spry 构件的名称），可弹出"输入标签辅助功能属性"对话框，进行设置后单击"确定"按钮，即可创建一个相应的 Spry 构件（即一种表单对象）。另外，单击"插入"栏内的"Spry"类别的按钮，也可以弹出"输入标签辅助功能属性"对话框。

（2）选择和编辑 Spry 构件：将鼠标指针移到构件之上，会在构件的左上角显示蓝色背景的选项卡，单击构件左上角中的构件选项卡，即可选中该 Spry 构件。此时，"属性"栏会自动切换到该 Spry 构件的"属性"栏。利用 Spry 构件的"属性"栏可以编辑该 Spry 构件。

（3）设置 Spry 构件的样式：在站点或其他目录下的"SpryAssets"文件夹中可以找到与该构件相对应的 CSS 文件，可以根据自己的喜好来编辑 CSS 文件。另外，也可以利用"CSS 样式"面板来设置 Spry 构件的属性，这与对页面上其他带样式的元素所做的操作一样。

（4）更改默认的 Spry 资源文件夹：当在已保存的页面中插入 Spry 构件后，Dreamweaver 会在网页所在目录下（没建立站点）或站点中创建一个"SpryAssets"文件夹，并将相应的 CSS 文件和 JavaScript 文件在该文件夹内。如果需要将 SpryAssets 文件夹保存到其他目录下，可以更改 Dreamweaver 保存这些资源的默认位置，方法如下：

- 单击"站点"→"管理站点"命令，弹出"管理站点"对话框。单击其内的"编辑"按钮，弹出"站点定义"（高级）对话框，在该对话框内"分类"栏中选择"Spry"类别。
- 在"Spry 资源文件夹"文本框中输入 Spry 资源保存的文件夹路径，也可以单击其右边的文件夹按钮📁，弹出一个对话框，利用该对话框来寻找文件夹。然后，单击"确定"按钮，完成更改默认的 Spry 资源文件夹的设置。

2．"Spry 验证文本域"Spry 构件

"Spry 验证文本域"Spry 构件是一个文本域，用于输入时显示输入的状态（有效或无效）。例如，如果输入的整数的字符个数少于或大于限定值，会显示相应的无效提示信息；如果输入电子邮件地址时没有输入"@"和"．"，则会显示相应的无效提示信息。该 Spry 构件与一般的文本域表单对象的主要区别是它不但有文本域，还具有验证和给出相应提示的功能。

单击 Spry 验证文本域表单对象左上角的蓝色背景选项卡，可以选中"Spry 验证文本域"Spry 构件，弹出它的"属性"栏，如图 6-2-1 所示。

图 6-2-1　"Spry 验证文本域"Spry 构件的"属性"栏

当在"类型"下拉列表框中选择不同选项时，"属性"栏内的选项会不一样，例如，在"类型"下拉列表框中选择"日期"选项时的"属性"栏如图 6-2-2 所示。

图 6-2-2　"Spry 验证文本域"Spry 构件的"属性"栏（选择"日期"类型）

"Spry 验证文本域"Spry 构件"属性"栏内各选项的作用如下：

（1）"类型"下拉列表框：用来选择"Spry 验证文本域"Spry 构件的验证类型。例如，如果文本域将接收日期验证类型，则可以在"类型"下拉列表框中选择"日期"选项。"类型"下拉列表框内各选项（即验证类型）的名称和格式如表 6-2-1 所示。

表 6-2-1　"类型"下拉列表框内各验证类型的名称和格式

验 证 类 型	格　　　　式
无	不需要特殊格式
整数	文本域只可以接受整数数字
电子邮件	文本域必须输入包含"@"和"."字符的电子邮件地址，而且"@"和"."的前面和后面都必须至少有一个字母
日期	格式可以改变，可以在"属性"面板内的"格式"下拉列表框中选择
时间	格式可以改变，在"属性"面板内的"格式"下拉列表框中选择，其中，"tt"表示 am/pm 格式，"t"表示 a/p 格式
信用卡	格式可以改变，在"属性"面板内的"格式"下拉列表框中选择，可以选择接受所有信用卡，或者指定特定种类的信用卡（MasterCard、Visa 等），文本域不接受包含空格的信用卡号，如 1234 5678 8765 9999
邮政编码	格式可以改变，在"属性"面板内的"格式"下拉列表框中选择
电话号码	如果在"属性"面板内的"格式"下拉列表框中选择了"美国/加拿大"选项，则文本域接受美国和加拿大格式，即"(000)000-0000"格式；也可以在"属性"面板内的"格式"下拉列表框中选择了"自定义模式"选项，则应在"图案"（模式）文本框中输入格式，例如，000.00(00)。
社会安全号码	文本域接受 000-00-0000 格式的社会安全号码
货币	文本域接受 1,000,000.00 或 1.000.000,00 格式的货币格式
实数/科学记数法	验证各种数字：数字（如 1）、浮点值（如 12.123）、以科学记数法表示的浮点值（如 1.234e+10、1.234e-10，其中 e 是 10 的幂）
IP 地址	格式可以改变，在"属性"面板内的"格式"下拉列表框中选择
URL	文本域接受 http://xxx.xxx.xxx 或 ftp://xxx.xxx.xxx 格式的 URL

（2）"格式"下拉列表框：在"类型"下拉列表框中选中"日期""时间""邮政编码"等选项后，该下拉列表框变为有效，用来选择相应的格式。

（3）"图案"文本框：在"类型"下拉列表框中选中"自定义"选项后，它用来输入格式模式，并根据需要在"提示"文本框中输入提示信息。

（4）"验证于"栏：有 3 个复选框，用来指定验证发生的时间，可以设置验证发生的时间，包括站点访问者在构件外部单击时、输入内容时或尝试提交表单时。

- "onBlur"（模糊）：选中它后，当用户在文本域的外部单击时进行验证。
- "onChange"（更改）：选中它后，当用户更改文本域中的文本时进行验证。
- "onSubmit"（提交）：选中它后，当用户尝试提交表单时进行验证。

（5）"提示"文本框：用于输入提示信息。由于文本域有很多不同格式，因此为了帮助用户输入正确的格式，可以输入相应的提示文字。当"Spry 验证文本域"Spry 构件的文本框中没有输入内容时，该文本框内会显示"提示"文本框内的文字。

（6）"预览状态"下拉列表框：用来设置验证 Spry 构件的状态，验证文本域构件的状态有"初始""有效""无效格式"和"必填"等，它们的含义如下：

- "初始"状态：在浏览器中加载页面或用户重置表单时 Spry 构件的状态。

- "必填"状态（即必需状态）：在选中"必需的"复选框后，"预览状态"下拉列表框内才会增加"必填"（即"必需"）选项，当用户在文本域中没有输入必需的文本时 Spry 构件的状态。当用户没有输入时，会在文本域后边显示"需要提供一个值。"提示信息。
- "无效格式"状态：当用户所输入文本的格式无效时 Spry 构件的状态。例如，在设置"日期"类型后，在文本域中输入 12 而不是输入 2012 来表示年份，则属于无效状态。
- "有效"状态：当用户正确地输入信息且表单可以提交时 Spry 构件的状态。

（7）"最小字符数"和"最大字符数"文本框：这两个文本框仅在"类型"下拉列表框中选择了"无""整数""电子邮件地址"和"URL"选项时有效。例如，在"最小字符数"文本框中输入"2"，在"最大字符数"文本框中输入"4"，则只有当输入 2、3 或 4 个字符时才通过验证，当输入的字符个数小于 2 或大于 4 时，都无法通过验证，会显示相应的无效提示信息。

- "最小字符数"状态：在该文本框中输入数字后，"预览状态"下拉列表框内会增加"未达到最小字符数"选项。当输入的字符数少于"最小字符数"文本框中的数值时，则进入 Spry 构件的"最小字符数"状态，会在文本域后边显示"不符合最小字符数要求。"提示信息。
- "最大字符数"状态：在该文本框中输入数字后，"预览状态"下拉列表框内会增加"已超过最大字符数"选项。当输入的字符数大于"最大字符数"文本框中输入数字时，进入 Spry 构件的"最大字符数"状态，会在文本域后边显示"已超过最大字符数"提示信息。

（8）"最小值"和"最大值"文本框：这两个复选框仅在"类型"下拉列表框中选择了"无""整数""电子邮件地址"和"URL"验证类型时有效。例如，如果在"最小值"框中输入"2"，在"最大值"框中输入"4"，则只有当用户输入数值在 2 和 4 之间时才能通过验证，当用户输入的数值小于 2 或大于 4 时，都无法通过验证，会显示相应的无效提示信息。

- "最小值"状态：在"最小值"文本框中输入数字后，"预览状态"下拉列表框内才会增加"小于最小值"选项。当用户输入的数值小于"最小值"文本框中输入数值时，进入 Spry 构件的"最小值"状态，会在文本域后边显示"输入值小于所需的最小值。"提示信息。
- "最大值"状态：在"最大值"文本框中输入数字后，"预览状态"下拉列表框内才会增加"大于最大值"选项。当用户输入的值小于"最大值"文本框中输入数值时，进入 Spry 构件的"最小值"状态，会在文本域后边显示"输入值大于所允许的最大值。"提示信息。

"最小值"和"最大值"状态适用于整数、实数和数据类型的验证。

（9）"必需的"复选框：选中它后，"预览状态"下拉列表框内才会出现"必填"选项。

（10）"强制模式"复选框：选中它后，即可进入强制模式，此时可以禁止用户在验证文本域构件中输入无效字符。例如，在设置"整数"验证类型的情况下，当用户尝试输入字母时，文本域中将不显示任何内容。

每当"验证文本域"Spry 构件以用户交互方式进入其中一种状态时，Spry 框架会在运行时向该构件的 HTML 代码程序应用相应的 CSS 样式类。例如，当用户还没有在必填文本域中输入文本就提交表单时，会向该 Spry 构件应用一个 CSS 样式类，使文本域后边显示"需要提供一个值"提示文字。这里的 CSS 样式使外部 CSS 样式，相应的 CSS 文件是"SpryAssets"文件夹内的"SpryValidationTextField.css"文件。

3."Spry 验证文本区域"Spry 构件

"Spry 验证文本区域"Spry 构件是一个文本区域，该区域在用户输入几个文本句子时显示文本的状态（有效或无效）。它的"属性"栏如图 6-2-3 所示，其中各选项的作用如下：

图 6-2-3　"Spry 验证文本区域"Spry 构件的"属性"栏

（1）"预览状态"下拉列表框：它的作用与"Spry 验证文本域"Spry 构件的作用一样。

（2）"计数器"栏：该栏有 3 个单选按钮，选中"无"单选按钮，不添加字符计数器；选中"字符计数"单选按钮，可以添加字符计数器，当用户在文本区域中输入文本时可以显示已经输入的字符个数。默认情况下，添加的字符计数器会出现在构件的右下角，如图 6-2-4 所示。只有当选择了所允许的最大字符数时，"其余字符"单选按钮才有效。此时也可以添加字符计数器，当用户在文本区域中输入文本时显示还可以输入的字符个数。

图 6-2-4　在文本区域右边显示提示文字

（3）"禁止额外字符"复选框：选中该复选框后，如果输入的字符个数超过"最大字符数"文本框中的数值，则停止在"Spry 验证文本区域"Spry 构件文本框内输入字符。

6.2.2　Spry 验证复选框和 Spry 验证选择

1."Spry 验证复选框"Spry 构件

"Spry 验证复选框"Spry 构件是 HTML 表单中的一个或一组复选框。"Spry 验证复选框"Spry 构件的"属性"栏如图 6-2-5 所示。其中各选项的作用如下：

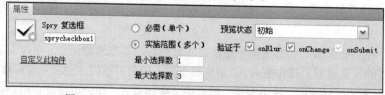

图 6-2-5　"Spry 复选框"Spry 构件的"属性"栏

（1）"预览状态"下拉列表框：有"初始"和"必填"两个选项。如果选中"初始"选项，则在"Spry 验证复选框"Spry 构件后边不会显示 请进行选择。 信息；如果选中"必填"选项，则在"Spry 验证复选框"Spry 构件右边显示 请进行选择。 。

（2）"必需（单个）"单选按钮：选中该单选按钮后，只对进行是否选择了一个复选框进行验证控制，如果一个复选框都没有选中，则显示 请进行选择。 信息。

（3）"实施范围（多个）"单选按钮：选中该单选按钮后，其下边的"最小选择数"和"最大选择数"文本框变为有效。

（4）"最小选择数"文本框：其内输入一个数值后，则在"预览状态"下拉列表框内才会增加"未达到最小选择数"选项。当用户选择的复选框数小于"最小选择数"文本框中输入数值时，会在 Spry 构件后边显示"不符合最小选择数要求。"信息。

（5）"最大选择数"文本框：其内输入一个数值后，则"预览状态"下拉列表框内才会增加"已超过最大选择数"选项。当用户选择的复选框数大于"最大选择数"文本框中输入数值时，会在 Spry 构件后边显示"已超过最大选择数。"信息。

例如，制作一个网页，该网页的显示效果如图 6-2-6 所示。选中一个复选框，再单击取消选取，则会显示"不符合最小选择数要求。"提示信息，如图 6-2-7 所示。如果选中了 4 个复选框，则会显示"已超过最大选择数。"提示信息，如图 6-2-8 所示。

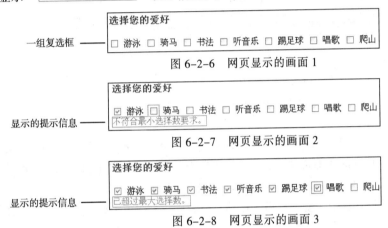

一组复选框 ——　　图 6-2-6　网页显示的画面 1

显示的提示信息 ——　　图 6-2-7　网页显示的画面 2

显示的提示信息 ——　　图 6-2-8　网页显示的画面 3

单击"游泳"复选框上边蓝色背景的选项卡，选中"Spry 验证复选框"Spry 构件，单击"文档工具"栏中的"拆分"按钮，切换到"拆分"视图窗口。其中，定义"Spry 验证文本域"Spry 构件的有关代码如下：

```
<p class="STYLE4">选择您的爱好</p>
<p><span id="sprycheckbox1">
<input type="checkbox" name="aihao1" id="aihao1" />游泳
<input type="checkbox" name="aihao2" id="aihao2" />骑马
<input type="checkbox" name="aihao3" id="aihao3" />书法
<input type="checkbox" name="aihao4" id="aihao4" />听音乐
<input type="checkbox" name="aihao5" id="aihao5" />踢足球
<input type="checkbox" name="aihao6" id="aihao6" />唱歌
<input type="checkbox" name="aihao7" id="aihao7" />爬山
<span class="checkboxMinSelectionsMsg">不符合最小选择数要求。</span><span
class="checkboxMaxSelectionsMsg">已超过最大选择数。</span></span></p>
```

2. "Spry 验证选择" Spry 构件

"Spry 验证选择"Spry 构件是一个下拉列表框，例如，创建了一个"Spry 验证选择"Spry 构件，下拉列表框内的选项有"小学""初中"……"博士生"。单击选中下拉列表框，弹出它的"属性"栏（其内"初始化时选定"列表框中还没设置），选中"列表"单选按钮，在"高度"文本框中输入"6"，如图 6-2-9 所示。单击"列表值"按钮，弹出"列表值"对话框，按照"列表

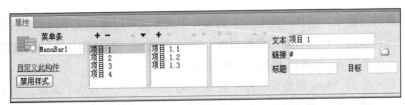

图 6-3-2 "Spry 菜单栏"构件"属性"栏

"属性"栏中各选项的作用、使用"Spry 菜单栏"构件的基本方法和注意事项如下：

（1）**＋**按钮：用来添加菜单和子菜单。选中"属性"栏内列表框中的一个菜单项，单击相应列表框上边的**＋**按钮，即可在选中的菜单选按钮下边新增一个菜单项。

（2）**－**按钮：用来删除菜单和子菜单。选中"属性"栏内列表框中要删除的菜单项，单击相应列表框上边的**－**按钮，即可删除选中的菜单项。

（3）**▲**和**▼**按钮：用来更改菜单项的顺序。选中"属性"栏内列表框中要移动的菜单项，单击相应列表框上边的**▲**按钮，即可将选中的菜单项上移一个位置；单击相应列表框上边的**▼**按钮，即可将选中的菜单项下移一个位置。

（4）"文本"文本框：用来更改菜单项的名称。选中"属性"栏内列表框中要更名的菜单项，在右边的"文本"文本框内输入新的菜单项的名称。

（5）"链接"栏内的 📁 按钮：用来建立命令与网页或图像等的链接。选中"属性"栏内列表框中要建立链接的命令名称，单击"链接"栏内的 📁 按钮，弹出"选择文件"对话框，选中要链接的网页或图像文件，再单击"确定"按钮，即可在"链接"文本框内显示链接的网页或图像文件的名称，完成链接实例。也可以直接在"链接"文本框内输入响度路径和文件名称来建立链接命令与网页或图像等的链接。

注意：不建立链接的菜单选按钮，其"链接"文本框内必须输入"#"。

（6）"标题"文本框：用来建立菜单选按钮的提示信息。选中"属性"栏内列表框中要建立提示信息的菜单选按钮，在右边的"标题"文本框中输入提示信息文字。

（7）"目标"文本框：用来设置菜单项的目标属性。在"目标"文本框内可以输入属性值，用来设置链接的网页或图像的显示位置。例如，可以为菜单项分配一个目标属性，以便在站点访问者单击命令时，在新的浏览器窗口中打开所链接的页面。如果使用的是框架集，则还可以指定在其中哪个框架中显示链接的网页或图像。

（8）使子菜单显示在 Flash 动画上边："Spry 菜单栏"构件通常会显示其他部分的上方。如果页面中插入有 Flash 动画，则它会显示在子菜单的上边。为了使子菜单显示在 Flash 动画的上边，可以修改 Flash 影片的参数，让其使用 wmode="transparent"。

（9）定位子菜单：Spry 菜单栏子菜单的位置由子菜单 ul 标签的 margin 属性控制。找到 ul.MenuBarVertical ul 或 ul.MenuBarHorizontal ul 规则。将默认值"margin: –5% 0 0 95%;"修改为所需的值。

2. "Spry 折叠式"Spry 构件

"Spry 折叠式"Spry 构件是一组可折叠的面板，可以将大量内容存储在一个紧凑的空间中。用户可以通过单击该组面板上的选项卡来收缩或展开折叠构件中的一个面板，并显示该面板中的内容。在可折叠的面板中，每次只能有一个面板处于展开且可以看见其中内容的状态。"Spry 折叠式" Spry 构件可以包含任意数量的单独面板。"Spry 折叠式" Spry 构件的默认 HTML 中包含一个含有所有面板的外部 div 标签以及各面板对应的 div 标签。

图 6-3-3 是一个由"Spry 折叠式" Spry 构件组成的网页，其中有 4 个面板，第 1 个面板处于展开状态。制作该网页及创建和修改"Spry 折叠式" Spry 构件的方法如下：

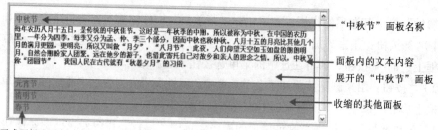

图 6-3-3 "Spry 折叠式" Spry 构件

（1）在"Spry"文件夹内新建一个名称为"Spry 折叠式.htm"的网页。单击"插入"→"Spry"→"Spry 折叠式"命令，在光标处创建一个"Spry 折叠式" Spry 构件，如图 6-3-4 所示。

图 6-3-4 创建的原始"Spry 折叠式" Spry 构件

（2）选中"Spry 折叠式" Spry 构件，它的"属性"栏如图 6-3-5（a）所示。单击选中"属性"栏内"面板"列表框上边的＋按钮，在"面板"列表框内增加一个面板名称"标签 3"，再单击＋按钮，在"面板"列表框内再增加一个面板名称"标签 4"。

（3）单击选中"属性"栏内"面板"列表框中的面板名称"标签 1"，拖曳选中网页内的"标签 1"文字，将该文字改为"中秋节"。按照相同的方法，再将网页内的"标签 2"文字改为"元宵节"，将网页内的"标签 3"文字改为"清明节"，将网页内的"标签 4"文字改为"春节"。然后，利用它们的"属性"栏将这些文字改为红色、加粗、大小为 16 磅、宋体文字。此时，"Spry 折叠式" Spry 构件的"属性"栏如图 6-3-5（b）所示。

（a）设置前

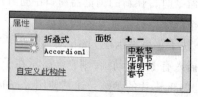
（b）设置后

图 6-3-5 "Spry 折叠式" Spry 构件的"属性"栏

（4）打开"Spry"文件夹内的"中秋节.txt""元宵节.txt""清明节.txt"和"春节.txt"文本文件。单击选中"Spry 折叠式" Spry 构件"属性"栏内"面板"列表框中的"中秋节"面板名称，展开"中秋节"面板，如图 6-3-6 所示（面板内还没有文字）。

另外，也可以将鼠标指针移到网页内"中秋节"面板标签内的右边，当出现一个眼睛图标 👁

时，单击该图标，也可以展开"中秋节"面板。

（5）将"中秋节.txt"文件内的文字复制到剪贴板内，再粘贴到网页内"中秋节"面板名称下边的"内容 1"文字处，替换原来的文字"内容 1"。然后，选中粘贴的文字，再利用它的"属性"栏将选中的文字改为蓝色、加粗、大小为 14 磅、宋体文字，如图 6-3-6 所示。

（6）按照上述方法，分别将"元宵节.txt"" 清明节.txt"和"春节.txt"文本文件内的文字复制粘贴到"元宵节"" 清明节"和"春节"面板内的"内容"中。

（7）然后，分别选中面板内的这些文字，再利用它的"属性"栏将选中的文字改为蓝色、加粗、大小为 14 磅、宋体文字。其中，展开的"春节"面板如图 6-3-7 所示。

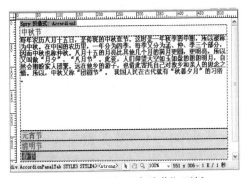
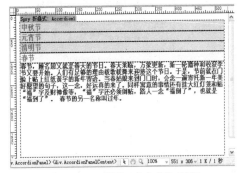

图 6-3-6　展开 "中秋节"面板　　　　　　图 6-3-7　展开 "春节"面板

默认情况下，折叠构件会展开以填充可用空间。可以通过设置折叠式容器的 width 属性来限制折叠构件的宽度。方法是：打开"Spry"文件夹内的"SpryAssets"文件夹中的"SpryAccordion.css"文件，在"CSS 样式"面板内单击选中".Accordion"选项，如图 6-3-8（a）所示；再单击"添加属性"文字，使它变成下拉列表框，选中该下拉列表框内的"width"选项，然后输入其值（如 600），如图 6-3-8（b）所示。

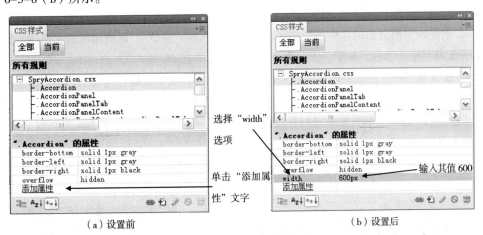

图 6-3-8　"CSS 样式"面板设置

6.3.2　"Spry 可折叠面板"和"Spry 选项卡式面板"Spry 构件

1. "Spry 可折叠面板"Spry 构件

"Spry 可折叠面板"Spry 构件是一个面板，它可以将内容存储到紧凑的空间中。单击该构件面板的选项卡，即可以展开或折叠面板，显示或隐藏存储在可折叠面板中的内容。图 6-3-9（a）所示是一个处于展开的"Spry 可折叠面板"Spry 构件，图 6-3-9（b）所示是一个处于折叠状态的"Spry 可折叠面板"Spry 构件。

（a）展开状态

（b）折叠状态

图 6-3-9　"Spry 可折叠面板"Spry 构件的展开和折叠状态

图 6-3-9 是一个由"Spry 可折叠面板"Spry 构件组成的网页，"Spry 可折叠面板"Spry 构件的 HTML 中包含一个外部 div 标签，其中包含内容 div 标签和选项卡容器 div 标签，在文档头中和可折叠面板的 HTML 标记之后还包括脚本标签。

制作该网页及创建和修改"Spry 可折叠面板"Spry 构件的方法如下：

（1）新建一个网页，以名称"Spry 可折叠面板.htm"保存在"Spry"文件夹内。

（2）单击"插入"→"Spry"→"Spry 可折叠面板"命令，即可在网页内光标处创建一个"Spry 可折叠面板"Spry 构件，如图 6-3-10 所示。

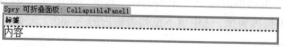

图 6-3-10　创建的"Spry 可折叠面板"Spry 构件

（3）拖曳选中网页内的"标签"文字，将该文字改为"春节"，再利用它的"属性"栏将选中的文字改为宋体、红色、加粗、大小为 18 磅的文字。

（4）拖曳选中网页内的"内容 1"文字，删除该文字，复制粘贴一些文字，再利用它的"属性"栏将选中的文字改为宋体、蓝色、加粗、16 磅文字，如图 6-3-11 所示。

单击网页内"春节"面板标签内的右边的眼睛图标，展开"春节"面板；当出现一个图标时，单击该图标，可收缩"春节"面板。

（5）单击选中"Spry 可折叠面板"Spry 构件，它的"属性"栏如图 6-3-12 所示。其中各选项的作用如下：

图 6-3-11　制作好的"Spry 可折叠面板"Spry 构件

图 6-3-12　Spry 构件的"属性"栏

- "显示"下拉列表框：选中该下拉列表框中的"打开"选项，可以展开可折叠面板；选中该下拉列表框中的"已关闭"选项，可以收缩可折叠面板。

- "默认状态"下拉列表框：选中该下拉列表框中的"打开"选项，设置默认状态为展开面板；选中该下拉列表框中的"已关闭"选项，设置默认状态为收缩面板。
- "启用动画"复选框：选中该复选框，可设置启用"Spry 可折叠面板"Spry 构件的动画，当用户单击该面板的选项卡时，它会缓缓地平滑打开合关闭；不选中该复选框，则禁止使用该动画，当用户单击该面板的选项卡时，面板会迅速打开和关闭。

可通过设置可折叠面板容器的 width 属性来限制"Spry 可折叠面板"构件的宽度。方法是：打开"SpryCollapsible Panel.css"文件，选中"CSS 样式"面板内的".CollapsiblePanel"选项，再单击"添加属性"文字，选中下拉列表框内的"width"选项，再输入其值。

2. "Spry 选项卡式面板"Spry 构件

"Spry 选项卡式面板"Spry 构件是一组面板，用来将内容存储到紧凑空间中。用户可以通过单击它们要访问的面板上的选项卡来隐藏或显示存储在选项卡式面板中的内容。在给定时间内，选项卡式面板构件中只有一个面板处于打开状态。该 Spry 构件的 HTML 代码中包含一个含有所有面板的外部 div 标签、一个标签列表、一个用来包含内容面板的 div 以及各面板对应的 div，在文档头中和选项卡式面板构件的 HTML 标记之后还包括脚本标签。

图 6-3-13 是一个由"Spry 选项卡式面板"Spry 构件组成的网页。单击网页内的标签，可以切换到相应的选项卡。图 6-3-13（a）是第 1 选项卡式面板处于打开状态，图 6-3-13（b）是第 3 选项卡式面板处于打开状态。

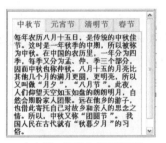 

（a）第 1 选项卡式面板打开　　　　　　　　（b）第 3 选项卡式面板打开

图 6-3-13　"Spry 选项卡式面板"Spry 构件的 2 个状态

制作该网页及创建和修改"Spry 选项卡式面板"Spry 构件的方法如下：

（1）新建一个网页文档，以名称"Spry 选项卡式面板.htm"保存在"Spry"文件夹内。单击"插入"→"Spry"→"Spry 选项卡式面板"命令，即可在网页内光标处创建一个"Spry 选项卡式面板"Spry 构件，如图 6-3-14 所示。

图 6-3-14　创建的原始"Spry 选项卡式面板"Spry 构件

（2）选中"Spry 选项卡式面板"Spry 构件，它的"属性"面板如图 6-3-15 所示。单击 "属性"栏内"面板"列表框上边的➕按钮，在"面板"列表框内增加一个面板名称"标签 3"，再单击➕按钮，在"面板"列表框内再增加一个面板名称"标签 4"。

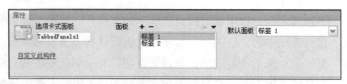

图 6-3-15 "Spry 选项卡式面板" Spry 构件的"属性"栏

（3）拖曳选中网页内的"标签 1"文字，将该文字改为"中秋节"，选中"标签 2"文字，将该文字改为"元宵节"，选中"标签 3"文字，将该文字改为"清明节"，拖曳选中网页内的"标签 4"文字，将该文字改为"春节"，再利用它的"属性"栏将选中文字的属性改为宋体、红色、加粗、大小为 18 磅。此时的"属性"栏如图 6-3-16 所示。

图 6-3-16 "Spry 选项卡式面板" Spry 构件的"属性"栏设置

（4）将鼠标指针移到网页内面板标签内的右边，当出现一个眼睛图标 时，单击该图标，可以切换到该面板。单击选中"中秋节"面板，拖曳选中网页内的"内容 1"文字，删除该文字，复制粘贴一些文字，再利用它的"属性"栏将选中文字的属性改为宋体、蓝色、加粗、大小为 16 磅，如图 6-3-17（a）所示。

（5）切换到"元宵节"面板，拖曳选中网页内的"内容 2"文字，删除该文字，复制粘贴一些文字，再利用它的"属性"栏将选中文字的属性改为宋体、蓝色、加粗、大小为 16 磅。此时设计的网页中的"Spry 选项卡式" Spry 构件如图 6-3-17（b）所示。

（a）中秋节 （b）元宵节

图 6-3-17 制作好的"Spry 选项卡式面板" Spry 构件

（6）切换到"清明节"面板，拖曳选中网页内的"内容 3"文字，删除该文字，复制粘贴一些文字，再将粘贴的文字的属性改为宋体、蓝色、加粗、大小为 16 磅。切换到"春节"面板，拖曳选中网页内的"内容 4"文字，删除该文字，复制粘贴一些文字，再将粘贴的文字的属性改为宋体、蓝色、加粗、大小为 16 磅。

可以通过设置"Spry 选项卡式面板" Spry 构件的 width 属性来限制选项卡式构件的宽度。方法是：打开"SpryTabbedPanels.css"文件，选中"CSS 样式"面板内的".TabbedPanels"选项，再单击"添加属性"文字，选中下拉列表框内的"width"选项，再输入其值。

6.4　应　用　实　例

6.4.1　【实例 6-1】建筑设计参展人员登记表

　　"建筑设计参展人员登记表"网页的显示效果如图 6-4-1 所示。该网页的制作方法如下：

　　（1）新建一个网页文档，弹出"页面属性"对话框，利用该对话框设置网页背景色为"浅蓝色"，再设置标题。以名字"H6-1.htm"保存在"D:\BDWEB2\H6-1"文件夹内。

　　（2）将光标定位第 1 行。单击"插入"（表单）工具栏中的"表单"按钮⬜，在网页设计窗口内光标处创建一个表单域，设置名字为"WANYE"。

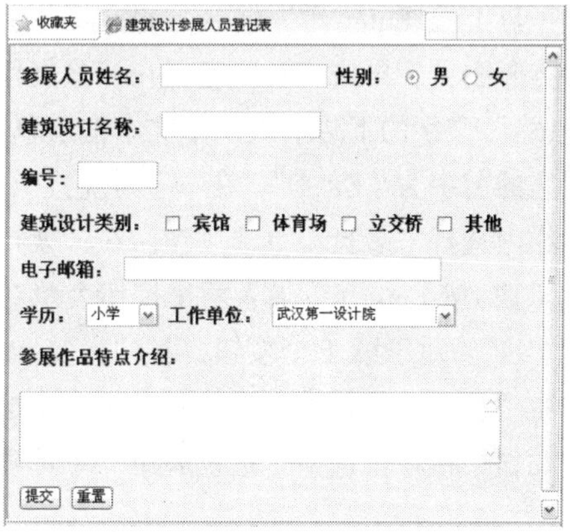

图 6-4-1　"建筑设计参展人员登记表"网页效果

　　（3）单击表单域内部，使光标出现。再输入加粗文字"参展人员姓名："，然后在该文字的右边加入一个文本域表单对象。利用它的"属性"栏，设置该文本框表单对象的名字为"XM"，在"字符宽度"和"最多字符数"文本框内均输入 20。

　　（4）输入加粗文字"性别："，然后在该文字的右边加入一个单选按钮组表单对象，利用它的"属性"栏设置该单选按钮组表单对象的名字为"XB"。单击选中第 1 个单选按钮，在"属性"栏的"选定值"文本框内输入单选按钮选中时的数值 1，在"初始状态"栏内选中"已勾选"单选项，然后在该单选按钮的右边输入加粗文字"男"。再单击选中第 2 个单选按钮，在"属性"栏的"选定值"文本框内输入单选按钮选中时的数值 0；在"初始状态"栏内选中"未选中"单选按钮。然后在该单选按钮的右边输入加粗文字"女"。

　　（5）按 Enter 键，使光标移到下一行，输入加粗文字"建筑设计名称："。然后在该文字的右边加入一个文本框表单对象。利用它的"属性"栏，设置该文本框表单对象的名字为"MC"，在"字符宽度"和"最多字符数"文本框内都输入 20。

　　（6）按 Enter 键，输入加粗文字"编号："，在该文字的右边加入一个文本域表单对象。设置该文本框表单对象名字为"BH"，在"字符宽度"和"最多字符数"文本框内分别输入 8 和 4，在"类型"栏内选择"密码"单选按钮。

　　（7）按 Enter 键，输入加粗的文字"建筑设计类别："文字，然后在该文字的右边加入一个复选框表单对象。设置它的名字为"JZLB1"，在"选定值"文本框内输入复选框选中时的数值 1，其他使用默认项，再输入文字"宾馆"。其后的 3 个复选框表单对象的插入方法与"JZLB1"一样，只是文字说明和复选框表单对象的名字不一样。

　　（8）按 Enter 键，输入加粗文字"电子邮箱："，再在该文字右边加入一个文本框表单对象。设置它的名字为"DZYX"，在"字符宽度"和"最多字符数"文本框内都输入 40。

　　（9）按 Enter 键，输入加粗文字"学历："，再在该文字右边加入一个列表/菜单表单对象。设置它的名字为"XL"；在"类型"栏内选择"菜单"；单击"列表值"按钮，弹出"列表值"对话框，输入菜单的选项内容和此选项提交后的返回值，如图 6-4-2 所示。

（10）输入加粗文字"工作单位："，再按照上述方法插入工作单位列表/菜单表单对象和文字说明。在"列表值"对话框内输入的内容如图 6-4-2 所示。

（11）按 Enter 键，输入加粗文字"参展作品特点介绍："。再按 Enter 键，在"参展作品特点介绍："文字的下边加入一个文本框表单对象。

图 6-4-2 "列表值"对话框

设置它的名字为"ZPTD"，在"字符宽度"和"最多字符数"文本框内分别输入 80 和 78，在"类型"栏内选择"多行"单选按钮。在"换行"列表框中选择"实体"。

（12）按 Enter 键，加入两个按钮表单对象。利用它的"属性"栏，分别设置按钮的名字为"AN1"和"AN2"。对于第 1 个按钮，在"标签"文本框内输入按钮上的文字"提交"，在"动作"栏单击选中"提交表单"单选项。对于第 2 个按钮，在"标签"文本框内输入按钮上的文字"重置"，在"动作"栏单击选中"重设表单"单选项。

6.4.2 【实例 6-2】跟我学制作表单

"跟我学制作表单"网页显示的两幅画面如图 6-4-3 所示。

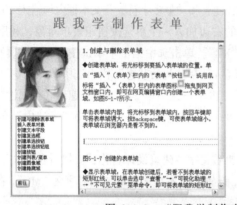

图 6-4-3 "跟我学制作表单"网页显示的 2 幅画面

这是一个可以学习 Dreamweaver 的表单制作方法的网页。它是一个框架结构的网页，上边框架内是"跟我学制作表单"红色文字，左边框架内有一个列表框和一幅图像，列表框内有"创建与删除表单域""插入表单对象""创建文本字段""创建复选框""创建单选按钮""创建单选按钮组""创建按钮""创建列表/菜单""创建图像域"和"创建隐藏域"选项。选择其中一个选项后，即可在右边的框架内显示相应的网页。通过该网页的制作，可以掌握设置和隐藏图像域的方法，设置跳转菜单的方法。制作该实例的方法如下：

（1）在"D:\BDWEB2\H6-2"文件夹内创建一个名称为"TOP.htm"的网页文件，其内输入宋体、红色、大小为 36 像素、加粗、居中对齐的文字"跟我学制作表单"；创建"BD1.htm"网页文件，其内是学习"创建与删除表单域"的网页内容，可以将 Word 文档中的相关内容复制到剪贴板中，再粘贴到 Dreamweaver CS5 网页文档的设计窗口中；还创建"BD2.htm"……"BD10.htm"网页文件，其内是学习相应的制作表单的网页内容。

（2）在"D:\BDWEB2\H6-2"文件夹内创建一个名为"LEFT.htm"的网页文件。单击"插入"（表单）工具栏中的"表单"按钮，即可在网页设计窗口内光标处创建一个表单域。

（3）单击表单域内部，定位光标在表单域内部。插入一幅图像，在其"属性"栏内"宽"文本框中输入"172"，在"高"文本框中输入"165"。

（4）新建一个有框架的网页文档，保存在"D:\BDWEB2\H6-2"的文件夹内，名称为"H6-2.htm"。网页的框架特点参看图 6-4-3。单击"框架"面板内右边框架内部，弹出右边框架的"属性"栏，在该"属性"栏内的"框架名称"文本框中输入"MAIN"。在按照相同的方法，给左边框架命名为"LEFT"，给上边框架命名为"TOP"。

（5）单击"框架"面板内上边的框架，在"属性"栏内"源文件"文本框中输入"TOP.htm"，将"D:\BDWEB2\H6-2"文件夹中的"TOP.htm"网页加载到上边框架中。按照相同的方法，在左边的框架内加载"LEFT.htm"网页，在右边的框架内部加载"BD1.htm"网页。

（6）单击框架内部的框架线，选择整个框架，此时的"属性"栏切换到框架集的"属性"栏，在"边框"下拉列表框中选择"默认"选项，保证各框架间有边框，设置边框颜色为"蓝色"。单击"框架"面板内框架内部，弹出它的"属性"栏。在框架"属性"栏内的"边框"下拉列表框中选择"是"选项，选择边框颜色为"蓝色"。然后，保存该框架集网页文件。

（7）在网页设计窗口内左边的框架内（也就是在"LEFT.htm"网页文档内）再创建一个表单域，将光标定位在表单域内部。单击"插入"（表单）工具栏中的"跳转菜单"按钮，弹出一个"插入跳转菜单"对话框，如图 6-4-4 所示。

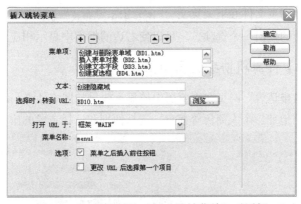

图 6-4-4　设置好的"插入跳转菜单"对话框

（8）在"插入跳转菜单"对话框的"文本"文本框中输入列表框中第一个选项的名称"创建与删除表单域"，在"选择时，前往的 URL"文本框内输入要跳转的文件名字"BD1.htm"。

（9）在"插入跳转菜单"对话框的"打开 URL 于"下拉列表框中选择"框架'MAIN'"选项，表示链接的网页文件在名称为 MAIN 的框架内显示。选择"菜单之后插入前往按钮"复选框，可以在跳转菜单的右边会增加一个"前往"按钮。

（10）单击"插入跳转菜单"对话框中的 + 按钮，添加一个菜单项目标签，在建立列表框第 2 选项与"BD2.htm"网页文件的链接。再添加其他 8 个菜单选按钮，分别与"BD3.htm"……"BD10.htm"网页文件建立链接。设置好的"插入跳转菜单"对话框如图 6-4-4 所示。

（11）单击"插入跳转菜单"对话框中的"确定"按钮，关闭该对话框。可以看到网页中添加了一个列表框和一个"前往"按钮。如果列表框旁边有菜单名称文字可删除。

（12）如果列表框内没有所需要的菜单项目标签选项，则选择下拉列表框，弹出它的"属性"栏，再单击"列表值"按钮，弹出"列表值"对话框。然后依次在列表框的"项目标签"列中输入菜单选按钮名称，如图 6-4-5 所示。每输入完一个后，应单击一次 + 按钮。

图 6-4-5　最后设置好的"列表值"对话框

（13）如果列表框内没有所需要的菜单项目标签选项的值，则应该在"列表值"对话框内列表框的"值"列中输入"BD1.htm"……"BD10.htm"。这些菜单项标签的值就是与菜单项链接的网页文件的名称。

输入完后，单击"列表值"对话框中的"确定"按钮，退出该对话框。选择刚插入的跳转列表框，再选择"属性"栏内"类型"选项组中的"列表"单选按钮，可获得列表框。如选择"属性"栏内"类型"选项组中的"菜单"单选按钮，可获得下拉列表框，如图 6-4-6 所示。

图 6-4-6　"跟我学制作表单"网页的另一个显示效果

保存"LEFT.htm"网页文件和框架集文件。选择下拉列表框中的任何一个选项，均可以使右边的框架中显示相应的网页。

6.4.3　【实例 6-3】计算机协会会员申请表

"计算机协会会员申请表"网页在浏览器中的显示效果如图 6-4-7（a）所示。用户可以输入姓名、密码、电子邮箱地址、个人简历等信息，选择性别和选择主要的旅游地等。

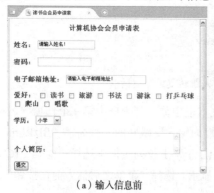

（a）输入信息前

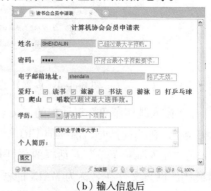

（b）输入信息后

图 6-4-7　"计算机协会会员申请表"网页在浏览器中的显示效果

在输入姓名、如果输入密码、电子邮箱地址等内容时，如果输入的字符个数少于或大于规定的数值，则会显示相应的提示信息，如图 6-4-7（b）所示。在输入电子邮箱地址时，如果输入的字符中没有"@"和"."字符，则会显示相应的提示信息，如图 6-4-7（b）所示。在选择爱好时，如果选择了 1 个以下或 4 个以上的复选框时，会显示相应的提示信息，如图 6-4-7（b）所示。在选择学历时如果选择了无效的"——"选项时，会显示相应的提示信息。制作该网页使用了 Spry 构件，Spry 构件与一般表单对象的主要区别是不但有表单选按钮，而且还具有验证和给出相应提示的功能。该网页的制方法如下：

1. 创建 Spry 验证文本域

（1）输入 18 像素、宋体、加粗、居中分布、蓝色文字"计算机协会会员申请表"。单击"表"字右边，将光标定位在"表"字右边。按 Enter 键，将光标定位在下一行的起始位置。

（2）单击"插入"（表单）栏内的"Spry 验证文本域"按钮 ，弹出"输入标签辅助功能属性"对话框，在该对话框内的"ID"文本框输入"xingming"，在"标签"文本框中输入"姓名:"，

选中"无标签标记"和"表单项前"单选按钮。
单击"确定"按钮，创建一个 Spry 构件，该 Spry
构件左边的标签文字是"姓名:"，如图 6-4-8
所示。

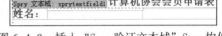

图 6-4-8　插入"Spry 验证文本域"Spry 构件

（3）单击选中"Spry 验证文本域"Spry 构件对象，如图 6-4-9 所示。在它的"属性"栏内的"类型"下拉列表框中选择"无"选项，在"最小字符数"文本框中输入"2"，在"最大字符数"文本框中输入"8"，在"提示"文本框中输入"请输入姓名!"，选中"onChange"（在改变时）复选框，在"预览状态"下拉列表框中选择"未达到最小字符数"选项，如图 6-4-10 所示。选中"onChange"后，显示网页时，在 Spry 验证文本域的文本框内输入文字时，当输入的字符个数改变且不符合要求时，会自动显示相应的提示信息。

图 6-4-9　Spry 验证文本域的"属性"栏设置

（4）采用相同的方法，再创建一个标签文字为"密码:"、ID 值为"mima"、名字为"sprytextfield2"的 Spry 验证文本域，它的"属性"栏设置如图 6-4-10 所示。

图 6-4-10　Spry 验证文本域的"属性"栏设置

（5）选中刚刚创建的 Spry 验证文本域的文本域，弹出它的"属性"栏，选中"密码"单选按钮，如图 6-4-11 所示。

图 6-4-11　文本域的"属性"栏设置

（6）采用相同的方法，再创建一个标签文字为"电子邮箱地址:"、ID 值为"Email"的 Spry 验证文本域，它的"属性"栏设置如图 6-4-12 所示。

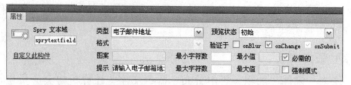

图 6-4-12　Spry 验证文本域的"属性"栏设置

（7）选中刚刚创建的 Spry 验证文本域的文本域，弹出它的"属性"栏，选中"单行"单选按钮，在"字符宽度"文本框内输入"30"，如图 6-4-13 所示。

图 6-4-13　文本域的"属性"栏设置

（8）采用相同的方法，再创建一个标签文字为"个人简历:"、ID 值为"jian"的 Spry 验证文本域，它的"属性"栏设置如图 6-4-14 所示。

图 6-4-14　Spry 验证文本域的"属性"栏设置

（9）选中刚刚创建的 Spry 验证文本域的文本域，弹出它的"属性"栏，选中"多行"单选按钮，在"字符宽度"文本框内输入"40"，"行数"文本框内输入"3"，"换行"下拉列表框内选择"实体"，如图 6-4-15 所示。

图 6-4-15　文本域的"属性"栏设置

（10）将所有 Spry 验证文本域的标签文字设置为宋体、粗体、蓝色和 18 磅大小。

2.　创建其他 Spry 构件

（1）将光标定位在第 3 行 Spry 验证文本域右边，按 Enter 键，光标移到下一行。输入蓝色、18 磅、加粗、宋体文字"选择您的爱好"。按 Enter 键，将光标定位在下一行。

（2）单击"插入"（表单）栏内的"Spry 验证复选框"按钮 ✓，弹出"输入标签辅助功能属性"对话框，在该对话框内的"ID"文本框中输入"aihao1"，在"标签文字"文本框中输入"读书"，选中"无标签标记"单选按钮。然后，单击"确定"按钮，即可创建一个名字为"aihao"的"Spry 验证复选框"Spry 构件，该 Spry 构件的标签文字是"读书"。

（3）选中"Spry 验证复选框"Spry 构件对象，在它的"属性"栏内，在"实施范围（多个）"下拉列表框选中"初始"选项；选中"强制范围（多个复选框）"单选按钮，在"最小选择数"文本框内输入一个数值"2"，当用户选择的复选框数小于 2 时，会在 Spry 构件后边显示"不符合最小选择数要求。"提示信息；在"最大选择数"文本框内输入一个数值"5"，则当用户选择的复选框数大于 5 时，会在 Spry 构件后边显示"已超过最大选择数。"提示信息。其他设置如图 6-4-16 所示。

图 6-4-16　Spry 验证复选框的"属性"栏设置

（4）将光标定位在"Spry 验证复选框"Spry 构件内的最右边（蓝色框内）。再单击"插入"（表单）栏内的"Spry 复选框"按钮✔，弹出"输入标签辅助功能属性"对话框，在该对话框内的"ID"文本框中输入"aihao2"，在"标签文字"文本框中输入"旅游"，选中"在表单后"单选按钮，单击"确定"按钮，创建一个复选框。

（5）按照上述方法再在"旅游"复选框的右边创建一个其他 5 个复选框。这 7 个复选框都属于"Spry 验证复选框"Spry 框架内的复选框。

（6）将光标定位在"Spry 验证复选框"Spry 框架右边（蓝色框右边），按 Enter 键，将光标定位在下一行。单击"插入"（表单）栏内的"Spry 验证选择"按钮，弹出"输入标签辅助功能属性"对话框，在该对话框内的"ID"文本框中输入"xueli"，在"标签文字"文本框中输入"学历"，选中"无标签标记"单选按钮。单击"确定"按钮，创建一个名字为"xueli"的 Spry 构件，该 Spry 构件的标签文字是"学历"的"Spry 验证选择"Spry 构件。

（7）单击选中下拉列表框，弹出它的"属性"栏（其内"初始化时选定"列表框中还没有内容），选中"菜单"单选按钮，如图 6-4-17 所示。单击"属性"栏内的"列表值"按钮，弹出"列表值"对话框，按照"列表/菜单"表单对象的操作方法，在"列表值"对话框内输入项目标签和对应的值，如图 6-4-18 所示。单击"确定"按钮，关闭"列表值"对话框，此时网页内创建的"Spry 验证选择"Spry 构件如图 6-4-19 所示。

图 6-4-17　列表/菜单"属性"栏

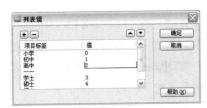

图 6-4-18　"列表值"对话框

图 6-4-19　"Spry 验证选择"Spry 构件

中文 Dreamweaver CS5 网页设计

（8）单击选中"Spry 验证选择"Spry 构件，在它的"属性"栏内，选中"空值"复选框，在"预览状态"下拉列表框中选择"初始"选项，则在设计状态和选中列表框内的无值选项（在"列表值"对话框内只设置了项目标签"———"，没有设置对应的值）时，在列表框右边会显示"请选择一个项目。"提示信息。其他设置如图 6-4-20 所示。

图 6-4-20　"Spry 验证选择"Spry 构件的"属性"栏

（9）将光标定位在最下边的一行。然后，单击"插入"（表单）栏内的"按钮"按钮，弹出"输入标签辅助功能属性"对话框，在该对话框内的"ID"文本框中输入"TIJIAO"，在"标签文字"文本框中不输入内容，单击"确定"按钮，创建一个"提交"按钮。

6.4.4　【实例 6-4】名胜图像浏览

"名胜图像浏览"网页是一个框架结构的网页，左边框架内有一个下拉列表框，选中其内的一个选项，再单击"前往"按钮，即可在右边框架内显示相应的图像。在上边框架内标题的下边有一水平导航菜单。将鼠标指针移到一级命令之上时，会显示出它的二级子菜单，如图 6-4-21 所示。例如，将鼠标指针移到"山水风景"一级菜单之上，会显示出它的二级菜单，单击该菜单中的"庐山风景"命令，在右边的框架内会显示相应的网页，如图 6-4-22 所示。这与选中列表框中的选项再单击"前往"按钮的效果一样。在鼠标指针移到二级命令之上时，会显示相应的文字提示。单击"世界名胜"一级命令，也可以在右边的框架内显示相应的网页。该网页的制作方法如下：

图 6-4-21　网页显示效果 1

图 6-4-22　网页显示效果 2

1. 制作"TOP1.htm"网页

（1）按照"跟我学制作表单"网页的制作方法，在"D:\BDWEB2\H6-4"文件夹内制作"H6-4.html""LEFT.html""RIGHT.html""TOP.html"和"北京故宫.html"等网页文件。

（2）打开"D:\BDWEB2\H6-4"文件夹内的"TOP.htm"网页，将光标定位在"名胜图像浏览"文字的右边，按 Enter 键，将光标定位到标题文字的下一行。

（3）单击"插入"→"Spry"→"Spry 菜单栏"命令，弹出"Spry 菜单栏"对话框，如

图 6-4-23 所示，选中"水平"单选按钮，再单击"确定"按钮，关闭"Spry 菜单栏"对话框，同时在网页内标题文字的下一行创建一个 Spry 菜单栏，如图 6-4-24 所示。

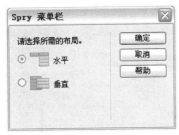

图 6-4-23　"Spry 菜单栏"对话框

图 6-4-24　Spry 菜单栏

（4）选中 Spry 菜单栏的蓝色背景选项卡，单击"显示代码视图"按钮 代码，切换到"代码"视图窗口。其中，与定义"Spry 菜单栏"Spry 构件的有关程序如下：

```html
<ul id="MenuBar1" class="MenuBarHorizontal">
  <li><a class="MenuBarItemSubmenu" href="#">项目 1</a>
    <ul>
      <li><a href="#">项目 1.1</a></li>
      <li><a href="#">项目 1.2</a></li>
      <li><a href="#">项目 1.3</a></li>
    </ul>
  </li>
  <li><a href="#">项目 2</a></li>
  <li><a class="MenuBarItemSubmenu" href="#">项目 3</a>
    <ul>
      <li><a class="MenuBarItemSubmenu" href="#">项目 3.1</a>
        <ul>
          <li><a href="#">项目 3.1.1</a></li>
          <li><a href="#">项目 3.1.2</a></li>
        </ul>
      </li>
      <li><a href="#">项目 3.2</a></li>
      <li><a href="#">项目 3.3</a></li>
    </ul>
  </li>
  <li><a href="#">项目 4</a></li>
</ul>
```

（5）如果创建的 Spry 菜单栏内的各菜单选按钮太宽，可以打开"SpryAssets"文件夹内的"SpryMenuBarHorizontal.css"CSS文件。在"CSS 样式"面板内单击选中"ul.MenuBarHorizontal ul""ul.MenuBarHorizontal li"和"ul.MenuBarHorizontal ul li"代码，分别将"width"属性值改小一些，或者改为"auto"（以删除固定宽度），然后向该规则中添加"white-space: nowrap;"，如图 6-4-25 所示。

如果创建的是垂直的 Spry 菜单栏，则在"SpryMenuBarHorizontal.css"CSS 文件内找到相应文件，再分

图 6-4-25　"CSS 样式"面板设置

别将"width"属性值改小一些，或者改为"auto"。

（6）选中"Spry 菜单栏"Spry 构件，在其"属性"栏内调整文字大小、颜色等。再将菜单内的"项目 1"……"项目 4"名称进行修改，如图 6-4-26 所示。

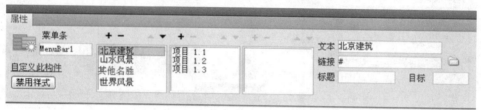

图 6-4-26　Spry 菜单栏的"属性"栏

2．设置菜单和创建链接

（1）选中 Spry 菜单栏，弹出它的"属性"栏，如图 6-4-26 所示。选中左边列表框中的"北京建筑"选项，再选中中间列表框内的"项目 1.1"选项，将右边的"文本"文本框中的文字改为"北京故宫"；再选中中间列表框内的"项目1.2"选项，将右边的"文本"文本框中的"项目1.2"文字改为"北京天坛"；接着将"项目1.3"选项文字改为"颐和园"。

（2）单击中间列表框上边的 + 按钮，增加一个"无标题项目"选项，再将该选项的名称改为"十七孔桥"，如图 6-4-27 所示。

图 6-4-27　Spry 菜单栏的"属性"栏

（3）选中左边列表框中的"山水风景"选项，再 4 次单击中间列表框上边的 + 按钮，增加 4 个"无标题项目"选项。单击选中中间列表框内的第 1 个"无标题项目"选项，将右边的"文本"文本框中的"无标题项目"文字改为"苏州园林"；继续将中间列表框内的其他 "无标题项目"文字分别改为"庐山风景""九寨沟"和"桂林山水"，如图 6-4-28 所示。

图 6-4-28　Spry 菜单栏的"属性"栏

（4）选中左边列表框中的"其他名胜"选项，单击选中中间列表框内的第 1 个"项目 3.1"选项，3 次单击第 3 个列表框上边的 + 按钮，删除三级命令，再将右边的"文本"文本框中的"项目 3.1"文字改为"中国长城"。单击选中中间列表框内的第 1 个"项目 3.2"选项，将右边的"文本"文本框中的"项目 3.2"文字改为"布达拉宫"。再将"项目 3.3"文字改为"丽江古城"。

单击中间列表框上边的 **+** 按钮，增加一个"无标题项目"选项。将该"无标题项目"文字改为"香格里拉"。

（5）选中中间列表框内的"北京故宫"选项，单击右边"链接"栏内的 ▭ 按钮，弹出"选择文件"对话框，利用该对话框选中"D:\BDWEB2\H6-4"文件夹内的"北京故宫.html"网页文档，单击"确定"按钮，即可在"链接"文本框中显示"北京故宫.html"，并建立"北京故宫"命令与"北京故宫.html"网页的链接。

（6）在"标题"文本框中输入"北京故宫"，它是菜单的提示文字；在"目标"文本框中输入"main"，用来确定对链接的网页在网页内右边框架（其名称为"main"）中显示。

（7）按照上述方法，继续设置"北京天坛""颐和园"和"十七孔桥"命令的链接、提示和目标。此时的"属性"栏如图 6-4-29 所示。

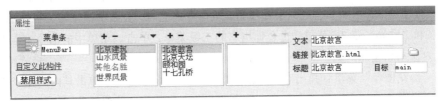

图 6-4-29　Spry 菜单栏的"属性"栏

（8）接着设置"山水风景""其他名胜"一级命令下各二级子命令，"世界风景"一级命令。另外，选中列表框中的选项时，如不链接文件，则"链接"文本框中应输入"#"。

思考与练习

1. 参考【实例 6-1】网页的制作方法，制作一个"中国自助旅游协会会员登记表"网页。

2. 参考【实例 6-2】网页的制作方法，制作一个"跟我学 Flash"网页。它是一个框架结构的网页，上边框架内是"跟我学 Flash"红色文字，左边框架内有一个下拉列表框和一幅图像，下拉列表框内有"Flash 工作界面""Flash 的基本操作"等选项。选择其中一个选项后，即可在右边的框架内显示相应的网页。

3. 使用"Spry 验证文本区域"Spry 构件制作一个具有输入字母计数功能的文本区域。

4. 修改【实例 6-3】网页，将"不符合最小字符数要求。"文字改为"输入的字符个数少于规定的个数"。提示信息改为"输入的字符个数超出了规定的个数"。

5. 修改【实例 6-4】"名胜图像浏览"网页，使它的一级命令在增加一个，5 个一级菜单下边个增加一个二级命令。

6. 使用"Spry 可折叠面板"Spry 构件制作一个介绍北京建筑的网页。

7. 使用"Spry 选项卡式面板"Spry 构件制作一个介绍苏州园林的网页。

8. 制作一个"世界名花简介和图像浏览"网页，该网页在浏览器中的显示效果如题图 6-1 所示。可以看到上边框架栏内的背景是鲜花图像，标题下边有一行导航菜单。单击"世界名花 1"菜单，会弹出它的二级菜单，如题图 6-2 所示。

题图 6-1　网页的显示效果 1

题图 6-2　网页的显示效果 2

　　单击该菜单中的命令，可在右下边的框架内显示相应的网页，这与选中列表框中的选项再单击"前往"按钮的效果一样。在鼠标指针移到二级命令之上时，会显示相应的文字提示。单击"世界名花 2"和"世界名花 3"菜单，也会弹出它的二级菜单，单击该菜单中的命令，也可以在右下边的框架内显示相应的网页。

　　单击"梅花图像"菜单，弹出它的二级菜单，如题图 6-3 所示。单击其内的命令，可在右下边的框架内显示相应的高清晰度大图像。单击"荷花图像"和"其他鲜花图像"菜单，也会弹出它的二级菜单，单击该菜单中的命令，也可以在右下边的框架内显示相应的大图像。

题图 6-3　网页在浏览器中的显示效果

第7章

行为的应用

行为是动作（Actions）和事件（Events）的组合。动作就是计算机系统执行的一个动作，例如，弹出一个提示框、执行一段程序或一个函数、播放声音或影片、启动或停止"时间轴"面板中的动画等。

7.1 动作和事件

动作通常是由预先编写好的 JavaScript 程序脚本实现的，Dreamweaver CS5 自带了一些动作的 JavaScript 程序脚本，可供用户直接调用。用户也可以自己用 JavaScript 语言编写 JavaScript 程序脚本，创建新的行为。事件是指引发动作产生的事情，例如，鼠标移到某对象之上、鼠标单击某对象、"时间轴"面板中的回放头播放到某一帧等。要创建一个行为，就是要指定一个动作，再确定触发该动作的事件。有时，某几个动作可以被相同的事件触发，则须要指定动作发生的顺序。Dreamweaver CS5 采用了"行为"面板来完成行为中的动作和事件的设置，从而实现动态交互效果。

7.1.1 动作和事件名称及其作用

1. 动作名称及其作用

单击"窗口"→"行为"命令或按 Shift+F3 组合键，即可弹出"行为"面板，如图 7-1-1 所示。单击"行为"面板中的"添加行为"按钮 +，，弹出"动作名称"下拉菜单，其作用如表 7-1-1 所示。再单击某一个动作名称，即可进行相应地动作设置。

注意：对于选择不同的浏览器，可以使用的动作也不一样，版本低的浏览器可以使用的动作较少。当选定的对象不一样时，动作名称菜单中可以使用的动作也不一样。

进行完动作的设置后，在"行为"面板的列表框内会显示出动作的名称与默认的事件名称。

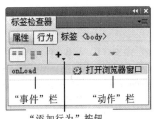

图 7-1-1 "行为"面板设置

单击"事件"栏的事件名称后，"事件"列表框中默认的事件名称右边会出现一个 ⌄ 按钮。

表 7-1-1　动作名称及动作的作用

序　号	动作的中文名称	动作的作用
1	交换图像	交换图像
2	弹出信息	弹出消息栏
3	恢复交换图像	恢复交换图像
4	打开浏览器窗口	打开新的浏览器窗口
5	拖曳 AP 元素	拖曳 AP 元素到目标位置
6	改变属性	改变对象的属性
7	效果	可以选择"增大/收缩""挤压""显示/渐隐"等效果
8	显示-隐藏元素	显示或隐藏 AP 元素
9	检查插件	检查浏览器中已安装插件的功能
10	检查表单	检查指定的表单内容的数据类型是否正确
11	设置导航栏图像	设置引导链接的动态导航条图像按钮
12-1	设置文本（设置容器的文本）	设置中的 AP 元素的文本
12-2	设置文本（设置文本域文字）	设置表单域内文字框中的文字
12-3	设置文本（设置框架文本）	设置框架中的文本
12-4	设置文本（设置状态栏文本）	设置状态栏中的文本
13	调用 JavaScript	调用 JavaScript 函数
14	跳转菜单	选择菜单实现跳转
15	跳转菜单开始	选择菜单后，单击"Go"按钮实现跳转
16	转到 URL	跳转到 URL 指定的网页
17	预先载入图像	预装载图像，以改善显示效果
18	获得更多行为	上网，获得更多行为（不属于动作）

2．事件名称及其作用

如果要重新设置事件可单击"事件"列表框中默认的事件名称右边的 ⌄ 按钮，弹出事件名称菜单。其内列出该对象可使用的所有事件。各个事件的名称及其作用如表 7-1-2 所示。

表 7-1-2　事件名称及其作用

序　号	事 件 名 称	事件可以作用的对象	事件的作用
1	OnAbort	图像、页面等	中断对象载入操作时
2	onAfterUpdate	图像、页面等	对象更新之后
3	onBeforeUpdate	图像、页面等	对象更新之前
4	onFocus	按钮、链接和文本框等	当前对象得到输入焦点时
5	onBlur	按钮、链接和文本框等	焦点从当前对象移开时

序　号	事 件 名 称	事件可以作用的对象	事件的作用
6	onClick	所有对象	单击对象时
7	onDblClick	所有对象	双击对象时
8	onError	图像、页面等	载入图像等当中产生错误时
9	onHelp	图像等	调用帮助时
10	onLoad	图像、页面等	载入对象时
11	onMouseDown	链接图像和文字等	在热字或图像处按鼠标左键时
12	onMouseUp	链接图像和文字等	在热字或图像处松开鼠标左键时
13	onMouseOver	链接图像和文字等	鼠标指针移入热字或图像区域时
14	onMouseOut	链接图像和文字等	鼠标指针移出热字或图像区域时
15	onMouseMove	链接图像和文字等	鼠标指针在热字或图像上移动时
16	onReadyStateChange	图像等	对象状态改变时
17	onKeyDown	链接图像和文字等	当焦点在对象上，按键处于按下状态时
18	onKeyPress	链接图像和文字等	当焦点在对象上，按键按下时
19	onKeyUp	链接图像和文字等	当焦点在对象上，按键弹起时
20	onSubmit	表单等	表单提交时
21	onReset	表单等	表单重置时
22	onSelect	文字段落、选择框等	选定文字段落或选择框内某项时
23	onUnload	主页面等	当离开此页时
24	onResize	主窗口、帧窗口等	当浏览器内的窗口大小改变时
25	onScroll	主窗口、帧窗口、多行输入文本框等	当拖曳浏览器窗口的滚动条时
26	onRowEnter	Shockwave 等	动画载入时
27	OnRowExit	Shockwave 等	动画卸载时

　　注意：如果出现带括号的事件，则该事件是链接对象的。使用它们时，系统会自动在行为控制器下拉列表框内显示的事件名称前面增加一个"#"号，表示空链接。

7.1.2　设置行为的其他操作

1．选择行为的目标对象

　　要设置行为，必须先选中事件作用的对象。单击选中图像、用鼠标拖曳选中文字等，都可以选择行为的目标对象。另外，也可以单击网页设计窗口左下角状态栏上的标记，来选中行为的目标对象。例如，要选中整个页面窗口，可单击<body>标记。还可以单击页面空白处，再按Ctrl+A 组合键。选中不同的对象后，"标签"面板的标题栏名称会随之发生变化。"标签"面板的标题栏的名称中将显示行为的对象名称，例如，选择整个页面窗口后，"标签"面板的名称为"标签<body>"。

2．"行为"面板操作

　　（1）添加行为项：单击"行为"面板中的"添加行为"按钮 +，弹出"动作名称"菜单，其作用如表 7-1-1 所示。再单击某一个动作名称，即可进行相应地动作设置。

（2）删除行为项：单击选中"行为"面板内的某一个行为项（即动作和事件）时，再单击"删除事件"按钮 ━，即可删除选中的行为项。

（3）调整行为的执行次序：单击选中"行为"面板内的某一个行为项后，再单击 ▲ 按钮，可以使选中的行为的执行次序提前，单击选中行为项后，再单击 ▼ 按钮，可以使选中的行为的执行次序下降。

（4）显示事件：单击"行为"面板中的"显示所有事件"按钮 ▤▤，在"行为"面板中会显示出选中对象所能使用的所有事件。单击"显示设置事件"按钮 ▤▤ 后，在"行为"面板中只显示已经使用的事件。

7.2 "设置文本"和"改变属性"等动作

7.2.1 "设置文本"和"弹出信息"动作

1."设置文本"动作

选择一个页面对象，单击"行为"面板中的 ✚▾ 按钮，弹出"动作名称"菜单，单击"设置文本"命令，弹出它的子菜单，各子命令的作用如下所述。

（1）设置容器的文本：创建一个或多个 AP Div 元素，并且命名（如"apDiv1"等），单击"行为"面板中的 ✚▾ 按钮，单击"设置文本"→"设置容器的文本"命令，弹出"设置容器的文本"对话框，如图 7-2-1 所示。利用该对话框，可以在指定的 AP Div 元素中建立一个文本域。该对话框中各选项的作用如下：

- "容器"下拉列表框：选择 AP Div 元素的名称（如"div"apDiv1""），如图 7-2-1 所示。
- "新建 HTML"文本框：可以输入发生事件后，在选定 AP Div 元素内显示的文字内容，该内容包括任何有效的 HTML 源代码。

（2）设置文本域文字：创建表单域内一个或多个文本字段，并且命名（如"textfield1"等），单击"行为"面板中的 ✚▾ 按钮，再单击"设置文本"→"设置文本域文字"命令，弹出"设置文本域文字"对话框，如图 7-2-2 所示。

图 7-2-1 "设置容器的文本"对话框

图 7-2-2 "设置文本域文字"对话框

在该对话框的"文本域"下拉列表框中选择文本域（如"textfield1"），再在"新建文本"文本框内输入文本。然后，单击"确定"按钮，退出"设置文本域文字"对话框。

（3）设置框架文本：在创建框架后，选中一个框架，单击"行为"面板中的 ✚▾ 按钮，再单击"设置文本"→"设置框架文本"命令，弹出"设置框架文本"对话框，如图 7-2-3 所示。

图 7-2-3 "设置框架文本"对话框

利用该对话框，可以在选中的框架内建立一个文本域。该对话框中各选项的作用如下：

- "框架"下拉列表框：用来选择分栏框架窗口的名称。
- "新建 HTML"文本框：可以在此文本框内输入发生事件后，在选定的分栏框架窗口内显示的文字内容，该内容包括任何有效的 HTML 源代码。
- "获取当前 HTML"按钮：单击它后，在"新建 HTML"文本框内会显示出选中的分栏框架窗口内网页的 HTML 地址。
- "保留背景色"复选框：选择它后，可以保存背景色。

（4）设置状态条文本：选择整个页面，单击"行为"面板中的 ✚▾ 按钮，再单击"设置文本" → "设置状态栏文本"命令，会弹出"设置状态栏文本"对话框，在"消息"文本框内输入要在状态栏中显示的文字，如图 7-2-4 所示。然后单击"确定"按钮。

2．"弹出信息"动作

选择整个页面，单击"行为"面板中的 ✚▾ 按钮，弹出"动作名称"菜单，再选择"弹出信息"命令，弹出"弹出信息"对话框，在"消息"文本框内输入弹出的对话框内要显示的文字，如图 7-2-5 所示。单击"确定"按钮，即可完成动作设置。

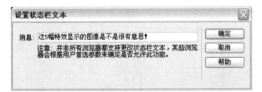

图 7-2-4 "设置状态栏文本"对话框和输入的信息　　图 7-2-5 "弹出信息"对话框和输入的信息

7.2.2 "打开浏览器窗口"和"改变属性"动作

1．"打开浏览器窗口"动作

单击"行为"面板中的 ✚▾ 按钮，弹出"动作名称"菜单，单击"打开浏览器窗口"命令，弹出"打开浏览器窗口"对话框，如图 7-2-6 所示。

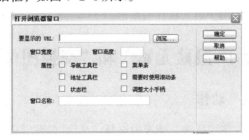

图 7-2-6 "打开浏览器窗口"对话框

（1）"要显示的 URL"文本框与"浏览"按钮：在文本框内输入新打开的浏览器窗口内要显示的网页文件地址或单击"浏览"按钮后，选择网页文件。

（2）"窗口宽度"与"窗口高度"文本框：设定浏览器窗口的宽度和高度。

（3）"属性"选项组：用来定义浏览器窗口的属性。

- "导航工具栏"复选框，选中它，表示保留浏览器的导航工具栏。
- "菜单条"复选框，选中它，表示保留浏览器的主菜单。

- "地址工具栏"复选框，选中它，表示保留浏览器的地址栏。
- "需要时使用滚动条"复选框，选中它，表示根据需要给浏览器的显示窗口加滚动条。
- "状态栏"复选框，选中它，表示给浏览器的显示窗口下边加状态栏。
- "调整大小手柄"复选框，选中它，表示可用鼠标拖曳调整浏览器显示窗口的大小。

（4）"窗口名称"文本框：输入新的浏览器窗口的名称。

2."改变属性"动作

单击"行为"面板中的 + 按钮，弹出"动作名称"菜单，选择"改变属性"命令，弹出"改变属性"对话框，如图 7-2-7（a）所示。

（1）"元素类型"下拉列表框：选择在 HTML 文件中的标记。例如，可选择 <dir> 标记。

（2）"元素 ID"下拉列表框：用来选择对象名字。对象的名字在"属性"栏内输入。

（3）"属性"栏：在选择了"选择"单选按钮后，可以选择要改变对象的属性名字，即它的标识符属性名称。在选择了"输入"单选按钮后，可在其右边的文本框内输入属性名字。

例如，在"元素类型"下拉列表框内选择了 <DIV> 标记，在"元素 ID"下拉列表框选中一个 AP Div 元素名称，则"选择"下拉列表框内显示出了相关的所有属性名称，如图 7-2-7（b）所示，用来供给选择。

（a）"改变属性"对话框

（b）"选项"下拉列表

图 7-2-7 "改变属性"对话框和它的"选择"下拉列表

（4）"新的值"文本框：用于输入属性的新值。

7.3 "显示-隐藏元素"和"交换图像"动作

7.3.1 "显示-隐藏元素"动作

选中 AP Div 元素以后，在"行为"面板中选择"显示-隐藏元素"命令，可以弹出"显示-隐藏元素"对话框，如图 7-3-1 所示。

（1）如果要设置 AP Div 元素为显示状态，则单击选中"元素"列表框中 AP Div 元素的名称，再单击"显示"按钮，此时"元素"列表框中选中的 AP Div 元素名称右边会出现"（显示）"文字，如图 7-3-1（a）所示。

（2）如果要设置 AP 元素为不显示状态，则单击选中"元素"列表框内 AP Div 元素的名称，再单击"隐藏"按钮，此时"元素"列表框中选中的 AP Div 元素名称右边会出现"（隐藏）"文字，如图 7-3-1（b）所示。

（3）单击"默认"按钮后，可将 AP Div 元素的显示与否设置为默认状态。

（a）显示

（b）隐藏

图 7-3-1 "显示-隐藏元素"对话框

7.3.2 "交换图像"和"恢复交换图像"动作

1．"交换图像"动作

选中 AP Div 元素或图像元素以后，在"行为"面板中单击选中"交换图像"命令，弹出"交换图像"对话框，如图 7-3-2 所示。其中，各选项的作用如下：

（1）"图像"列表框：用来选择图像的名称。

（2）"设置原始档为"文本框与"浏览"按钮：输入或者选择要更换的图像。

（3）"预先载入图像"复选框：选择它后，可以预先载入图像，使网页的显示更流畅。

（4）"鼠标滑开时恢复图像"复选框：选择它后，可以在鼠标指针离开时恢复图像。

如果要更换多幅图像，可重复进行上述的设置。

2．"恢复交换图像"动作

"恢复交换图像"动作的作用是恢复交换的图像。选中 AP Div 元素或图像元素以后，单击"恢复交换图像"命令，弹出"恢复交换图像"提示框，如图 7-3-3 所示。单击"确定"按钮，完成恢复图像动作的设置。通常它与交换图像动作配合使用，在完成"交换图像"动作设置后会自动生成"恢复交换图像"动作。

图 7-3-2 "交换图像"对话框

图 7-3-3 "恢复交换图像"提示框

7.4 有关检查和其他动作

7.4.1 有关检查的动作

1．"检查表单"动作

如果建立了一个表单域（名字为"form1"），再在表单域内创建 2 个文本字段（名字分别为 textfield1 和 textfield2）。选择表单域，单击"行为"面板中按钮 **+,**，弹出"动作"菜单，再单击"检查表单"命令，即可弹出图 7-4-1 所示的"检查表单"对话框。利用该对话框，可以检查指定的表单内容的数据类型是否正确，可以对表单内容设置检查条件。在用户提交表单内容时，先根据设置的条件，检查提交的表单内容是否符合要求。如果符合要求，则上传到服务器，否则显示错误提示信息。该对话框内各选项的作用如下所述。

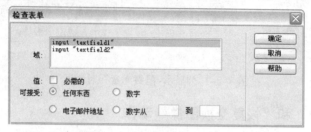

图 7-4-1 "检查表单"对话框

（1）"域"列表框：列出表单内的所有文本框的名称，可以选择其中一个进行下面的设置。设置完后，可以选择另外一个，再进行下面的设置。

（2）"必需的"复选框：选择它后，表示文本框内不可以是空的。

（3）"可接受"选项组：它用来选择接收内容的类型，各选项的含义如下所述。

- "任何东西"单选按钮：表示接受不为空的内容。
- "数字"单选按钮：表示接受的内容只可以是数字。
- "电子邮件地址"单选按钮：表示接受的内容只可以是电子邮件地址形式的字符串。
- "数字从"单选按钮：用来限定接受的数字范围。其右边的两个文本框用来输入起始数据和终止数据。

2. "检查插件"动作

在网页中会使用一些需要外部插件才能观看的动态效果（如 Shockwave、Flash、QuickTime、LiveAudio 和 Windows Media PapDivs 等），如果浏览器中没有安装相应的插件，则会显示出空白。此时，为了不出现空白，可用简单的画面代替。选择"检查插件"命令后，会弹出"检查插件"对话框，如图 7-4-2 所示。利用该对话框，可以增加检查浏览器中已安装插件的功能。该对话框内各选项的作用如下：

（1）"插件"选项组：在"选择"下拉列表框中选择要检测的插件名称，也可以在"输入"文本框内输入列表框内没有的插件名称。

（2）"如果有，转到 URL"文本框：对有该插件的浏览器，采用该文本框内 URL 指示的网页。可以通过单击"浏览"按钮后选择网页文档。

图 7-4-2 "检查插件"对话框

（3）"否则，转到 URL"文本框：对没有该插件的浏览器，采用该文本框内 URL 指示的网页。网页文件也可通过单击"浏览"按钮选择网页文档。

（4）"如果无法检测，则始终转到第一个 URL"复选框：如果使用的是<OBJECT>和<EMBED>标记，必须选择该复选框，因为该标记可在没有 ActiveX 控件的情况下自动下载。

7.4.2 "转到 URL"和"预先载入图像"等动作

1．"转到 URL"动作

图 7-4-3　"转到 URL"对话框

在设置框架后，选择"转到 URL"动作名称，弹出"转到 URL"对话框，如图 7-4-3 所示。利用该对话框，可以指定要跳转到的 URL 网页。该对话框中各选项的作用如下：

（1）"打开在"列表框：显示出框架的名称，用来选择显示跳转页面的框架。

（2）"URL"文本框与"浏览"按钮：在文本框内输入链接的网页的 URL，也可以单击"浏览"按钮，选择链接的网页文件。

2．"预先载入图像"动作

在浏览器初次下载网页时，会因为网络传输速度慢，页面内的图像不会一下都显示，造成显示效果差。选择"预先载入图像"动作后，可在第一次下载网页时，将所有页面图像均下载到用户浏览器的文件缓存区中，使以后的图像显示流畅。选择"预先载入图像"动作名称，弹出"预先载入图像"对话框（还没设置），如图 7-4-4 所示，各选项的作用如下所述。

（1）"预先载入图像"列表框：会显示出预载入图像文件的名字。单击 + 按钮，可以增加预载入的图像文件。选中该列表框内的图像文件名字后，单击 − 按钮，可删除该文件。

（2）"图像源文件"文本框与"浏览"按钮：可在文本框内输入预先载入图像文件的目录和文件名字，也可以单击"浏览"按钮来选择预先载入的图像文件。

例如，将本章【实例 7-2】"图像特效切换 1"网页打开，单击网页窗体左下角的<body>标签，弹出"预先载入图像"对话框，在该对话框内的"预先载入图像"列表框中加入该网页使用的 10 幅图像。此时的"行为"面板设置如图 7-4-5 所示。

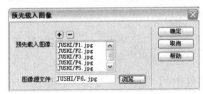

图 7-4-4　"预先载入图像"对话框

图 7-4-5　"效果"动作菜单

双击"行为"面板内的"预先载入图像"文字，可弹出"预先载入图像"对话框。

7.4.3 "效果"和"调用 JavaScript"动作

1．"效果"动作

单击"行为"面板中按钮 +，弹出"动作"菜单，再单击"效果"命令，弹出"效果"动作菜单，如图 7-4-5 所示。利用这些动作可以获得图像或文字的动态变化效果。举例如下：

（1）增大/收缩：单击选中网页内的一幅图像或一个 AP Div 元素，再单击"动作"→"效果"

→ "增大/收缩"命令，弹出"增大/收缩"对话框，如图 7-4-6 所示。在该对话框内的"目标元素"下拉列表框中选择图像的 ID 名称或 AP Div 名称（均可以在"属性"栏内设置），在"效果"下拉列表框中选择"增大"或"收缩"选项，以及进行其他设置。然后，单击"确定"按钮，完成效果设置。

在"行为"面板中的"事件"列表框内选择"onClick"（单击）事件名称。以后显示网页，单击网页内相应的图像或 AP Div 元素，即可看到该图像或 AP Div 元素内的文字或图像变大或收缩变小地变化。

（2）晃动：单击选中网页内的一幅图像或一个 AP Div 元素，再单击"动作"→"效果"→"晃动"命令，弹出"晃动"对话框，如图 7-4-7 所示。在该对话框内的"目标元素"下拉列表框中选择图像的 ID 名称或 AP Div 名称。然后，单击"确定"按钮，完成效果设置。在"行为"面板中的"事件"列表框内选择"onClick"（单击）事件名称。以后显示网页，单击相应对象，即可看到该对象晃动变化。

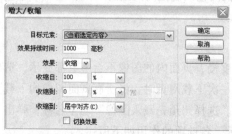

图 7-4-6 "增大/收缩"对话框

图 7-4-7 "晃动"对话框

2. "调用 JavaScript"动作

单击选择该动作名称后，会弹出"调用 JavaScript"对话框，如图 7-4-8 所示。在该对话框的 JavaScript 文本框内输入 JavaScript 函数，再单击"确定"按钮，即可完成动作设置。JavaScript 函数可以是系统自带的，也可以是自己编写的。

图 7-4-8 "调用 JavaScript"对话框

7.4.4 "跳转菜单开始按钮"和"跳转菜单"动作

1. "跳转菜单开始按钮"动作

如果单击【实例 6-2】"跟我学制作表单"网页文件内的"前往"按钮，再单击"行为"面板中按钮 +. 的箭头，弹出"行为"菜单，单击该菜单内的"跳转菜单开始"菜单命令，弹出"跳转菜单开始"对话框，如图 7-4-9 所示，可以看到该对话框已经设置好了。"选择跳转菜单"下拉列表框内是"跳转菜单"的名称 Menu。

如果没有"前往"按钮，则将光标定位到要添加按钮处，单击"行为"面板中按钮 +. 右下角的箭头，单击"跳转菜单开始"菜单命令，弹出"跳转菜单开始"对话框，选择该对话框内下拉列框中的某个跳转菜单名称，再单击"确定"按钮，即可在选定的跳转菜单右边增加一个"前往"按钮。单击"前往"按钮，可以跳转到与指定菜单内选中的菜单选项相链接的网页。

2. "跳转菜单"动作

在表单域内创建一个跳转菜单。单击"行为"面板中按钮 **+.** 右下角的箭头，弹出"动作名称"菜单。单击"跳转菜单"菜单命令，弹出"跳转菜单"对话框，如图 7-4-10 所示。可以看出，它与第 6 章【实例 6-2】中介绍的图 6-4-4 所示的"插入跳转菜单"对话框基本一样，该对话框已经设置好了。因此，可以使用"跳转菜单"对话框来编辑修改跳转菜单设置，例如，在"打开 URL 于"下拉列表框中选择"框架'MAIN'"选项。

图 7-4-9　"跳转菜单开始"对话框　　　　　图 7-4-10　"跳转菜单"对话框

7.5　应　用　实　例

7.5.1　【实例 7-1】菜单式课程表

"菜单式课程表"网页在浏览器中的显示效果如图 7-5-1 所示。页面的导航栏中有"物理""语文""数学"菜单。当鼠标指针移到导航栏中的"物理"文字图像之上时，会弹出它的弹出式菜单，如图 7-5-2 所示，单击该菜单中的命令，可弹出相应网页。它的设计方法如下：

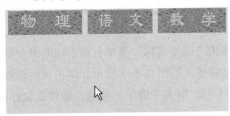

图 7-5-1　"菜单式课程表"网页的显示效果　　图 7-5-2　弹出式菜单

（1）新建一个网页文档，设置为灰色背景，以名字"H7-1.htm"保存在"D:\BDWEB2\H7-1"文件夹。在网页第 1 行依次插入"物理""语文""数学"文字图像，如图 7-5-1 所示。文字图像文件分别是"JPG/CDWL.jpg""JPG/CDYW.jpg"和"JPG/CDSX.jpg"。

（2）在"物理"文字图像下边插入一个 AP Div 元素，将该 AP 元素命名为 CXX。将 APDiv 元素设置成黄色背景，在 AP Div 元素中输入"机械力学""流体力学"……"理论力学"文字。每输入完一组文字，按一次 Enter 键。

（3）用鼠标拖曳选择"机械力学"文字，将该文字的颜色设置为红色，大小为 18 像素。然后，单击"链接"栏中的 按钮，弹出"选择文件"对话框，在该对话框中选择要链接的网页，选择"相对于"下拉列表框中的"文档"选项，单击"确定"按钮，即可设置好要链接的网页文件。也可以直接在"链接"下拉列表框中输入要链接的网页文件的名称（这个网页与"H7-1.htm"网页文件在相同的文件夹"D:\BDWEB2\H7-1"内）。

　　按照相同的方法分别建立其他文字与相应网页的链接，完成后的效果如图 7-5-3 所示。

图 7-5-3　"CXX"AP Div 元素

　　（4）选择"物理"文字图像，单击"行为"面板内"事件"栏下拉列表框右边的 按钮，弹出"事件名称"菜单。在"事件名称"菜单中选择 OnMouseOver 事件选项，将事件设置成"当鼠标指针经过对象"，如图 7-5-4 所示。

　　（5）单击"行为"面板内的 按钮，弹出"动作名称"菜单，单击该菜单中的"显示-隐藏元素"动作命令，弹出"显示-隐藏元素"对话框，如图 7-5-5 所示（还没有设置）。单击该对话框中的"显示"按钮，使"元素"文本框中出现"（显示）"文字，再单击"确定"按钮，即可设置好鼠标指针经过"物理"文字图像时产生使 CXX AP Div 元素显示的动作。

图 7-5-4　"行为"面板

图 7-5-5　"显示-隐藏"对话框

　　（6）选中"AP 元素"面板中的 CXX 选项，单击"行为"面板内"事件"列表框右边的 按钮，弹出"事件名称"菜单，在"事件名称"菜单中选择 OnMouseOver 事件选项。再按照上述方法，设置鼠标经过 CXX AP Div 元素时产生使 CXX AP Div 元素显示的动作。

　　（7）选择"AP 元素"面板中的 CXX AP Div 元素。单击"行为"面板内"事件"栏右边的 按钮，弹出"事件名称"菜单。在"事件名称"菜单中选择 onMouseOut 事件选项，将事件设置成"当鼠标指针离开对象"。

　　（8）单击"行为"面板内的 按钮，弹出"动作名称"菜单，单击该菜单中的"显示-隐藏元素"动作命令，弹出"显示-隐藏元素"对话框，如图 7-5-5 所示。单击该对话框中的"隐藏"按钮，使"元素"文本框中出现"（隐藏）"文字。单击"确定"按钮，即可设置好鼠标指针离开 CXX AP Div 元素后产生使该元素隐藏的动作。

　　（9）在"AP 元素"面板中选中 CXX 选项，在其"属性"栏中的"可见性"下拉列表框中选择"隐藏"选项，将该 AP Div 元素设置成"初始状态下隐藏"。以后如果要显示该元素，可以单击"AP 元素"面板中的 CXX 元素的 图标，使该图标变为 图标。

　　此时，CXX AP Div 元素的"行为"面板设置如图 7-5-6 所示。由"行为"面板可以看出，进行完动作的设置后，在其内会显示出动作的名称，在"事件"栏中事件名称的左边会有一个 按钮，双击该按钮，可以弹出"显示-隐藏元素"对话框，重新进行设置。

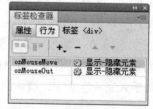

图 7-5-6　"行为"面板设置

　　（10）按照上述方法，继续完成导航栏中其他按钮的弹出菜单设置。

7.5.2 【实例 7-2】图像特效切换

"图像特效切换"网页显示后如图 7-5-7 所示，显示 3 幅图像，状态栏内显示"显示 3 幅，2 幅图像可以特效显示，很有意思！"。将鼠标指针移到左边第 1 幅图像之上，则状态栏显示"单击第 1 幅图像可使图像特效显示！"，如图 7-5-8 所示。单击左边第 1 幅图像之后显示一个提示框，如图 7-5-9 所示，单击该提示框内的"确定"按钮后，其右边的第 1 幅图像水平晃动显示，其右边的第 2 幅图像垂直卷帘显示，然后又回到如图 7-5-7 所示状态。制作该网页的方法如下：

图 7-5-7　"图像特效切换"网页显示效果 1

（1）在"D:\BDWEB2\H7-2\PIC"文件夹内放置 3 幅图像，在 Photoshop 中将这些图像的大小调整一致，宽 139 像素，高 104 像素。图像名称分别为"F01.jpg"……"F03.jpg"。

创建一个新网页文档，以名称"H7-2.htm"保存在"D:\BDWEB2\H7-2"文件夹内。

（2）在网页设计窗口第 1 行左边插入"PIC"文件夹内的"F01.jpg"图像，如图 7-5-7 所示。在它的"属性"栏"ID"文本框内输入"Image1"。在该图像右边，创建"apDiv1"和"apDiv2"两个 AP Div 对象，其内分别插入"F02jpg"和"F03.jpg"图像。

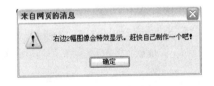

图 7-5-8　"图像特效切换"网页显示效果 2　　　　图 7-5-9　信息提示框

（3）单击选中网页窗口左下角"标签选择器"内的 `<body>` 按钮，弹出"行为"面板。单击"行为"面板的按钮 **+,**，弹出"动作名称"菜单。单击"设置文本"→"设置状态栏文本"命令，弹出"设置状态栏文本"对话框，在"消息"文本框内输入要在状态栏中显示的文字"显示 3 幅，2 幅图像可以特效显示，很有意思！"，如图 7-5-10 所示。单击"确定"按钮。

单击"行为"面板"事件"下拉列表框 `onLoad` 的箭头按钮，弹出它的列表，单击该列表内的"onLoad"选项，设置事件为"onLoad"（打开网页），如图 7-5-11 所示。

（4）再设置"设置状态栏文本"动作，显示内容一样，时间改为"onMouseOut"。此时的"行为"面板如图 7-5-11 所示。

图 7-5-10 "设置状态栏文本"对话框和输入的信息

图 7-5-11 "行为"面板

（5）单击选中左边第1幅图像，选择"设置文本"→"设置状态栏文本"命令，弹出"设置状态栏文本"对话框，在"消息"文本框内输入文字"单击第1幅图像可使图像特效显示！"，如图 7-5-8 所示。然后单击"确定"按钮。

单击"行为"面板"事件"下拉列表框 onLoad ▼ 的箭头按钮，弹出它的列表，单击该列表内的"onMouseMove"选项，设置事件为"onMouseMove"。

（6）单击"行为"面板中的按钮 ✦，弹出"动作名称"菜单。单击"弹出信息"命令，弹出"弹出信息"对话框，如图 7-2-5 所示。在"消息"文本框内输入"右边2幅图像会特效显示。赶快自己制作一个吧！"文字，再单击"确定"按钮，完成"弹出信息"动作设置。

单击"行为"面板"事件"下拉列表框 onLoad ▼ 的箭头按钮，弹出它的列表，单击该列表内的"onClick"选项，设置事件为"onClick"（单击对象）。

（7）单击"行为"面板中的按钮 ✦，弹出"动作名称"菜单。单击"效果"→"晃动"命令，弹出"晃动"对话框。在"目标元素"下拉列表框内选择"div"apDiv1""选项，如图 7-5-12 所示。然后单击"确定"按钮。

图 7-5-12 "晃动"对话框

单击"行为"面板"事件"下拉列表框 onLoad ▼ 的箭头按钮，弹出它的列表，单击该列表内的"onClick"选项，设置事件为"onClick"（单击对象）。采用相同的方法，将上边其他几个效果动作的事件改为"onClick"（单击对象）事件。

（8）单击"行为"面板中的按钮 ✦，弹出"动作名称"菜单。单击"效果"→"遮帘"命令，弹出"遮帘"对话框。在"目标元素"下拉列表框内选择"div"apDiv2""选项，如图 7-5-13 所示。然后单击"确定"按钮。采用相同的方法，设置上边动作的事件为"onClick"事件。最后的"行为"面板如图 7-5-14 所示。

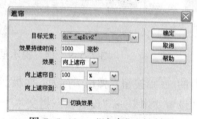

图 7-5-13 "遮帘"对话框

图 7-5-14 "行为"面板

7.5.3 【实例 7-3】打开浏览器窗口

"打开浏览器窗口"网页显示后，除了有"图像特效切换"网页的显示效果（见图 7-5-15）外，同时还会弹出另外一个浏览器窗口，如图 7-5-15 所示。制作该实例的方法如下：

（1）将"D:\BDWEB2\H7-2"文件夹复制一份，更名为"D:\BDWEB2\H7-3"，其内的"H7-2.htm"文档更名为"H7-3.htm"。

（2）新建一个网页文档，其内导入"F04.jpg""F051.jpg"和"F06.jpg"3幅图像，每幅图像的宽为 139 像素，高为 104 像素，如图 7-5-15 所示。然后，以名字"H7-3-1.htm"保存在"D:\BDWEB2\H7-3"目录下。

图 7-5-15　"打开浏览器窗口"网页的显示效果

（3）打开"H7-3.htm"网页文档。单击窗体左下角的\<body\>标签，选中窗体全部内容。

（4）单击"行为"面板中的 ⊞ 按钮，弹出"动作"菜单，选择"动作"菜单中的"打开浏览器窗口"命令，弹出"打开浏览器窗口"对话框。

（5）单击"打开浏览器窗口"对话框内的"要显示的 URL"文本框右边的"浏览"按钮，弹出"选择文件"对话框，利用该对话框加载名称为"H7-3-1.htm"网页，在"窗口宽度"文本框中输入 600，在"窗口高度"文本框中输入 80，其他设置如图 7-5-16 所示。单击"确定"按钮，关闭"打开浏览器窗口"对话框。此时的"行为"面板设置如图 7-5-17 所示。

图 7-5-16　"打开浏览器窗口"对话框设置

图 7-5-17　"行为"面板设置

思考与练习

1. 继续完成【实例 7-1】"菜单式课程表"网页的制作。

2. 仿照【实例 7-1】网页的制作方法，制作一个"中国名胜"网页的导航栏菜单。

3. 利用"交换图像"和"恢复交换图像"动作制作一个"用鼠标控制的图像切换"网页。当鼠标指针移到左边第 1 幅图像时，4 幅画面会更换。单击图像，可显示另外一个网页。

4. 仿照【实例 7-2】"图像特效切换"网页的制作方法，制作一个"北京风景"网页。该网页显示后，单击右边第 1 幅图像，其他 6 幅图像会产生不同的特效变化。同时，状态栏文字也会发生变化。

第8章

模板、库和站点管理

模板（Template）就是网页的样板。"资源"面板是用来保存和管理当前站点或收藏夹中网页资源的面板。资源包括存储在站点中的各种元素（也叫对象），如模板、图像或影片文件等。必须先定义一个本地站点，然后才能在"资源"面板中查看资源。网站建立好后，就需要进行站点发布，以及站点的管理和维护。

8.1 模 板

8.1.1 网页模板

模板有可编辑区域和不可编辑区域。不可编辑区域的内容是不可以改变的，通常为标题栏、网页图标、Logo 图像、框架结构、链接文字和导航栏等。可编辑区域的内容可以改变，通常为具体的文字、图像、动画等对象，其内容可以是每日新闻、最新软件介绍、每日一图、趣谈、新闻人物等。

通常在一个网站中有成百上千的页面，而且每个页面的布局也常常相同，尤其是同一层次的页面，只有具体文字或图像内容不同。将这样的网页定义为模板后，相同的部分都被锁定，只有一部分内容可以编辑，避免了对无须改动部分的误操作。例如，某个网站中的文章页面，其基本格式相同，只是具体内容不同，这就可以使用模板来制作。

当创建新的网页时，只需将模板弹出，在可编辑区插入内容即可。更新网页时，只需在可编辑区更换新内容即可。在对网站进行改版时，因为网站的页面非常多，如果分别修改每一页，工作量无疑非常大，但如果使用了模板，只要修改模板，所有应用模板的页面都可以自动更新。修改已有的 HTML 文件，可使之成为模板。模板自动保存在本地站点根目录下的 Template 目录内，如果没有该目录，系统可自动创建此目录。模板文件的扩展名字为.dwt。

当网站中的各个网页具有相同的结构和风格时，使用模板和库可以带来极大的方便，有利于创建网页和更新网页。但是，必须在建立了站点后，才可以使用模板和库。

1．创建新模板

创建新模板可以采用如下两种方法。

（1）方法一：单击"文件"→"新建"命令，弹出"新建文档"对话框，如图 8-1-1 所示。选择"空模板"选项，在右边选择一个模板（如"HTML 模板"）。单击"创建"按钮，即可新建一个"HTML 模板"。以后可以在模板进行网页编辑，并将它保存为模板。

（2）方法二：首先创建一个网页。然后，单击"插入"（常用）工具栏中的"模板"下拉菜单（见图 8-1-2）中的"创建模板"按钮 ，或者单击"文件"→"模板对象"命令，弹出"模板对象"菜单，单击该菜单内的"创建模板"命令。

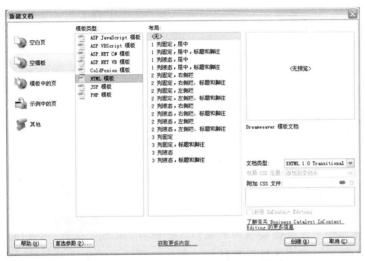

图 8-1-1　"新建文档"（空模板）对话框

图 8-1-2　"模板"菜单

单击"文件"→"另存为模板"命令，弹出"另存模板"对话框。在"另存模板"对话框的"站点"下拉列表框内选择本地站点的名字，在"另存为"文本框中输入模板的名字（如"神州旅游"），如图 8-1-3 所示。单击"保存"按钮，即可完成模板的保存。如果本机还没有创建站点，会在弹出"另存模板"对话框以前，提示用户先创建本机站点。

2．设置模板网页的可编辑区域

模板网页的编辑主要是设置可编辑区域。将光标定位在要插入可编辑区域处，如将光标定位在要插入图像的表单元格内，单击"插入"→"模板对象"→"可编辑区域"命令，或选择图 8-1-2 所示的"模板"下拉菜单中的"可编辑区域"命令 ，弹出"新建可编辑区域"对话框，如图 8-1-4 所示。在"名称"文本框中输入可编辑区域的名称（如"图像栏"）。单击"确定"按钮，即可在光标所在表格单元格内左上角插入一个可编辑区域。

图 8-1-3　"另存模板"对话框

图 8-1-4　"新建可编辑区域"对话框

按照上述方法，在"神州旅游.dwt"模板网页内建立名称为"最佳入住酒店"、"国内主题"和"国内团体"3个可编辑区域，如图8-1-5所示。可以看出，在模板网页内，上边是不可编辑区域，下边是4个可编辑区域。

图8-1-5 有4个可编辑区域的模板

3. 将已有的 HTML 文件创建为模板

（1）在 Dreamweaver CS5 中打开一个网页，如图8-1-6（a）所示。

（2）定义可编辑区域：将光标定位在需要增加可编辑区的地方，单击"插入"（常用）工具栏中的"模板"下拉菜单中的"可编辑区域"按钮，弹出"新建可编辑区域"对话框，参见图8-1-4。在"名称"文本框中输入可编辑区的名称（如"物理教学页"），单击"确定"按钮，新建了一个可编辑区域。

（3）单击"文件"→"另存为模板"命令，弹出"另存模板"对话框，如图8-1-3所示。在"站点"下拉列表框内选择本地站点的名字，再在"另存为"文本框内输入模板的名字，单击"保存"按钮，即可保存模板。此时模板的显示效果如图8-1-6（b）所示。

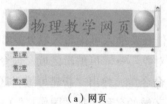

（a）网页　　　　　　　　　　　（b）模板

图8-1-6 网页和模板显示效果

4. 使用模板创建新网页

（1）单击"文件"→"新建"命令，弹出"新建文档"对话框，选择"模板中的页"选项，在右边选择一个模板，即可在"预览"栏内看到模板的缩略图，如图8-1-7所示。

（2）如果选择了"当模板改变时更新页面"复选框，模板被修改后，所有应用该模板的页面将会自动更新。单击"创建"按钮，即可用选定模板制作网页。

图 8-1-7　"新建文档"对话框

（3）以后在该网页的可编辑区域内插入相应的内容，单击"文件"→"保存"命令，弹出"另存为"对话框，选择路径和文件名，单击"保存"按钮，即可完成网页的制作。

另外，新建一个网页，单击"修改"→"模板"→"应用模板到页"命令，弹出"选择模板"对话框，如图 8-1-8 所示。再选择新模板，单击"选定"按钮，即可将选中的模板应用到新网页，同时关闭"选择模板"对话框。

5．在页面内使用新模板

（1）在模板所在站点的文件夹内创建一个新的 HTML 网页。

（2）单击"窗口"→"资源"命令，弹出"资源"面板，单击面板中的"模板"按钮，再单击"刷新站点列表"按钮，在单击选中列表框内的模板文件名称（如"神州旅游"），如图 8-1-9 所示。

图 8-1-8　"选择模板"对话框

图 8-1-9　"资源"（模板）面板

（3）拖曳"eshop"模板文件到页面中或单击"资源"面板中的"应用"按钮，网页将自动套用"eshop"模板的内容。

8.1.2　模板的更新

模板可以更新，例如，改变可编辑区域和不可编辑区域，改变可编辑区域的名字，更换页面的内容等。更新模板后，系统可以将由该模板生成的页面自动更新。当然也可以不自动更新，以后由用户手动更新。

1．自动更新

（1）采用前面介绍的方法，打开要更新的模板（此模板已经有网页使用了）。进行模板更新，例如，改变页面布局、增加可编辑区、删除可编辑区等。

（2）保存模板，此时会弹出"更新模板文件"对话框，如图 8-1-10 所示。提示用户是否更新使用了该模板的网页。单击"不更新"按钮，则不自动更新，有待以后手动更新。

（3）选择要更新的网页名字，再单击"更新"按钮，可自动完成选定文件的更新。同时会弹出一个"更新页面"对话框，它的"状态"列表框中会列出更新的文件名称、检测文件的个数、更新文件的个数等信息，如图 8-1-11 所示。

（4）在该对话框中的"查看"下拉列表框中选择"整个站点"选项，则其右边会出现一个新的下拉列表框。在新的下拉列表框中选择站点名称，单击"开始"按钮，即可对选定的站点进行检测和更新，并给出类似于图 8-1-11 所示的检测报告。

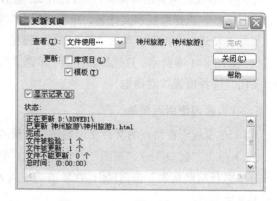

图 8-1-10 "更新模板文件"对话框　　　　　图 8-1-11 "更新页面"对话框

2．手动更新

（1）采用前面介绍的方法，修改模板。

（2）打开要更新的网页文档，单击"修改"→"模板"→"更新当前页"命令，即可将打开的页面按更新后的模板进行更新。

（3）如果要更新所有和修改后的模板相关联的页面，则单击"修改"→"模板"→"更新页面"命令，弹出"更新页面"对话框。在"查看"下拉列表框中选择"文件使用"选项，则其右边会出现一个新的下拉列表框。在新的下拉列表框内选择模板名称，单击"开始"按钮，即可更新使用该模板的所有网页，并给出图 8-1-11 所示的检测信息报告。

3．模板的其他操作

（1）将网页从模板中分离：有时希望网页不再受模板的约束，这时可以单开应用了模板的网页，再单击"修改"→"模板"→"从模板中分离"命令，使该网页与模板分离。分离后页面的任何部分都可以自由编辑，并且修改模板后，该网页也不会再受影响。

（2）将 HTML 标签属性设置为可编辑：单击"修改"→"模板"→"令属性可编辑"命令，弹出"可编辑标签属性"对话框，从"属性"下拉列表框中选择一个属性标记，或者单击"添加"按钮手动添加，如图 8-1-12 所示。然后单击"确定"按钮。

（3）输出没有模板标记的站点：单击"修改"→"模板"→"不带标记导出"命令，弹出"导出无模板标记的站点"对话框，如图 8-1-13 所示。单击"浏览"按钮，弹出"解压缩模板 XML"对话框，在该对话框内选择输出路径，再单击"导出无模板标记的站点"对话框中的"确定"按钮，即可输出没有模板标记的站点。

图 8-1-12　"可编辑标签属性"对话框

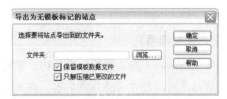

图 8-1-13　"导出无模板标记的站点"对话框

8.2　资源与库

"资源"面板是用来保存和管理当前站点或收藏夹中网页资源的面板。资源包括存储在站点中的各种元素（也叫对象），如模板、图像或影片文件等。必须先定义一个本地站点，然后才能在"资源"面板中查看资源。

8.2.1　资源

1．"资源"面板

"资源"面板如图 8-1-9 所示，它分为 4 部分，它们的特点如下：

（1）元素预览窗口：它位于"资源"面板的上边，用来显示选定元素的内容。

（2）元素列表框：它位于元素预览窗口的下边，用来显示该站点内元素的名字。

（3）元素分类栏：它位于"资源"面板内的左边，有 9 个按钮。将鼠标指针移到按钮处，即可显示该按钮的名称，从上至下分别为："图像""颜色""URLs""Flash""Shockwave""影片""脚本""模板"和"库"。单击它们可切换"资源"面板显示的元素类型。

（4）应用工具栏：它位于"资源"面板内的底部。单击选中元素分类栏中不同的图标按钮时，应用工具栏中会出现一些不同的按钮。

2．"资源"面板应用工具栏中的按钮

（1）"插入"按钮 插入 ：单击它，可将选中的素材插入到当前网页的光标处。

（2）"刷新站点列表"按钮 ：单击它，可以刷新站点列表。

（3）"编辑"图标按钮 ：单击它，可弹出相应的窗口，对选择的素材进行编辑。

（4）"新建模板"按钮 ：单击它，可以在"资源"面板内新建一个模板。

（5）"应用"按钮 应用 ：单击它，可以将选中的元素进行应用。例如，在单击"颜色"图标按钮后，选择一种颜色，则单击该按钮，即可应用选择的颜色。

（6）"添加到收藏夹"按钮 ：单击它，可将选择的内容放到收藏夹中。若要查看收藏夹的

内容，可单击"资源"面板上边的"收藏"单选按钮。

（7）"从收藏夹中删除"按钮━▓：单击它，可将在收藏夹中选中的内容从收藏夹中删除。

（8）"删除"按钮▓：单击它，可删除在"站点资源"面板中选中的内容。例如，单击选中模板列表框内的模板图标和默认的名字，再单击默认的名字后，可以修改模板的名字。在选中模板图标的情况下，单击"删除"按钮▓，即可删除选中的模板图标。

（9）"新建收藏夹的文件夹"按钮▓：单击它，可在收藏夹中新建一个文件夹。

8.2.2 库

1．创建库项目

库（Library）在"资源"面板内，它存储有库项目，库项目就是一些对象的集合，这些库项目是网站各网页经常要使用的内容。在创建网页时，只需将库中的库项目插入网页即可。

将页面中的对象（可以是文字、图像表格、表单等）放入库中，即在库中形成一个库项目。创建库项目可按照下述方法进行操作。

（1）单击"窗口"→"资源"命令，弹出"资源"面板。单击"资源"面板左边的"库"按钮▓，弹出"资源"（库）面板（也叫库管理器），如图 8-2-1 所示。

（2）将网页中可编辑区域中的一个对象拖曳到元素列表框中，该图像将自动转变为库项目。选择库管理器内元素对象，可在预览窗口显示其内容，如图 8-2-2 所示。

图 8-2-1 "资源"（图像）面板

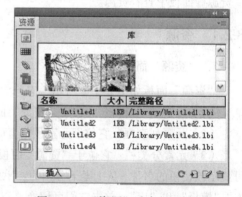
图 8-2-2 "资源"（库）面板

（3）选择"资源"（库）面板中元素列表框内对象（即库项目）的名字，再次单击该对象的名字，接着就可以更改对象的名字。用这种方法也可更改模板元素的名字。

（4）如果只想在"资源"（库）面板中创建一个库项目，而不想使选中的对象成为库项目的一个引用对象，则可以在进行上述操作时，按住 Ctrl 键。

（5）要删除库项目，可单击选中元素列表框中的库项目，再单击库管理器右下角的"删除"按钮▓。删除库项目后，它在页面内的引用不会丢失。

2．使用库项目在网页内创建引用

利用库项目在页面内创建库项目引用对象的操作方法如下所述。

（1）将光标移到网页内要插入"资源"（库）面板内对象（即库项目引用对象）的位置。

（2）打开"资源"（库）面板，选择元素列表框中的一个库项目对象，将它拖曳到网页的光标处，也可以在选中对象的情况下，单击"资源"（库）面板内的"插入"按钮 插入 。

（3）如果只想在页面内创建一个对象，而不建立它与库项目的引用关系，则可以在进行上述操作时，按住 Ctrl 键。

3. 修改库项目和更新页面

网页页面中引用的对象会有特定的颜色进行标记。选择一个该对象后，它的"属性"面板如图 8-2-3 所示。"属性"面板中的 Src 文字给出了库的名称和路径，其扩展名为".lbi"。说明此对象是这个库的一个库项目的引用对象。

图 8-2-3　库项目引用对象的"属性"面板

（1）编辑页面中库项目的引用：在选中页面中由库项目产生的对象（即库项目引用）时，单击库项目引用"属性"面板中的"从源文件中分离"按钮后，会使应用库项目建立的对象与库项目的引用关系断开，以后修改库项目不会影响对象的变化。

（2）编辑库项目的方法：

- 选中页面中由库项目产生的对象，单击库项目引用"属性"面板内的"打开"按钮或双击库项目图标，打开选定的库项目的编辑窗口和库项目对象，用来修改库项目对象。

- 修改完库项目对象后，单击"文件"→"保存"命令，进行库文件的保存。此时会弹出"更新库项目"对话框，如图 8-2-4 所示，提示用户是否更新网站。

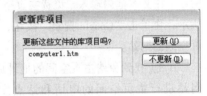

图 8-2-4　"更新库项目"对话框

- 单击"更新"按钮，即可开始更新。更新后，页面内由库项目产生的对象即会随之改变。然后，屏幕会显示"更新页面"对话框。它与图 8-1-11 所示基本一样，只是"更新"栏中选中的是"库项目"复选框。

（3）编辑库项目：如果将库中的一些项目删除或重命名，则页面内使用库项目建立的对象就会成为一般的对象，不再与库的项目有引用关系。要利用这些对象重新建立库项目，可在选择对象的情况下，单击库项目引用的"属性"面板内的"重新创建"按钮，重建原来的库项目。

如果要修改包含行为的对象，则会使对象的行为丢失，因为只有一部分行为代码在部件中。此时只能断开对象与库项目的引用关系，重新修改对象的行为，再将对象拖曳到库中生成新的库项目。新的库项目的名字要和原库项目的名字一样。

（4）更新站点：在"更新页面"对话框中的"查看"下拉列表框中选择"整个站点"选项，右边会出现一个新的下拉列表框，并激活"开始"按钮。在新的下拉列表框中选择站点名称，单击"开始"按钮，即可对选定的站点进行检测和更新，并给出检测信息报告。

8.3 站点发布与管理维护

8.3.1 站点的发布

假设已经建立了一个"电子商场"网站（站点名称为"eshop"）。通过申请主页空间和域名、站点服务器的设置和发布个人站点几个步骤，来完成将"电子商场"网站发布到 Internet 上的任务。要发布站点，首先应在互联网上申请了一个可用的服务器站点空间，通常都可以用 FTP 将网站上传到该站点空间。为此，需要知道服务器网站的域名（即上传地址，通常上网所输入的网址，如"shendalin201.svfree.net"）、FTP 上传账号（即 FTP 用户名，如"shendalin201"）、FTP 上传密码（即 FTP 用户密码，如"19471107"）。

1．申请免费主页空间

（1）搜索免费主页空间：在网上，很多服务商都提供了免费的主页空间，因此，首先要知道在哪些网站可以申请免费主页空间。网络上的搜索引擎有百度（Baidu）、Google 等，可以通过搜索引擎来搜索免费主页空间。如果用 Google 搜索引擎来搜索免费主页空间，可 以 在 浏 览 器 URL 地 址 下 拉 列 表 框 中 输 入 http://www.google.com.hk/，再按 Enter 键，弹出 Google 搜索网站。在文本框内输入"免费主页空间申请"，如图 8-3-1 所示，再单击"Google 搜索"按钮，即可找到免费申请主页空间的网站。

图 8-3-1　搜索"免费主页空间"文字

（2）找到免费主页空间的地址后，就可以开始申请免费主页空间了。例如，以在"3V.CM"网站进行主页空间的申请和站点发布为例，在浏览器中的"地址"下拉列表框中输入网址"http://www.3v.cm/index.html"，按 Enter 键，即可进入"3V.CM"网站的主页，如图 8-3-2 所示。

图 8-3-2　"3V.CM"网站主页页面

（3）单击"会员登录"栏内的"注册"按钮，进入"3V.CM"网站的"会员注册"页面，其内显示需要遵守的条款。单击该网页内的"我同意"按钮，弹出"会员注册"的第二步页面，输入用户名（如 shendalin201），选择空间类型和模板，如图 8-3-3 所示。

图 8-3-3　"3V.CM"网站"会员注册"的第二步

（4）单击"3V.CM"网站页面内的"下一步"文字按钮，即可进入免费空间申请表的注册填写页面，如图 8-3-4 所示（还没有填写）。在该页面内用户需要根据要求输入"用户名""密码""电子邮箱""验证码"等内容。没有"*"注释的项目可以不填写。然后，单击下方的"提交"按钮，进行注册。

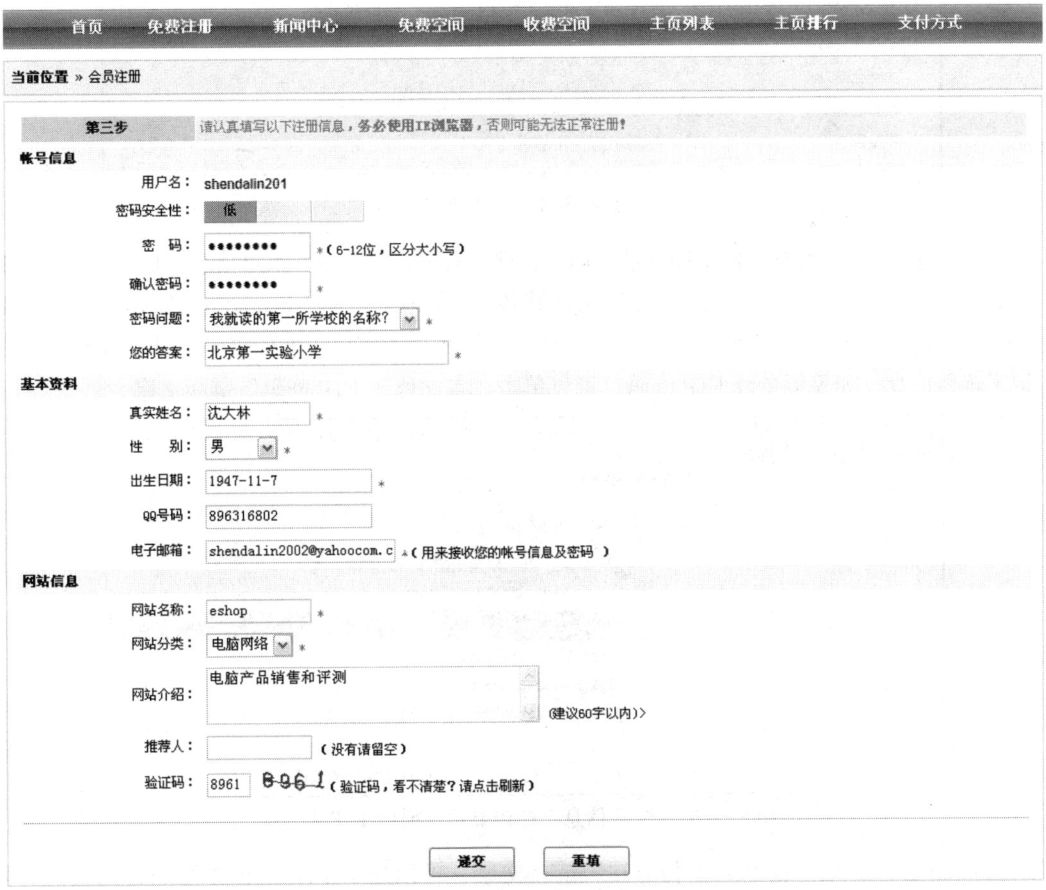

| 首页 | 免费注册 | 新闻中心 | 免费空间 | 收费空间 | 主页列表 | 主页排行 | 支付方式 |

当前位置 » 会员注册

第三步　请认真填写以下注册信息，务必使用IE浏览器，否则可能无法正常注册！

帐号信息
　　用户名：shendalin201
　密码安全性：低
　　密　码：●●●●●●●　*（6-12位，区分大小写）
　确认密码：●●●●●●●　*
　密码问题：我就读的第一所学校的名称？　*
　您的答案：北京第一实验小学　*

基本资料
　　真实姓名：沈大林　*
　　性　别：男　*
　　出生日期：1947-11-7　*
　　QQ号码：896316802
　　电子邮箱：shendalin2002@yahoocom.c　*（用来接收您的帐号信息及密码 ）

网站信息
　　网站名称：eshop　*
　　网站分类：电脑网络　*
　　网站介绍：电脑产品销售和评测　（建议60字以内）>
　　推荐人：　（没有请留空）
　　验证码：8961　8961（验证码，看不清楚？请点击刷新）

递交　　重填

图 8-3-4　填写申请会员信息

（5）注册成功后，会出现图 8-3-5 所示的注册成功提示页面，显示出申请的网站名称和网站域名等信息。

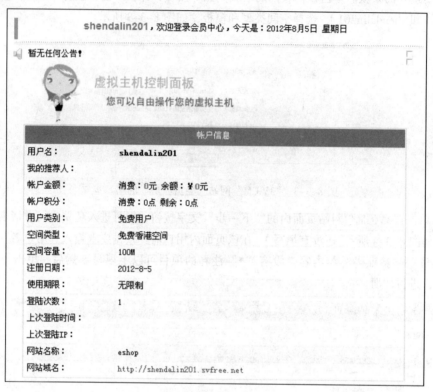

图 8-3-5　注册成功

（6）单击该网页内左边栏中的红色"FTP 管理"选项，其右边"账户信息"栏内显示注册的 FTP 信息（见图 8-3-6），包括 FTP 地址即网站域名（上传地址）为"shendalin201.svfree.net"，FTP 账号（上传账号）为"shendalin201"，FTP 密码为注册账号的密码（上传密码），即"19471107"。应记下这些信息。如果要更改 FTP 密码，可以单击"点此修改 FTP 密码"链接文字。

图 8-3-6　"账户信息"栏内显示注册的 FTP 信息

（7）单击"点此查看 FTP 上传方法"链接文字，可以显示 FTP 上传方法的帮助信息，如图 8-3-7 所示。

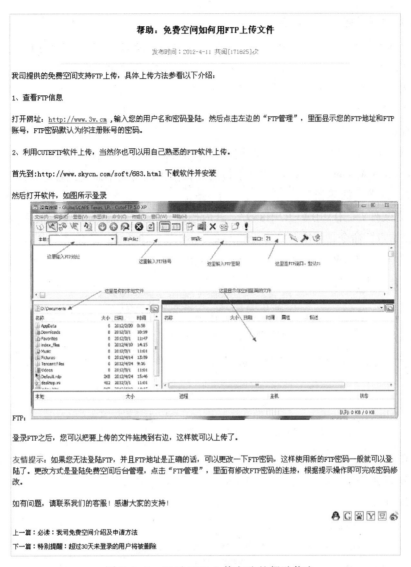

图 8-3-7 显示 FTP 上传方法的帮助信息

（8）单击图 8-3-7 内的"http://www.3v.cm"网址，可以切换到"3V.CM"网站首面，其内右上角显示免费主页空间申请完毕的会员登录信息，如图 8-3-8 所示。

以后在浏览器中的"地址"下拉列表框中输入网址"http://www.3v.cm/index.html"，按 Enter 键，即可进入"3V.CM"网站的主页，其内右上角是会员登录栏，输入用户名、密码和验证码，如图 8-3-9 所示。单击"登录"按钮，即可登录到"3V.CM"网站。

图 8-3-8 会员登录信息

图 8-3-9 会员登录界面

2. 设置远程服务器和网站发布

在完成网站制作和检测，以及获得免费主页空间的网站域名（上传地址）、FTP 上传账号、FTP 上传密码（如依次为"shendalin201.svfree.net""shendalin201""19471107"）

发布网站有多种方式，有的网站提供了 FTP 上传管理，可以在管理页面中通过 FTP 将本地网站上传到免费空间；另一种方法是在 Dreamweaver CS5 中进行上传管理；此外还可以通过专用的 FTP 软件（如 CuteFTP 或 leapFtp）进行上传。在这里介绍通过 Dreamweaver CS5 中的工具进行上传。FTP 是网络文件传输协议，用于互联网上计算机之间的文件传输的协议，可以上传和下载网站内的文件。Dreamweaver CS5 具有 FTP 上传功能，使用该功能不需先设置远程服务器。具体操作步骤可参看 1.3 节，简述如下：

（1）建立文件夹"D:\BDWEB2\H8-2"，其内创建文件夹"img"（用来存放图像）。单击"站点"→"新建站点"命令，弹出"站点设置对象"（站点）对话框，设置站点名称为"eshop"，本地站点文件夹是"D:\BDWEB2\H8-2\"，如图 8-3-10 所示。

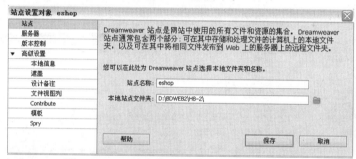

图 8-3-10 "站点设置对象"（站点）对话框

（2）单击选中该对话框内左边栏中的"高级设置"→"本地信息"选项，设置默认图像文件夹是"D:\BDWEB2\H8-2\img\"，在"Web URL"文本框内输入上传站点地址的 URL "http://shendalin201.svfree.net/"。其他设置如图 8-3-11 所示。

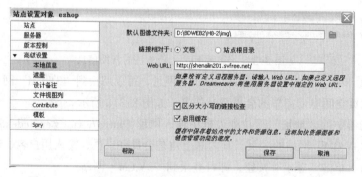

图 8-3-11 "站点设置对象"（高级设置-本地信息）对话框

（3）单击该对话框内左边栏中的"服务器"选项，切换到服务器设置的对话框，如图 8-3-12 所示。单击 ➕ 按钮，弹出服务器设置对话框（还没有设置），如图 8-3-13 所示。"连接方法"下拉列表框内的选项，可以设置本地站点的服务器访问方式。其中两个选项的含义如下：

- FTP：通过 FTP 连接到服务器上，这是通常采用的方式。
- 本地/网络：通过局域网连接到服务器上。

图 8-3-12　"站点设置对象"（服务器）对话框

　　在"FTP 地址"文本框中输入网站上传的 FTP 地址（shendalin201.svfree.net），注意：前面不要加"ftp://"字符；在"用户名"文本框内输入"shendalin201"；在"密码"文本框内输入"19471107"，输入的密码不会显示出来，只显示一些星号；选中"保存"复选框，选择它后，登录名称和登录密码会被自动保存；还可输入根目录等，如图 8-3-13 所示。

　　（4）接通 Internet，单击图 8-3-13 所示对话框内的"测试"按钮，进行远程测试，如果测试成功，将显示测试成功信息的提示框。单击"确定"按钮。

　　（5）单击选中服务器设置对话框内的"高级"标签，切换到"高级"选项卡，如图 8-3-14 所示。在"测试服务器"栏内的"服务器模型"下拉列表框内可以选择一种动态网页语言，如选中"ASP JavaScript"选项。

图 8-3-13　服务器设置对话框

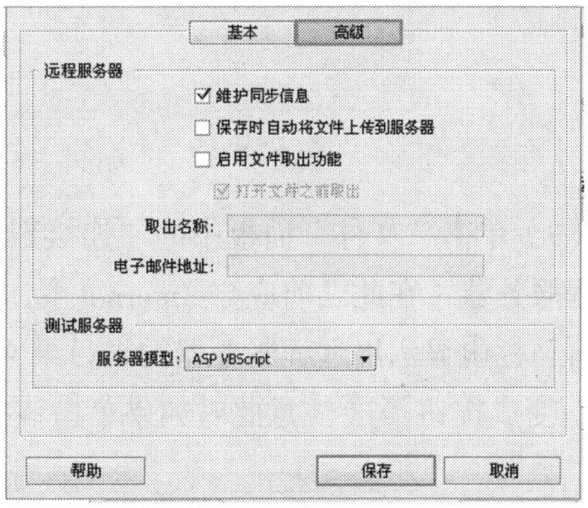

图 8-3-14　服务器设置对话框"高级"选项卡

　　（6）单击"保存"按钮，关闭服务器设置对话框，回到"站点设置对象"对话框，在列表框内会显示设置的远程服务器，选中该列表框内的"远程"和"测试"复选框，如图 8-3-15 所示。然后，单击"保存"按钮，关闭"站点设置对象"对话框，回到"管理站点"对话框。单击该对话框内的"完成"按钮，完成站点的设置。

图 8-3-15　"站点设置对象"（服务器）对话框

（7）打开"文件"面板，在第 1 个下拉列表框中选中"eshop"选项，如图 8-3-16 所示。

图 8-3-16　"文件"面板

（8）单击"文件"面板中的"展开以显示本地和远程站点"按钮 🗔，展开"文件"面板，单击"远程服务器"按钮 🗐，切换到"远端站点/本地文件"状态，如图 8-3-17 所示。

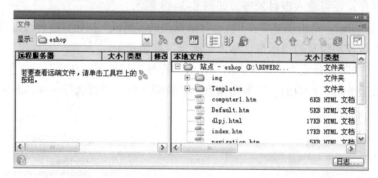

图 8-3-17　"文件"面板中的"远端站点/本地文件"状态

（9）单击"文件"面板中的"连接到远端主机"按钮 🔌，与远端服务器建立连接，开始连接远程服务器（在此之前应与 Internet 接通）并将本地站点上传。此时的"文件"面板内"远程服务器"栏内显示出远程服务器的根目录文件夹，如图 8-3-18 所示。连接远程服务器成功后，按钮 🔌 变成按钮 🔌（注意此时如果单击该按钮，则会终止同远端服务器的连接）。

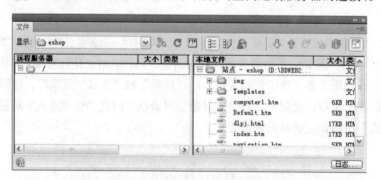

图 8-3-18　"远程服务器"的根目录文件夹

（10）在"本地文件"列表框中选中要上传的站点名称，即选中站点文件夹，这里选中"D:\BDWEB2\H8-1-2"文件夹，再单击工具栏上的"上传文件"按钮 ⬆，即可将选中的网站中的内容文件夹和文件上传到远端主机。同时显示"后台文件活动- eshop"对话框，指示复制文件正在进行。当整个网站上传完成后，"文件"面板如图 8-3-19 所示。

图 8-3-19 "文件"面板

打开 Web 浏览器，在地址栏中输入网址（即域名）"http://shendalin201.svfree.net"，按 Enter
键，便可以在浏览器中看到"电子商店"网站的首页。

8.3.2 站点的管理与维护

在网站的开发和使用过程中，难免会出现各种错误，当错误产生时，应对网站进行维护，使
网站能够正常运行。

1. 文件下载和文件刷新

（1）文件下载：如果本地站点丢失了文件或文件夹，可将服务器中的文件下载到本地站点。
方法是：在"文件"面板左边的列表框内，选中要下载的文件和文件夹。然后，单击"文件"面
板工具栏内的"获取文件"按钮 ⬇，或者用鼠标将选中的文件和文件夹拖曳到"文件"面板右边
列表框内。这时屏幕会显示一个提示框，询问是否将文件的附属文件一起下载，单击"是"按钮，
即可下载选中的文件和文件夹到本地站点。

（2）文件刷新：当本地站点中的一些文件进行了编辑和修改（只要双击要编辑的文件即可打
开一个新的网页编辑窗口并显示该文件，以供编辑），可以利用刷新操作将更新后的文件上传到服
务器中，使服务器中的文件与本地站点的文件一样。文件刷新的操作方法是：单击"文件"面板
内的"刷新"按钮 ⟳ 。

右击"文件"面板左或右边列表框内，弹出其快捷菜单，单击该菜单内的"上传"命令，可
以将选中的文件、文件夹或全部文件上传（下载）。利用快捷菜单还可以进行其他操作。

2. 预览功能设置

在 Dreamweaver CS5 中可以设置 20 种浏览器的预览功能，前提是计算机内应安装了这些浏览
器。浏览器预览功能的设置步骤如下所述。

（1）单击"编辑"→"首选参数"命令，弹出"首选参数"对话框。在该对话框的"分类"
栏内选择"在浏览器中预览"选项，此时该对话框右边部分如图 8-3-20 所示。

（2）在"浏览器"栏的显示框内列出了当前可以使用的浏览器。单击 ⊟ 按钮，可以删除选
中的浏览器。单击 ⊞ 按钮，可以增加浏览器。

（3）单击 ⊞ 按钮，可弹出"添加浏览器"对话框，如图 8-3-21 所示。在"名称"文本框内
输入要增加的浏览器的名称，在"应用程序"文本框内输入要增加的浏览器的程序路径。再设置成
默认的浏览器，单击"确定"按钮完成设置。

（4）完成设置后，单击"首选参数"对话框中的"确定"按钮，退出该对话框。

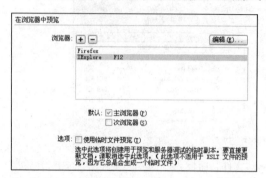

图 8-3-20　"首选参数"（在浏览器中预览）对话框　　　　图 8-3-21　"添加浏览器"对话框

（5）单击"查看"→"工具栏"→"文档"命令，弹出"文档"工具栏，单击"文档工具"栏中的"在浏览器中预览/调试"按钮 ，可以看到菜单中增加了新的浏览器名称。

（6）选中"首选参数"对话框中的"使用临时文件预览"复选框，可以为预览和服务器调试创建临时拷贝。如果要直接更新文档，可撤销对此复选框的选择。

当在本地浏览器中预览文档时，不能显示用根目录相对路径所链接的内容（除非选中了"使临时文件预览"复选框）。这是由于浏览器不能识别站点根目录，而服务器能够识别。若要预览用根目录相对路径所链接的内容，可将此文件放在远程服务器上，然后单击"文件"→"在浏览器中预览"命令来查看它。在网页编辑窗口状态下，按 F12 键，可以启动第一浏览器显示网页，按 Ctrl+F12 组合键可以启动第二个浏览器显示网页。

3．本地站点的兼容性测试

兼容性测试主要用来检查文档中是否有浏览器不支持的标记或属性，当网页中有元素对象不被目标浏览器所支持时，网页显示会不正常或部分功能不能实现。目标浏览器检查提供了 3 个级别的潜在问题信息，有告知性信息（浏览器不支持一些代码，但是不影响网页正常显示）、警告信息（一些代码不能在一些浏览器中正常显示，但问题不严重）和错误信息（指定的代码可能造成网页在浏览器中严重影响显示，可能造成部分内容消失）。

（1）打开要检测的网页文档。单击"文档"工具栏内的"检查浏览器兼容性"按钮 ，弹出它的菜单，单击该菜单内的"设置"命令，弹出"目标浏览器"对话框，如图 8-3-22 所示。

（2）在"目标浏览器"对话框内"浏览器最低版本"列表框中选中需要检测的目标浏览器名称复选框，在其右边的下拉列表框中选择浏览器的最低版本。

（3）单击对话框内的"确定"按钮，弹出"浏览器兼容性"面板，在该面板内给出检测报告，如图 8-3-23 所示。单击"浏览器兼容性"面板内的按钮 ，弹出它的菜单，单击该菜单内的"设置"命令，也可以弹出"目标浏览器"对话框。

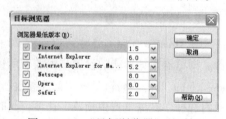

图 8-3-22　"目标浏览器"对话框

图 8-3-23　"浏览器兼容性检查"面板

（4）单击选中问题信息左边的 <img> 按钮，再单击左边的"浏览报告"按钮 <img>，可以弹出相应的"Dreamweaver 浏览器兼容性检查"报告。

（5）打开其他网页文档，单击"文档"工具栏中的"检查浏览器兼容性"按钮 <img>，弹出其菜单，单击该菜单中的"检查浏览器兼容性"命令，即可进行当前文档的检测；单击该菜单内的"显示所有问题"命令，会显示找到的浏览器兼容性错误的个数和错误位置及原因。

4．站点链接的测试

（1）网页链接的检查：打开需要检查的网页文档，单击"文件"→"检查页"→"链接"命令，会弹出"链接检查器"面板，如图 8-3-24 所示。如果有断链文件，则检查结果会显示在"链接检查器"面板中，其内的列表框中会显示断开的链接。

在该面板内的"显示"下拉列表框中选择要查看的链接方式，该下拉列表框有 3 个选项，选择不同选项时，其下面的显示框内显示的文件内容会不一样。3 个选项的含义如下所述。

- "断掉的链接"选项：选择该选项后，可以用来检查文档中是否有断开的链接，显示框内将显示链接失效的文件名与目标文件。
- "外部链接"选项：选择该选项后，可以检查与外部文档的链接是否有断开的，显示框内将显示包含外部链接的文件名字及其路径，但不能对它们进行检查。
- "孤立文件"选项：选择该选项后，可以检查站点中是否有孤立的文档（即没有与其他文件链接的文件），对整个站点进行链接检查后，会显示孤立文件的名字及其路径。

（2）整个站点链接的检查：在"文件"面板内左上角的下拉列表框中选择要检查的站点名称，单击"链接检查器"面板内按钮 <img>，弹出它的菜单，如图 8-3-25 所示。单击该菜单内的"检查整个当前本地站点的链接"命令，检查结果会在"链接检查器"面板内显示出来。

另外，单击"站点"→"检查站点范围的链接"命令，也可以在"链接检查器"面板内显示检查结果。"链接检查器"面板内底部的状态栏内还会显示有关文件总数、HTML 文件个数、链接数等信息，如图 8-3-24 所示。

图 8-3-24　"链接检查器"面板

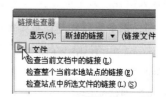

图 8-3-25　按钮菜单

（3）链接的自动检查：当用户在"文件"面板的"站点文件"栏内将一个文件移到其他文件夹内时，会自动弹出一个"更新文件"对话框，如图 8-3-26 所示。该对话框内会显示出与移动文件有链接的文件的路径与文件名，并询问是否更新对这个文件的链接。单击"更新"按钮，表示更新链接；单击"不更新"按钮，表示保持原来的链接。

图 8-3-26 "更新文件"对话框

8.4 应用实例

8.4.1 【实例 8-1】"中国名胜"网页

"中国名胜"网页的显示效果如图 8-4-1 所示，这是一个具有框架结构的网页，上边的框架内的页面是红色立体标题文字图像；左下边框架内的页面是导航文字；右下边框架的页面是介绍中国名胜的图像和文字，内容较多。单击网页内左下边框架中的链接文字，即可使右下边框架的页面跳转到相应的部分。例如，单击"桂林山水"文字，即可使右下边框架的页面跳转到介绍"桂林山水"的相应文字和图像部分，如图 8-4-2 所示。

图 8-4-1 "中国名胜"网页的显示效果 1

图 8-4-2 "中国名胜"网页的显示效果 2

"中国名胜"网页使用了框架、AP Div 和锚点等技术，关于框架和 AP Div 技术可参看第 4 章有关内容，关于锚点技术可参看第 2 章有关内容。该网页的制作方法如下：

1. 准备素材和制作框架集网页

（1）在"D:\BDWEB2\H8-1"文件夹内创建"GIF""PIC"和"按钮和标题"3 个文件夹，"GIF"文件夹内有 2 个 GIF 格式文件，"PIC"文件夹内有中国名胜图像"北京故宫.jpg"……"丽江古城.jpg"图像文件和一个空白图像文件"KB.jpg"，"按钮和标题"文件夹内存放导航条所用的文字图像"北京故宫 1.jpg"……"丽江古城 1.jpg"。

（2）单击"文件"→"新建"命令，弹出"新建文档"对话框。单击选中左边栏中的"示例中的页"选项，单击选中的"示例文件夹"栏中的"框架页"选项，单击选中右边"示例页"栏内的"上方固定，左侧嵌套"框架选项，即选择一种框架集，如图 8-4-3 所示。

（3）单击"新建文档"对话框内的"创建"按钮，会弹出"框架标签辅助功能属性"对话框，单击该对话框内的"确定"按钮，即可创建有框架的网页，如图 8-4-4 所示。再以名称"H8-1.html"保存在"D:\BDWEB2\H8-1"文件夹内。

图 8-4-3 "新建文档"对话框设置图　　　8-4-4 在页面内创建的框架集

（4）弹出"框架"面板，如图 8-4-5 所示。拖曳框架的框架线，可以调整各分栏框架的大小。按住 Alt 键，单击右边的分栏框架窗口内部，可以弹出右边分栏框架的"属性"栏。在该"属性"栏内的"框架名称"文本框中输入"main"，在"源文件"文本框内输入"RIGHT.html"，即在该框架内导入"RIGHT.html"网页；在"滚动"下拉列表框中选择"自动"选项，表示在该框架内的网页内容大于框架大小后自动产生滚动条。"属性"栏设置如图 8-4-6 所示。

图 8-4-5 "框架"面板　　　图 8-4-6 右边分栏框架的"属性"栏设置

（5）按照上述方法设置左边分栏框架的名称为"left"，将"D:\BDWEB2\H8-1"文件夹内的"LEFT.htm"网页文件导入该分栏框架中，在"滚动"下拉列表框中选择"自动"选项。设置上边分栏框架的名称为"top"，将"D:\BDWEB2\H8-1"文件夹内的"TOP.htm"网页文件导入该分栏框架中，在"滚动"下拉列表框中选择"自动"选项。

（6）单击框架内部的框架线，选中整个框架，此时的"属性"栏切换到框架集的"属性"栏，在"边框"下拉列表框中选择"默认"选项，在"边框宽度"文本框内输入"3"，保证各分栏框架之间有 3 像素的边框。框架集的"属性"栏设置如图 8-4-7 所示。

图 8-4-7 框架集的"属性"栏设置

（7）单击"文件"→"保存框架页"菜单命令，完成框架集文件的保存。

2．制作框架内网页

（1）在"D:\BDWEB2\H8-1"文件夹下，创建一个名称为"LEFT.htm"的网页，将光标定位到要插入导航条图像的位置，此处定位在第 1 行。创建一个 10 行、1 列，填充、间距和边框值均为 0 的表格。然后，单击"文件"→"保存"命令，保存网页文档。

（2）在第 1 行单元格内插入"按钮和标题"文件夹内的"北京故宫 1.jpg"图像，在其他单元格内插入"按钮和标题"文件夹内的其他文字图像，如图 8-4-8 所示。

（3）在"北京故宫"文字图像"属性"栏内的"目标"下拉列表框中选择"main"选项，如图 8-4-9 所示（还没有在"链接"文本框内输入"RIGHT.html#1 北京故宫"）。

按照上述方法，设置其他文字图像的"属性"面板，在"目标"下拉列表框中均选择"main"选项，在"源文件"文本框内输入"按钮和标题"文件夹内其他文字图像文件的名称和路径。

图 8-4-8　垂直导航栏　　　　图 8-4-9　"北京故宫"文字图像的"属性"栏设置

（4）在"D:\BDWEB2\H8-1"文件夹内，创建一个名称为"TOP.htm"的网页。其内插入了一幅文字图像"中国名胜.jpg"，居中对齐。在文字图像两边各插入一幅空白图像和一个 GIF 格式的动画，如图 8-4-10 所示。

图 8-4-10　"TOP.htm"网页

（5）在"D:\BDWEB2\H8-1"文件夹内，创建一个名称为"RIGHT.html"的网页，单击"插入"（布局）面板内的"绘制 AP Div"按钮，将鼠标指针定位在网页内左上角，此时鼠标指针变为十字线状态，拖曳出一个矩形，创建一个 AP Div。在其"属性"栏内"宽"和"高"文本框中分别输入 226 像素和 30 像素，在名称文本框中输入"apDiv41"。单击"apDiv41"AP Div 内部，输入"北京故宫"，利用它的"属性"栏设置文字的颜色为红色、大小为 24 像素、字体为华文行楷、粗体。然后，多次按 Enter 键。

（6）在"北京故宫"文字图像下边创建一个名称为"apDiv1"的 AP Div。选中该 AP Div，在其"属性"栏内"宽"和"高"文本框中分别输入 230 像素和 153 像素。单击 AP Div 内部，插入"PIC"文件夹内的"北京故宫.jpg"图像，然后选中 AP Div 内的图像，在其"属性"栏内"宽"文本框中输入 230，在"高"文本框中输入 150。

（7）在"apDiv2"AP Div 的右边创建一个 AP Div。选中这个 AP Div，在其"属性"栏内的

"宽"文本框中输入 550，在"高"文本框中输入 160。将"北京故宫.txt"文本文件内的有关文字拷贝粘贴到"apDiv2"AP Div 内部。选中"apDiv2"AP Div 内部的所有文字，在它的"属性"栏内设置文字为蓝色、18 像素、字体为宋体。效果如图 8-4-11 所示。

图 8-4-11 "RIGHT.html"网页的部分设计效果

（8）连续按 Enter 键。然后，按照上述方法，再输入其他文字、创建其他 AP Div、在其他 AP Div 内分别插入图像和粘贴文字。

3. 创建锚点链接

（1）将光标定位在"北京故宫"文字左边，再单击"插入"（常用）面板内的"命名锚记"按钮 ，弹出"命名锚记"对话框，如图 8-4-12 所示。在"锚记名称"文本框内输入锚点的标记名称"1 北京故宫"。单击"确定"按钮，在页面光标处会产生一个锚点标记 。

（2）按照上述方法，在"庐山风景"……"丽江古城"等文字的左边添加锚点标记。然后，关闭"RIGHT.html"网页。

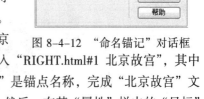

图 8-4-12 "命名锚记"对话框

（3）打开"H8-1.html"网页，选中左边框架内的"北京故宫"文字图像，在该"属性"栏内的"链接"文本框内输入"RIGHT.html#1 北京故宫"，其中"RIGHT.html"是网页名称，"#"是锚点标记，"1 北京故宫"是锚点名称，完成"北京故宫"文字图像与"RIGHT.html"网页内"1 北京故宫"锚点的链接。然后，在其"属性"栏内的"目标"下拉列表框中选中"main"选项，在"边框"文本框内输入"0"。此时，"北京故宫"文字图像的"属性"栏如图 8-4-9 所示。

（4）选中"庐山风景"文字图像，在该"属性"栏内的"链接"文本框内输入"RIGHT.html#2 庐山风景"，在"目标"下拉列表框中选中"main"选项即可完成"庐山风景"文字图像与"2 庐山风景"锚点的链接。

（5）按照上述方法，建立其他文字图像与相应锚点的链接。

8.4.2 【实例 8-2】"电子商店"网站的快速开发

"电子商店"网站在浏览器内的显示效果如图 8-4-13 所示。单击导航栏内的"品牌电脑""电脑配件""周边设备""消费数码"和"评测"图标按钮，可以切换到不同的页面。例如，单击"周边设备"按钮后的页面如图 8-4-14 所示。可以看到，"电子商店"网站内"首页"中"品牌电脑""电脑配件""周边设备""消费数码"和"评测"网页的标题栏、上边导航栏和左边导航栏的内容不变。其他网页内的标题栏和上边导航栏的内容不变。

通常，一个网站的各个页面具有一些相同的地方，将这些地方设计为模板，可以大大加快网站的开发速度，提高工作效率。

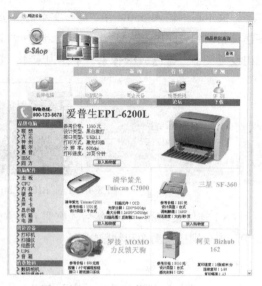

图 8-4-13 "电子商店"网站 1　　　　　图 8-4-14 "电子商店"网站 2

1．创建"电子商店"导航栏

"电子商店"站点内网页导航栏效果如图 8-4-15 所示。其中分为两部分，上部包括了网站的 Logo、Banner 和"商品信息查询"栏；下部为网站的水平导航栏，包括了图像导航链接和文字导航链接。

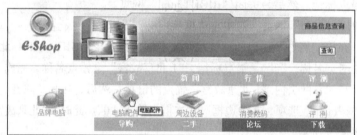

图 8-4-15 "电子商店"导航栏

（1）建立文件夹"D:\BDWEB2\H8-2"，其内创建文件夹"img"（用来存放图像），创建一个新站点，设置它的名称为"eshop"，本地站点文件夹是"D:\BDWEB2\H8-2\"，默认图像文件夹是"D:\BDWEB2\H8-2\img\"。

（2）创建一个新文件，命名为"navigation.htm"。打开该文件，按照图 8-4-16 所示进行表格布局设计。

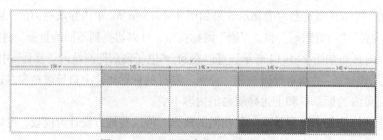

图 8-4-16 "电子商店"导航栏布局

（3）按图 8-4-17 所示，依次将 Logo、Banner 图像、"商品信息查询"栏中的表单元素（包括文本框和提交按钮）、导航图像（品牌电脑、电脑配件、周边设备、消费数码和评测图像）等置入到表格中，再将图中所示的各处文字输入到表格中，并设置相应格式。还可以考虑将各个图像换成设计好的 Flash 或 GIF 动画。

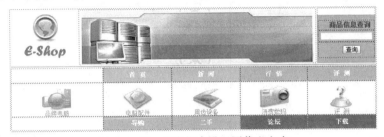

图 8-4-17　在表格中设置图像和文字

（4）选择"品牌电脑"图像，按图 8-4-18 所示为该图像设置链接和提示文字。

图 8-4-18　在表格中设置图像和文字

（5）按同样的方法，为其他导航图像设置链接和提示。保存网页文件。

2.　创建电子商店模板

在"eshop"站点内创建"eshop.dwt"和"shoping.dwt"两个模板，它们是整个站点的公用模板，其他网页都是在该模板基础上设计完成。下面依次介绍这两个模板网页的制作方法。

（1）打开"navigation.htm"网页，单击"文件"→"另存为模板"命令，弹出"另存模板"对话框，如图 8-1-3 所示。在该对话框内的"站点"下拉列表框内选择"eshop"选项，在"另存为"文本框内输入"eshop"，单击"保存"按钮，关闭"另存模板"对话框，创建一个名字为"eshop.dwt"的电子商店模板网页，保存在 eshop 本地站点文件夹"D:\BDWEB2\H8-2\"内的"Templates"文件夹中，该文件夹是自动产生的。

（2）在中间大单元格中插入一个新的表格，宽度为 100%，高度为 625 像素。选中该表格，单击"插入"→"模板对象"→"可编辑区域"命令，弹出"新建可编辑区域"对话框，在"名称"文本框中输入可编辑区域名称"页面内容"，单击"确定"按钮，完成设置。创建的"eshop.dwt"模板网页如图 8-4-19 所示。

（3）单击"修改"→"页面属性"命令，弹出"页面属性"对话框，利用该对话框设置页面标题为"eshop 模板"。可以采用这种方法，设置以后制作的各网页及模板的标题。

（4）单击"文件"→"保存"命令，将制作好的"eshop.dwt"模板网页保存。

（5）"shoping.dwt"模板是在"eshop.dwt"模板的基础上设计的，单击"文件"→"新建"命令，弹出"新建文档"对话框，选择 eshop 模板，如图 8-4-20 所示。单击"创建"按钮，创建一个基于 eshop 模板的网页。

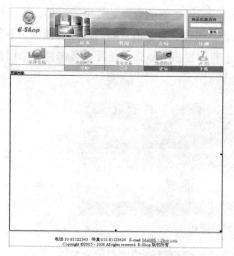

图 8-4-19 "eshop.dwt"模板网页

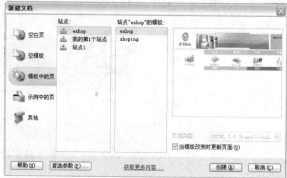

图 8-4-20 "新建文档"对话框

（6）在新建网页中，只有"页面内容"部分可修改，其他部分都是模板内容，只能在"eshop.dwt"模板中修改。在"页面内容"部分插入一个 1 行 2 列的表格，左则单元格宽度为 20%，右侧单元格宽度为 80%。效果如图 8-4-21 所示。

（7）在左侧单元格中按照图 8-4-22 所示的内容进行编辑，创建一个左侧导航菜单栏。

（8）在右侧的单元格中插入一个 3 行 2 列的表格，各单元格的行宽、列高均平均分布。设置表格边框宽度为 1 像素，颜色为银灰色（#DEE3F1）。然后，将第一行的两个单元格合并。

（9）在第一行的单元格中插入一个 1 行 1 列的表格，表格大小与单元格相同。选择这个表格，单击"插入"→"模板对象"→"可编辑区域"命令，弹出"新建可编辑区域"对话框，在"名称"文本框中输入可编辑区域名称"商品 1"，单击"确定"按钮，完成设置。

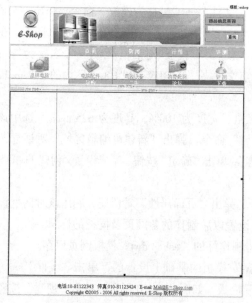

图 8-4-21 插入表格

图 8-4-22 左侧导航栏

按同样的方法将其他单元格进行相同设置，分别命名为"商品 2"～"商品 5"，完成后的效果如图 8-4-23 所示。

（10）将网页标题设置为"商品模板"。保存网页模板，将其命名为"shoping.dwt"。该模板将作为商品信息的公用模板，商品信息网页都是在该模板基础上设计完成的。

3．创建商品网页和上传网站

（1）商品网页是在"shoping.dwt"模板的基础上设计的，单击"文件"→"新建"命令，弹出"新建文档"对话框，选择 shoping 模板，单击"创建"按钮，创建一个基于 shoping 模板的网页。

（2）在该网页中只有"商品 1"～"商品 5"这些位置可改变，在"商品 1"～"商品 5"中插入对象，设置网页标题为"品牌电脑"，以名称"ppdl.htm"保存，如图 8-4-24 所示。

（3）按同样的方法，设计者可以使用模板快速创建更多的网站中的网页。

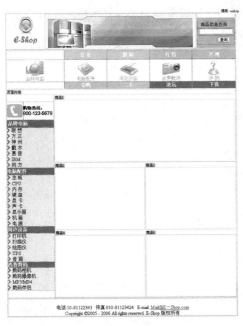

图 8-4-23　"shoping.dwt"模板

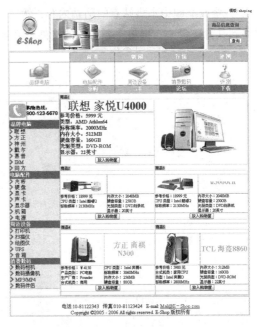

图 8-4-24　"品牌电脑"网页

（4）基于 shoping 模板新建一个网页，在"商品 1"～"商品 5"中插入对象，设置网页标题为"电子商店"，以名称"index.htm"保存，如图 8-4-13 所示。

（5）参看本章 8.3 节，设置"电子商场"网站的站点名称为"eshop"。在互联网"3V.CM"网站（网址"http://www.3v.cm/index.html"）进行免费空间的申请，获得免费服务器网站的域名（即上传地址）为"shendalin201.svfree.net"，FTP 上传账号（即 FTP 用户名）为"shendalin201"、FTP 上传密码（即 FTP 用户密码）为"19471107"。

然后，单击"站点"→"新建站点"命令，弹出"站点设置对象"（站点）对话框，设置站点名称为"eshop"，本地站点文件夹是："D:\BDWEB2\H8-2\"，再进行其他设置。

设置完站点后即可将网站上传发布。

思考与练习

1. 建立一个名称为 myFirstSite 的新本地站点，站点存储位置为"D:\mysite"，默认图像文件夹为"D:\mysite\images\"。

2. 制作几个网页，利用它们进行"图像与外部 HTML 的链接""文字与外部图像的链接""图像与 HTML 文件锚点的链接"和"文字与外部 Flash 文件的链接"操作。

3. 建立一个名标为"网页设计教程"的模板，然后利用该模板建立 3 个介绍如何制作网页的网页，其中包括"网页设计教程"文字图像、一个 GIF 格式的动画和一幅标题图像。

4. 修改并扩展【实例 8-1】中的网页模板，并将它应用于新的网页。

5. 创建一个模板，并将它应用于网页，然后修改模板，并更新网页。

6. 设计一个网站，在网上申请一个免费主页空间，并将网站上传到免费主页空间。

7. 修改上题中本机站点的网站内容，然后，更新网站的服务器内容。将本地站点内的几个文件移到其他磁盘中，再将服务器中的文件下载到本地站点。

第9章
动态网页基础

动态网页和静态网页是有很大区别的，动态网页能够在不同时间和不同人访问时显示不同的内容，例如，常用的留言簿、聊天室等都是用动态网页来实现的。本章只是引领读者在创建动态网页方面入门，如果要进一步掌握动态网页设计，还需要学习相关内容。

9.1 动态网页概述和安装 Web 服务器

9.1.1 静态网页和动态网页

在浏览网页的时候，仅仅从页面的内容来看，一般很难区分哪个是动态网页，哪个是静态网页。但实际上，动态网页和静态网页是有很大区别的，动态网页能够在不同时间和不同人访问时显示不同的内容，例如，常用的留言簿、聊天室等都是用动态网页来实现的。

1．了解静态网页

一般把没有嵌入程序脚本（Script）的网页称为静态网页，它是只由 HTML 标记组成的 HTML 文件。这种网页的扩展名一般为.htm 或.html。静态网页一经组成，其内容是不可以在用户访问时改变的。只要 HTML 文件不改变，不管何时何人访问，静态网页显示的内容都是一样的。如果要改变静态网页的显示内容，必须修改 HTML 文件的源代码（即 HTML 标记），再将 HTML 文件重新上传到服务器上。

当客户端的用户在 Web 浏览器的"地址"下拉列表框中选择或输入一个网址并按 Enter 键后，就向 Web 服务器端提出了一个浏览网页的要求。Web 服务器端接到请求后，就会找到用户要浏览的静态网页文件，再将该文件发送给用户。这一过程如图 9-1-1 所示。

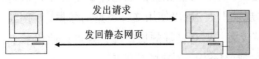

图 9-1-1　浏览静态网页的工作过程

2．了解动态网页

动态网页能够在不同时间和不同人访问时显示不同的内容，例如，常用的留言簿、聊天室等都是用动态网页来实现的。一般把嵌入了程序脚本（Script）的网页称为动态网页。这里所说的脚本，是指包含在网页中的程序段。它是由 HTML 标记和用网络程序设计语言编写的代码程序组成的文件。因采用的网络程序设计语言不同，动态网页的扩展名也不同，目前应用较多的网络程序设计语言有 ASP（动态网页的扩展名为.asp）、ASP.NET（动态网页的扩展名为.aspx）、PHP（动态网页的扩展名多为.php）和 JSP（动态网页的扩展名为.jsp）。但不要把网页扩展名作为判断一个网站采用什么技术的依据，比如一个 PHP 网站，如果它的开发者愿意，把所有的 PHP 文件都改用.htm 作为扩展名，只要对服务器的系统设置做相应的修改，也可以正常运行。

当客户端的用户在 Web 浏览器的"地址"下拉列表框中选择或输入一个网址并按 Enter 键后，就向 Web 服务器端提出了一个访问动态网页的请求，Web 服务器根据客户的请求来查找要访问的动态网页。找到要访问的动态网页后，Web 服务器执行动态网页中的代码程序，将动态网页转换为静态网页。然后，Web 服务器将转化后的静态网页发送回 Web 浏览器，响应浏览器的请求。客户端的用户即可以在客户端的 Web 浏览器中看到转换后的静态网页了。

这种网页通常可以依用户的操作，动态展示数据库中的数据内容，或者把用户输入的数据写入数据库中，达到双向互动的效果，浏览动态网页的这一过程如图 9-1-2 所示。

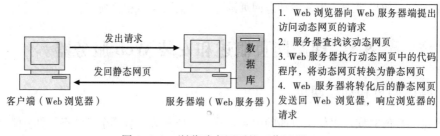

图 9-1-2　浏览动态网页的工作过程

3．动态网页的功能

动态页面比静态页面可以实现强大得多的功能，它不但可以实现静态页面的一切功能，而且可以实现静态页面无法实现的许多功能。动态页面的功能包括以下几个方面。

（1）使用户可以快速方便地在一个内容丰富的 Web 站点中查找各种信息。

（2）使用户可以搜索、组织、浏览和下载所需的各种信息。

（3）使用户可以收集、保存和分析用户提供的数据。

（4）使用户可以对内容不断变化的 Web 站点进行动态更新。

需说明的是，动态页面强大功能的实现往往是与数据库紧密联系的，也就是说，通过动态页面可以操作数据库，将数据库的内容按照需求传送给访问数据库的用户，并在客户端的浏览器中显示出来。动态页面与数据库进行联系需要有相应的数据库驱动程序，采用的数据库不同，所需要的驱动程序也不同。如果数据规模不大，可以使用文件类型的数据库，例如，Microsoft Access 创建的数据库；如果数据库的规模较大并要有良好的稳定性，则可以使用基于服务器的数据库，例如，Microsoft SQL Server、Oracle 或 MySQL 创建的数据库。

9.1.2 在 Windows 中安装 Web 服务器

开发和测试动态网页需要一种网络程序设计语言，目前主要有 ASP、JSP 和 PHP 程序设计语言。其中，ASP 网络程序设计语言具有简单易学等优点，是比较流行的动态网页开发工具。另外，因为 ASP 文件是在 Web 服务器端运行的，所以要开发和测试动态网页，还需要一个能正常工作的 Web 服务器环境。目前，个人计算机中可以安装 Web 服务器的 Windows 操作系统是 Windows 2000、Windows XP 专业版和 Windows Server 2003 等。

Windows2000/XP/2003 的用户可以使用 IIS（Internet Information Server，即 Internet 信息服务管理器）5.0/6.0。这里介绍在 WindowsXP 环境下配置 IIS，它直接支持 ASP 服务器技术。配置 IIS 后，所进行的操作相当于在 Web 服务器上进行。

1. 在 Windows 2000/XP 中安装 IIS

在 Windows 2000/2003 服务器版中，安装操作系统时会默认安装 IIS；也可以在安装操作系统之后再装 IIS。而在 Windows 2000 专业版和 Windows XP 专业版中，IIS 是作为 Windows 系统中的可选安装组件，默认情况下是没有安装的。下面介绍在 Windows XP 中安装和设置 IIS 的方法，Windows 2000 专业版中安装和设置 IIS 的方法相似。

（1）单击 Windows 任务栏的 **开始** 按钮，弹出它的菜单面板，单击其内的"控制面板"命令（简称为单击"开始"→"控制面板"命令），弹出"控制面板"窗口，双击"添加或删除程序"图标，弹出"添加或删除程序"窗口。单击按下该窗口内左边栏内的"添加/删除 Windows 组件"按钮，弹出"Windows 组件向导"对话框，如图 9-1-3 所示。在"组件"列表框中，选中"Internet 信息服务（IIS）"左边的复选框。

（2）单击"详细信息"按钮，弹出"Internet 信息服务（IIS）"对话框，务必选中"文件传输协议（FTP）服务"复选框，这样才能将 FTP 服务安装在计算机中，其他的采用默认状态即可。设置好的"Internet 信息服务（IIS）"对话框如图 9-1-4 所示。单击"确定"按钮，回到"Windows 组件向导"对话框状态。

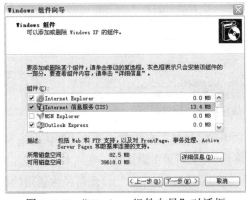

图 9-1-3 "Windows 组件向导"对话框

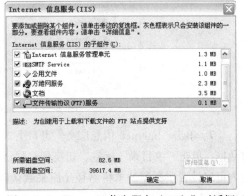

图 9-1-4 "Internet 信息服务（IIS）"对话框

（3）将 Windows XP 专业版的安装光盘放入光驱中，单击"Windows 组件向导"对话框内的"下一步"按钮，运行安装程序，其间会出现"所需文件"对话框，如图 9-1-5 所示。

（4）单击"所需文件"对话框内的"浏览"按钮，弹出"查找文件"对话框，在该对话框内找到 Windows XP 安装文件的存放位置，如图 9-1-6 所示。单击选中需要安装的文件名称。例如，"I386"文件夹内的"ADMXPROX.DL_"文件，单击该对话框内的"打开"按钮，回到"所需文件"对话框，再单击"所需文件"对话框内的"确定"按钮，即可继续 IIS 的安装。安装完 IIS 后，再单击"完成"按钮退出。

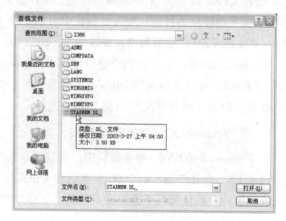

图 9-1-5　"所需文件"对话框　　　　　　　　　图 9-1-6　"查找文件"对话框

（5）需要对 IIS 进行简单的设置。首先双击控制面板中的"管理工具"图标，弹出"管理工具"窗口，双击该窗口中的"Internet 信息服务"图标，打开"Internet 信息服务"窗口。

另外，单击 Windows 任务栏的 开始 按钮，弹出它的菜单面板，单击其内的"控制面板"→"Internet 信息服务"命令，也可以弹出"Internet 信息服务"窗口。

（6）单击选中"Internet 信息服务"窗口的左栏中的"默认网站"图标，此时的"Internet 信息服务"窗口如图 9-1-7 所示。

图 9-1-7　"Internet 信息服务"窗口

（7）单击"Internet 信息服务"窗口上方工具栏中的"属性"按钮，弹出"默认网站属性"对话框。单击"主目录"标签，切换到"默认网站属性"（主目录）对话框，在"本机路径"文本框内可以设置服务器的本机路径（原来默认路径是"C:\Inetpub\wwwroot"），此路径为通用的网站根目录（localhost）。

单击"本地路径"后面的"浏览"按钮找到站点文件夹即可设置服务器的本机路径，例如，选择本地站点"ASP"的文件夹"D:\BDWEB2\H9ASP"，如图 9-1-8（a）所示。

（8）单击"默认网站属性"对话框内的"文档"标签，切换到"文档"选项卡，如图 9-1-8（b）所示。如果要设置其他文件为默认文档，可以按照下述方法操作。

（a）"主目录"选项卡 （b）"文档"选项卡

图 9-1-8 "默认网站 属性"对话框设置

- 选中图 9-1-8（b）所示"默认网站 属性"（文档）对话框内的"启用默认文档"复选框，再单击"添加"按钮，弹出"添加默认文档"对话框，如图 9-1-9 所示。

- 在"添加默认文档"对话框内"默认文档名"文本框中输入默认文档的名称（如"index.htm"），然后单击"确定"按钮，关闭该对话框框，回到"默认网站属性"对话框。

- 单击"默认网站属性"（文档）对话框内的 ⬆ 按钮，使列表框内的新输入的默认文档名称（如"index.htm"）移到最上边。其目的是为了在浏览器地址栏中输入"http://localhost/"并按 Enter 键后，首先寻找并执行新输入的默认文档（如"index.htm"）。

为了查看 IIS 设置后是否能工作正常，可以打开浏览器，在地址栏中输入"http://localhost/"或"http://127.0.0.1/"后按 Enter 键，此时浏览器显示图 9-1-10 所示内容（这里的默认本地站点"D:\BDWEB2\H9ASP"文件夹中的"index.asp""index.htm"网页文件或者是 "Default.htm""Default.asp""iisstart.asp"等网页文件）。

如果"D:\BDWEB2\H9ASP"文件夹中没有"index.htm"等网页文件，则会显示图 9-1-10 所示内容，其内显示"D:\BDWEB2\H9ASP"文件夹中的网页文件目录，这说明 IIS 工作正常。

图 9-1-9 "添加默认文档"对话框 图 9-1-10 测试 IIS 工作正常

2．在 Dreamweaver CS5 中设置站点

（1）建立文件夹"D:\BDWEB2\H9ASP"，其内创建文件夹"img"。单击"站点"→"新建站点"命令，弹出"站点设置对象"（站点）对话框，设置站点名称为"ASP"，本地站点文件夹是"D:\BDWEB2\H9ASP\"，如图 9-1-11 所示。

图 9-1-11 "站点设置对象"（站点）对话框

（2）单击选中该对话框内左边栏中的"高级设置"→"本地信息"选项，设置默认图像文件夹是"D:\BDWEB2\H9ASP\images"，在"Web URL"文本框内输入上传站点地址的 URL"http://localhost/"。其他设置如图 9-1-12 所示。

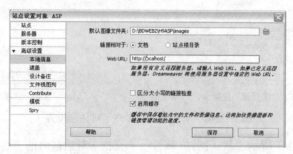

图 9-1-12 "站点设置对象"（高级设置-本地信息）对话框

（3）单击该对话框内左边栏中的"服务器"选项，切换到服务器设置的对话框。单击 ⊞ 按钮，弹出服务器设置对话框（还没有设置），如图 9-1-13 所示。"连接方法"下拉列表框内选择"本地/网络"选项，在"Web URL"文本框中输入"http://localhost/"，在"服务器名称"文本框内输入"ASP"，其他设置如图 9-1-14 所示。

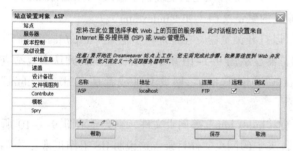

图 9-1-13 "站点设置对象"（服务器）对话框　　　　图 9-1-14 设置测试服务器

（4）单击服务器设置对话框内的"高级"标签，切换到"高级"选项卡。在"测试服务器"栏内的"服务器模型"下拉列表框内可以选择"ASP JavaScript"选项。

（5）单击"保存"按钮，关闭服务器设置对话框，回到"站点设置对象"对话框，在列表框内会显示设置的远程服务器，选中该列表框内的"远程"和"测试"复选框，如图 9-1-13 所示。然后，单击"保存"按钮，关闭"站点设置对象"对话框，回到"管理站点"对话框。单击该对话框内的"完成"按钮，完成站点的设置。

（6）在本地根目录下建立一个名为"index.htm"的文件，这便是网站的首页。打开"index.htm"后简单编辑再保存。

（7）打开"文件"面板，在第一个下拉列表框中选中"ASP"选项。单击"文件"面板中的"展开以显示本地和远程站点"按钮，展开"文件"面板，单击"远程服务器"按钮 ，切换到"远端站点/本地文件"状态，如图 9-1-15 所示。

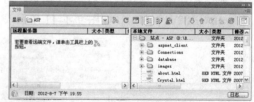

图 9-1-15 "文件"面板中的"远端站点/本地文件"状态

（8）单击"文件"面板中的"连接到远端主机"按钮 ，与远端服务器建立连接，开始连接远程服务器（在此之前应与 Internet 接通）并将本地站点上传。此时的"文件"面板内"远程服务器"栏内显示出远程服务器的根目录文件夹。单击工具栏上的"上传文件"按钮 ⬆，将选中的网站中的内容文件夹和文件上传到远端主机。

　　在浏览器窗口中输入"http://localhost/"后按 Enter 键，便可看到主页内容。至此，说明 Web 站点和 FTP 站点工作是正常的，Dreamweaver CS5 中站点相关设置也是正确的。

3．添加虚拟目录

　　尽管在默认站点文件夹（如 D:\BDWEB2\H9ASP）下建立了 ASP 网页文件，但是因为学习 ASP 时会遇到的一些情况（例如，要显示新的网站"D:\BDWEB2\中国建筑"网页内容），需要为新建的网站添加一个虚拟目录。具体方法如下：

　　（1）按照上边所述方法，弹出"Internet 信息服务"窗口，如图 9-1-7 所示。右击"默认网站"图标，弹出它的快捷菜单，单击该菜单内的"新建"→"虚拟目录"命令，弹出"虚拟目录创建向导"对话框，单击该对话框内的"下一步"按钮，弹出下一个"虚拟目录创建向导"对话框（还没有输入别名），如图 9-1-16 所示。

　　（2）在该对话框内"别名"文本框内输入虚拟目录别名"中国建筑"，如图 9-1-16 所示。

　　（3）单击"虚拟目录创建向导"对话框内的"下一步"按钮，弹出下一个"虚拟目录创建向导"对话框，在"目录"文本框内输入新站点的文件夹路径与名称，如图 9-1-17 所示。

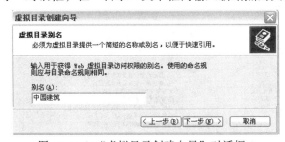

图 9-1-16　"虚拟目录创建向导"对话框 1　　　　图 9-1-17　"虚拟目录创建向导"对话框 2

　　（4）单击该对话框内的"下一步"按钮，弹出下一个"虚拟目录创建向导"对话框，选中相应的复选框，如图 9-1-18 所示。再单击"下一步"按钮，弹出下一个"虚拟目录创建向导"对话框，单击"完成"按钮，关闭该对话框，完成虚拟目录的创建，在"Internet 信息服务"窗口内左边栏中新添一个名称为"中国建筑"的虚拟目录默认网站，如图 9-1-19 所示。

　　（5）右击该窗口内左边栏中的"中国建筑"图标，弹出其快捷菜单，单击该菜单内的色"属性"命令，可以弹出"中国建筑属性"对话框，它类似图 9-1-8 所示的"默认网站属性"对话框。利用该对话框可以修改相应的属性。

图 9-1-18　"虚拟目录创建向导"对话框 3　　　　图 9-1-19　"Internet 信息服务"窗口

以后在地址栏中输入"http://localhost/中国建筑/index.htm",按 Enter 键,即可在浏览器内显示"D:\BDWEB2\中国建筑"文件夹中的"index.htm"网页文档。

4. Windows XP 操作系统下修改文件权限

在使用 Windows XP 操作系统的情况下,要保证个人计算机中安装的 Web 服务器中所有文件(本地站点文件夹内所有文件)可以被使用,必须将本地站点文件夹(如"D:\BDWEB2\H9ASP")和 Windows XP 操作系统临时文件夹(通常为"C:\WINDOWS\temp")内文件的安全权限修改为所有人。具体操作方法如下:

(1)在 Windows XP 操作系统下,双击桌面上的"我的电脑"图标,或者单击 Windows 任务栏的 开始 按钮,弹出它的菜单面板,单击其内的"所有程序"→"附件"→"Windows 资源管理器"命令,弹出资源管理器,选中本地网站文件夹"D:\BDWEB2\H9ASP",如图 9-1-20 所示。

(2)单击"工具"→"文件夹选项"命令,弹出"文件夹选项"对话框,单击"查看"标签,切换到"查看"选项卡,取消选中的"使用简单文件共享"复选框,如图 9-1-21 所示。

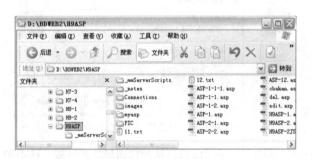

图 9-1-20　资源管理器

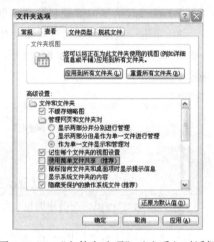

图 9-1-21　"文件夹选项"(查看)对话框

(3)单击该对话框内的"确定"按钮,关闭该对话框,完成设置。这样,可以保证下面操作中弹出的"属性"对话框中有"安全"选项卡。

(4)右击本地网站文件夹"D:\BDWEB2\H9ASP",弹出它的快捷菜单,单击该菜单内的"共享和安全"命令,弹出"属性"对话框,切换到"安全"选项卡,如图 9-1-22 所示。

(5)单击该对话框内的"添加"按钮,弹出"选择用户或组"对话框,如图 9-1-23 所示(列表框内还没有添加的 Everyone 选项)。

(6)单击"选择用户或组"对话框内的"高级"按钮,弹出下一个"选择用户或组"对话框,单击"立即查找"按钮,在其内下面列表框内列出选项,单击选中其内的 Everyone 选项,如图 9-1-24 所示。

图 9-1-22　"属性"(安全)对话框

图 9-1-23　"选择用户或组"对话框　　　　图 9-1-24　"文件夹选项"（查看）对话框

（7）单击"确定"按钮，关闭图 9-1-24 所示对话框，回到图 9-1-23 所示对话框，其内列表框中添加了 Everyone 选项。单击"确定"按钮，关闭图 9-1-23 所示对话框，回到图 9-1-22 所示对话框，在"组或用户名称"列表框内添加并选中 Everyone 选项，在"Everyone 的权限"列表框内选中"修改"和"读取和运行"复选框。表示设置针对所有人都可以读取、修改和运行本地网站文件夹内的文件。

（8）单击"属性"（安全）对话框内的"确定"按钮，关闭图 9-1-22 所示对话框，完成对地网站文件夹内文件安全权限属性的设置。

（9）在资源管理器窗口内找到 Windows XP 操作系统临时文件夹（通常为"C:\WINDOWS\temp"），右击该文件夹，弹出它的快捷菜单，单击该菜单内的"共享和安全"命令，弹出"属性"对话框，切换到"安全"选项卡，如图 9-1-22 所示。以后的操作如上所示。

9.1.3　服务器和客户端

1. 什么是服务器和客户端

通常，将网络中提供服务的一方叫服务器端，接收服务的一端称为客户端。例如，当在浏览百度网站的网页时，百度网站的服务器是服务器端，用户的计算机是客户端。服务器端和客户端的划分不是绝对的，在一个服务器接收其他服务器的服务时，这个服务器就是客户端，而为这个服务器服务的服务器就是服务器端；原来接收服务的客户端也可以为别的客户端提供服务，它就转换为服务器端。

服务器端安装有 Web 信息服务管理器软件，用来分析和执行网络程序代码；客户端安装有 Web 浏览器，用来分析和执行 HTML 文件，显示网页内容。

对于初学者来说，可能一段时间内只有一台计算机，既充当服务器，又充当客户端。尽管如此，为了把概念搞清楚，还是可以把自己的计算机想象成两台计算机，一台服务器，一台客户端。当用 Dreamweaver 打开网页时，认为是在服务器端；用浏览器观看网页内容时，认为是在客户端。通常用 Dreamweaver 时只做编写或修改，用浏览器看网页效果。

在学习了网页制作之后，习惯在"资源管理器"或 Windows 桌面的"我的电脑"中，直接用鼠标双击网页文件，来观看网页内容。如果是普通的 htm 网页，可以这样操作，但对于 ASP 的网页则不能这样操作。观看 ASP 网页的运行结果，一定要先打开浏览器后，输入正确的 URL 地址才能观看。虽然已经可以在 Dreamweaver 环境下直接看到某些简单的 ASP 网页的运行结果，方便 ASP 程序的编写和调试，但作为整个网站的整体运行结果，还是要在浏览器中才能看到。

2. "我的第 1 个 ASP 程序"网页

（1）启动 Dreamweaver CS5，弹出它的欢迎屏界面，如图 1-1-1 所示。单击其内"新建"栏中的"ASP VBScript"链接文字，新建一个文档，以名称"ASP-1.asp"保存在"D:\BDWEB2\H9ASP"文件夹内（即网站根目录）。

（2）单击"文档工具"栏内的"代码"按钮 代码 ，进入"代码"视图状态。

（3）在代码程序区内光标处输入如下 ASP 程序，再将网页保存。也可以在记事本内输入如下程序，并以名称"ASP-1.asp"保存在"D:\BDWEB2\H9ASP"文件夹内。

```
<html>
<head>
<title>我的第 1 个 ASP 网页</title>
<style type="text/css">
<!--
.STYLE1 {   color: #FF0000;
font-weight: bold;
}
.STYLE2 {   color: #0000FF;
font-weight: bold;
}
-->
</style>
</head>
<body>
<div align="center" >
<p class="STYLE1"> 我的第 1 个 ASP 网页</p>
<p class="STYLE2"> 显示当前的日期和时间： <%= now()%> </p>
<p class="STYLE2"> 现在的日期和时间是: 2012-08-01 16:10:26 </p>
</div><p></p>
</body>
</html>
```

程序脚本内，now()是 VBScript 编程语言的一个函数，可以获得当前的日期和时间。

（4）在浏览器的地址栏中输入"http://localhost/ASP-1.asp"，按 Enter 键后，浏览器显示如图 9-1-25 所示。将鼠标指针移到浏览器内，单击鼠标右键，弹出它的快捷菜单，单击该菜单中的"刷新"命令，刷新浏览器窗口，可以看到显示的时间发生变化。

3. 客户端和服务器端脚本程序说明

所谓脚本，是指小段的程序。在网页中插入的脚本程序，可以分为客户端脚本程序和服务器端脚本程序两种。

（1）客户端脚本程序：客户端脚本程序是随着网页一同传送到客户端，浏览器负责解释和运行程序（这里说的"解释"是指把脚本翻译成机器语言的过程）。单击浏览器菜单内的"查看"→"源文件"命令，打开记事本，看到客户端脚本程序的代码，如图 9-1-26 所示。

图 9-1-25 "ASP-1.asp"网页显示效果　　　图 9-1-26 记事本中的客户端脚本程序

可以看到，倒数第 5 行已不再是 VBScript 程序，而是"2012-8-8　14:33:01"。所以，在客户端看不到倒数第 5 行的 VBScript 程序，只能看到将 ASP 脚本转化后的标准的 HTML 标记。

客户端脚本程序通常可以用 JavaScript（或 JScript）或 VBScript 编写。一般来说，运行 VBScript 脚本程序，需要 Windows 平台和微软的 IE 浏览器。但在 Internet 上，并不知道客户使用的是什么操作系统和什么浏览器，也不能指定客户必须使用什么操作系统和什么浏览器。如果使用 UNIX 或 Linux 等操作系统和其他浏览器，就可能不支持 VBScript 程序。

（2）服务器端脚本程序：与客户端脚本不同，服务器端脚本程序是在服务器端运行的程序（如上边所示程序）。传送到客户端的仅仅是运行的结果。所以，只要服务器端能够运行，不管客户端安装的是什么操作系统，用的是什么浏览器，都不受影响。服务器端脚本程序也可以使用 VBScript 或 JScript 脚本程序。但一般多使用 VBScript 程序，它是 VB（Visual Basic）语言的子集。学过 VB 的人，很容易掌握 VBScript 程序的编程。

开发和测试动态网页需要一种网络程序设计语言，目前主要有 ASP、JSP 和 PHP 程序设计语言。其中，ASP 网络程序设计语言具有简单易学等优点，是比较流行的动态网页开发工具。另外，因为 ASP 文件是在 Web 服务器端运行的，所以要开发和测试动态网页，还需要一个能正常工作的 Web 服务器环境。

9.2 ASP 入门

目前，网页的程序设计语言主要有 ASP、JSP、PHP，它们基本上都是将脚本语言程序嵌入 HTML 文档中。ASP 学习简单，使用方便；JSP 多平台支持，转换方便；PHP 软件免费，运行成本低。

9.2.1 ASP 语法简介

1. ASP 概述

ASP（Active Server Pages，活动服务页）是微软公司推出的一种动态网页技术，用来替代 CGI 动态网页技术。在服务器端的脚本运行环境下，用户可以创建和运行动态的交互式动态网页。另外，ASP 可以利用 ADO 来方便地访问数据库，从而使得开发基于 WWW 的应用系统成为可能。ASP 最大的好处是除了可以包含 HTML 标签外，还可以直接访问数据库，并可以通过 ASP 的组件和对象技术来使用无限扩充的 ActiveX 控件来进行动态网页地开发。ASP 是在 Web 服务器端运行的，运行后将结果以 HTML 格式发送到客户端浏览器，因此比普通的脚本程序更安全。ASP 的升级版本是 ASP.NET。

2. ASP 文件的基本组成

可以认为，ASP 文件是在标准的 HTML 文件中嵌入 VBScript 或 JavaScript 代码后形成的，在服务器端执行的网页文件。在 "<%" 与 "%>" 符号之间的内容就是 VBScript 代码。

一个简单的 ASP 文件主要由以下几部分组成。

（1）标准的 HTML 文件，也就是普通的 Web 的网页文件。

（2）服务器端的 Script 程序代码，即位于 "<%" 与 "%>" 或<Script>与</Script>符号之间的程序代码。

3. ASP 文件的基本规则

（1）在 ASP 文件中，使用 VBScript 语言，可以在文件首行采用如下语句来说明。

```
<%@Language=VBScript%>
```

VBScript 是默认的编程语言，可以不用这条语句。

如果在 ASP 文件中使用 JavaScript 语言，可以在文件首行采用如下语句来说明。

```
<%@Language=JavaScript%>
```

（2）VBScript 编程语言是 VB 语言的子集，语法与 VB 基本相同。

（3）VBScript 编程语言对字母不分大小写，可以随意使用大小写的字母，但大小写有一定的规律，可以改善程序的可读性，方便理解和记忆。

（4）在 ASP 文件中，标点符号必须在英文输入状态下输入，否则会出现错误。在字符串中（用双引号括起来的字符）可以输入中文标点符号。

（5）通常，一条 ASP 语句必须在单独的一行，不可以在一行写多条 ASP 语句，也不可以一条 ASP 语句分多行写。如果 ASP 语句太长，可以不按 Enter 键，让它自动换行。"<%" 与 "%>" 符号的位置可以与 ASP 语句在一行，也可以单独成为一行。

4. ASP 内部对象

所谓对象（Object）就是指现实世界中可以独立存在的、可以被区分的，具有一定结构、属性和功能的 "实体"，它把所有功能都封装在一起，它也可以是一些概念上的实体，是代码和数据的集合。在现实生活中的实体就是对象，如汽车、猫、花草、计算机等。使用对象时不用考虑其内部是如何工作的，只要会使用就可以。

"对象" 有它自己的属性、作用于对象的操作（即作用于对象的方法）和对象响应的事件。对象将自己的属性和方法封装成一个整体，供程序设计者使用。对象的属性（Property）是指用于描述对象的名称、位置和大小等特性。对象的方法（Method）是改变对象属性的操作。对象的事件（Event）是指由用户或操作系统引发的动作，就是发生在该对象上的事情。

ASP 提供了功能强大的内部对象和内部组件，其中常用的内部对象有 Request（从客户端获取数据信息）、Response（将数据信息送给客户端）、Session、Application、Server。QueryString 与 Form

集合是 Request 中使用得最多的两个集合，用于获取从客户端发送的查询字符串或表单<Form>的内容。下面介绍 QueryString 与 Form 集合的使用方法。

9.2.2　ASP 内部对象 Request

1. Request 对象简介

Request 对象用于获取所有从客户端提交到服务器的请求信息。例如，在常见的注册中，用户在客户端通过浏览器显示的网页中的表单输入姓名和密码等内容后，单击"提交"按钮就可以将输入的数据传送到服务器端。

Request 对象提供了 5 种获取客户端信息的方法（即集合），分别是 QueryString、Form、Cookies、ServerVariables 和 ClientCerificate。Request 对象使用格式和功能简介如下：

【格式】`Request[.集合|.属性|.方法](参数)`

【功能】其中，集合、属性和方法是可选的，参数就是变量或字符串。选择不同的数据集合、属性或方法时，要设置相应参数。通常，在使用 Request 来获取信息时，需要写明使用的集合、属性或方法，如果没有写明，则 ASP 会自动依次按如下顺序来获取信息：

QueryString→Form→Cookies→ServerVariables→ClientCerificate

下面对 Request 对象的集合（获取方法）、属性和方法进行简单介绍，然后在本节的各个案例中对相应的内容进行详细说明。

（1）Request 对象的集合（获取方法）：Request 对象的集合名称及其说明如表 9-2-1 所示。其中，QueryString 与 Form 集合是 Request 中使用最多的两个集合，用于获取从客户端发送的查询字符串或表单<Form>的内容。下面重点介绍这两个集合的使用方法。

表 9-2-1　Request 对象的集合名称及其说明

集 合 名 称	说　　　明
QueryString	从查询字符串中获取用户提交的数据
Form	获取客户端在 <FORM> 表单中输入的信息
Cookies	获取客户端浏览器的 Cookie 信息
ServerVariables	获取 Web 服务器环境变量信息
ClientCertificate	获取客户端浏览器的身份验证信息

（2）Request 对象的属性：TotlBytes 是 Request 对象唯一的属性，它用于获取由客户端发出请求的数据的字节数，是一个只读属性。TotlBytes 属性很少使用，在 ASP 设计中，通常关注指定的值而不是客户端提交的整个内容。

（3）Request 对象的方法：BinaryRead 是 Request 对象唯一的方法，以二进制码方式获取客户端的 POST 数据。该方法允许访问从一个<Form>表单中传递给服务器的用户请求部分的完整内容，用于接收一个<Form>表单的未经过处理的内容。格式如下：

`BinaryRead(count)`

其中，参数 count 是所要读取的字节数，当数据作为<Form>表单 POST 请求的一部分发往服务器时，从客户请求中获得 count 字节的数据，返回一个 Variant 数组。如果 ASP 代码已经引用了 Request.Form 集合，BinaryRead 方法就不能再使用。同样，如果用了 BinaryRead 方法，就不能访问 Request.Form 集合。

2．Form 集合的常用格式及其功能

在网页中经常会遇到填写注册信息的界面，如图 8-3-4 所示。这是通过 FORM 表单来实现的，填写完毕后单击"提交"按钮或"确定"按钮就可以将输入的信息传送到服务器上，服务器就可以调用相应的程序来处理这些信息（如将信息存储到数据库中）。Form 集合的常用格式及其功能如下：

【格式】`Request.Form(Parameter)[(Index).Count]`

【功能】Form 集合用于获取客户端一个页面内表单<Form>中所有元素的内容，并传送到另一个页面中。其中，Parameter 是 HTML 表单中某一元素的名称。例如，下面的语句将用户以 POST 方式所提交的表单中，名称为 pwd 的对象内容赋值给 strpwd。

```
strpwd=Request.Form("pwd")
```

用表单上传的信息，用 Request 对象的 Form 集合来接收。在 ASP 程序中常用如下语句来获取网页传递的信息：

```
UserName = Request.Form ("UserName")
UserPass = Request.Form ("UserPass")
```

程序中，可以使用"<% = UserName %>"和"<% = UserPass %>"语句来把已经接收到的信息在网页中显示出来。

程序中，赋值运算符(=)左边的 UserName 和 UserPass 是变量，右边括弧内引号中的 UserName 和 UserPass 是网页中的文本字段（Textfield）的名字。变量名与表单中的对象名可以是一致的，也可以是不一致的。但要注意避开保留字。在本例中，用 UserName 而不是用 Name 来作为变量名，就是这个目的。

实际中，通常采用更简单的写法，省去".Form"，如下面程序所示。省去集合名后，系统会依次在每个数据集合中查找，直到找到了为止。

```
UserName = Request ("UserName")
UserPass = Request ("UserPass")
```

3．Form 集合的应用

该实例有两个网页页面，一个是"输入数据"网页，名称为"ASP-1-1.asp"；另一个是显示传送来数据计算的结果，名称为"ASP-1-2.asp"。

在浏览器的地址栏中输入"http://localhost/ASP-1-1.asp"，按 Enter 键后，浏览器显示如图 9-2-1 所示。在网页内的两个文本框中分别输入 10 和 30，再单击"计算"按钮，即可弹出"ASP-1-2.asp"网页，其内显示"ASP-1-1.asp"网页中传输的两个正整数 10 和 30 的和，如图 9-2-2 所示。该实例的制作方法如下：

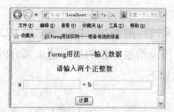

图 9-2-1 "ASP-1-1.asp"网页显示效果 　　　　　　　　图 9-2-2 "ASP-1-2.asp"网页显示效果

（1）启动 Dreamweaver CS5，弹出它的欢迎屏界面，单击其内"新建"栏中的"ASP VBScript"链接文字，新建一个网页文档。设置该网页文档的标题为"Formg 用法——输入数据"，把文件保存在目前要编辑的站点路径"D:\BDWEB2\H9ASP"下，文件名称为"ASP-1-1.asp"。

（2）将光标定位在第 1 行，输入蓝色、宋体、大小为 18 像素、居中分布的文字"Formg 用法——输入数据"，在下一行再输入同样属性的文字"请输入两个正整数"。

（3）将光标定位在第 3 行，单击"插入"（表单）工具栏中的"表单"按钮 ，在网页内创建一个表单域。将光标定位在表单域内，单击"插入"（表单）工具栏中的"文本字段"按钮 ，弹出"输入标签辅助功能属性"对话框，在"ID"和"标签"文本框内分别输入"a"，如图 9-2-3 所示。单击"确定"按钮，关闭该对话框，在光标处创建一个字段，它由文字 a 标签和名称为 a 的文本域组成。

（4）按照上述方法，在名称为 a 的文本域右边创建第 2 个字段，它由文字 b 标签和名称为 b 的文本域组成。

（5）按 Enter 键，将光标定位在下一行，单击"插入"（表单）工具栏中的"按钮"按钮 ，弹出"输入标签辅助功能属性"对话框，在"ID"文本框内输入"an"，单击"确定"按钮，关闭该对话框，在光标处创建一个名称为"提交"的按钮。

（6）单击选中"提交"按钮，弹出它的"属性"栏，将"值"文本框内的文字改为"计算"，选中"提交表单"单选按钮，如图 9-2-4 所示。

图 9-2-3 "输入标签辅助功能属性"对话框　　　图 9-2-4 表单的"属性"栏

（7）单击选中表单，弹出它的"属性"栏，在"表单 ID"文本框内输入"form1"，在"动作"文本框内输入"ASP-1-2.asp"，在"方法"下拉列表框内选择"POST"选项，如图 9-2-5 所示。

图 9-2-5 表单的"属性"栏

（8）单击"文档工具"栏内的"代码"按钮 代码 ，切换到"代码"视图状态，将其中的代码程序进行修改，即创建"ASP-1-1.asp"网页，其内的代码程序如下所示。

```
<html>
<head>
<title> Formg 用法——输入数据</title>
</head>

<body style="color: #00F; text-align: center; font-size: 18px; font-weight:
bold;">
```

```
<p>Formg 用法——输入数据</p>
<p>请输入两个正整数</p>
<form id="form1" name="form1" method="post" action="ASP-1-2.asp">
  <p>
    <label>a
      <input type="text" name="a" id="a" />
    </label>
    +
    <label>b
      <input type="text" name="b" id="b" />
    </label>
  </p>
  <p>
    <input type="submit" name="an" id="an" value="计算" />
  </p>
</form>
</body>
</html>
```

（9）创建 "ASP-1-2.asp" 网页，其内的代码程序如下所示。

```
<html>
<head>
<title>Fore 用法实例——显示计算结果</title>
</head>
<body>
    <h2 align="center" > Fore 用法实例——显示计算结果</h2>
    <h2 align="center" >
    <%
    Dim a,b,sum              '定义变量 a、b、c
    a=Request.Form("a")      '返回 a 的值，赋给变量 a
    b=Request.Form("b")      '返回 b 的值，赋给变量 b
    c=CInt(a)+CInt(b)        '计算 a 和 b 的和再赋给变量 c
    Response.Write  CInt(a) & "+"& CInt(b) & "=" & CInt(c)
    %>
    </h2>
</body>
</html>
```

该程序中，"<%" 和 "%>" 标识符之间的程序是 VBScript 语言程序，倒数第 5 行的程序是将变量 a 的值连接 "+"，连接变量 b 的值，连接 "="，再连接变量 c 的值，然后显示出来。因为原来传送来的变量 a 和 b 的数据类型是字符型，要进行计算，需要将它们转换为数值型，CInt() 函数就是用来将字符型数据转换为数值型数据。

4. QueryString 集合的常用格式及其功能

QueryString 获取方法可以获取标识在 URL 后面所有返回的变量和其值。它是获取查询字符串的变量值的集合。

【格式】Request.QueryString(Varible)[(Index).Count]

【功能】其中，Varible 是在查询字符串中变量的名称。当某个变量具有多个值时，使用 Index。

当某一变量具有多个值时，Count 指明值的个数。例如：

下面的语句将用户提交的查询字符串中变量 name 的值赋给 strname。

```
strname=Request.QueryString("name")
```

下面的语句将统计用户提交的查询字符串中变量 like 值的个数。

```
likecount=Request.QueryString("like").Count
```

5．QueryString 集合的应用

该实例有两个网页页面，一个是"传送信息"网页，名称为"ASP-2-1.asp"；另一个是显示传送来的信息，名称为"ASP-2-2.asp"。

在浏览器的地址栏中输入"http://localhost/ASP-2-1.asp"，按 Enter 键后，浏览器显示如图 9-2-6 所示。单击网页内的"显示"链接文字，即可弹出"ASP-2-2.asp"网页，其内显示"ASP-2-1.asp"网页中要传输的信息，如图 9-2-7 所示。制作方法如下：

图 9-2-6　"ASP-2-1.asp"网页显示效果

图 9-2-7　"ASP-2-2.asp"网页显示效果

（1）创建"ASP-2-1.asp"网页，其内的代码程序如下所示。

```
<html>
<head>
<title>QueryString 用法实例——准备传送的信息</title>
</head>
<body>
  <h2 align="center"> QueryString 用法实例——准备传送的信息</h2>
  <h2 align="center" >请单击下面的超级链接文字</h2>
  <h2 align="center" ><a href="ASP-2-2.asp?name=沈大麟&age=30">显示</a>
</body>
</html>
```

该程序中倒数第 3 行语句中的"href="ASP-2-2.asp?name=沈大麟&age=30">显示"用来将"沈大麟"文字通过变量 name、"30"文字通过变量 age 传送到网页"ASP-2-2.asp"内。

（2）创建"ASP-2-2.asp"网页，其内的代码程序如下所示。

```
<html>
<head>
<title>QueryString 用法实例——显示得到的信息</title>
</head>
<body>
  <h2 align="center" > QueryString 用法实例——显示得到的信息</h2>
  <h2 align="center" >
  <%
  Dim name1,age1                          '定义变量 name1 和 age1
  name1=Request.QueryString("name")       '返回姓名
  age1=Request.QueryString("age")         '返回年龄
```

```
Response.Write "您的姓名是: "& name1 & ", 您的年龄是: " & age1
%>
</h2>
</body>
</html>
```

该程序中使用 Request.QueryString 集合获取 name 的值"沈大麟", 再赋给变量 name1; 获取 age 的值"30", 再赋给变量 age1。Response.Write 语句用来显示其后边的字符串数据, 即"您的姓名是: ""沈大麟"", ,""您的年龄是: "和"30"连接后的字符串"您的姓名是: 沈大麟, 您的年龄是: 30"。

9.2.3 ASP 内部对象 Response

Response 对象用来根据客户端的不同请求输出相应的信息, 控制发送给客户端的信息, 包括直接发送信息给浏览器、重定向浏览器到另一个 URL 或设置 Cookie 的值。Response 对象还提供了一系列用于创建输出页的方法, 如前面多次用到的 Response.Write 方法。

Response 对象只有一个集合——Cookies, 该集合设置希望放置在客户系统上的 Cookie 的值, 它对应于 Request.Cookies 集合。Response 对象的 Cookies 集合用于在当前响应中, 将 Cookies 值发送到客户端, 该集合访问方式为只写。

Response 对象提供了一系列的属性, 通常这些属性由服务器设置, 不需要用户设置它们。在某些情况下, 可以读取或修改这些属性, 使响应能够适应请求。

Response 对象提供了一系列的方法, 方便直接处理为返回给客户端而创建的页面内容。Response 对象的常用方法介绍如下:

1. Write 方法

【格式】`Response.Write(变量数据或字符串)`

【功能】Write 方法是 Response 对象中使用得最多的方法, 它将信息直接从服务器端发送到客户端, 在客户端动态显示内容。Response.Write 后面是要发送到客户端所显示的信息, 可以用括号包含, 也可以直接书写(注意和 Response.Write 之间有空格)。如果发送的是字符串信息, 需要用引号包含, 可以用&符号来连接字符串变量和字符串。例如:

```
<%
Response.Write("a="& a & "和" & "b=" & b)
%>
```

同样, 其他 ASP 内容也可以通过 Response.Write 方法输送到客户端, 例如, 动态输出的表格、数据库记录等。

2. Redirect 方法

【格式】`Response.Redirect("url")`

【功能】指示浏览器根据字符串 URL 下载相应地址的页面。停止当前页面的编译或输出, 转到指定的页面。例如, "Response.Redirect("http://www.sina.com.cn")"语句执行后, 将停止当前网页的编译或输出, 跳转到新浪网站的首页(http://www.sina.com.cn)。

3. End 方法

【格式】`Response.End`

【功能】让 ASP 结束处理页面的脚本，并返回当前已创建的内容，然后放弃页面的任何进一步处理，停止页面编译，并将已经编译内容输出到浏览器。例如：

```
<%
response.write time()
response.end      '程序执行显示到此结束
response.write time()
%>
```

4．BinaryWrite 和 Clear 方法

（1）BinaryWrite 方法：

【格式】`Response.BinaryWrite(safeArray)`

【功能】在当前的 HTTP 输出流中写入 Variant 类型的 SafeArray，而不经过任何字符转换。BinaryWrite 方法对于写入非字符串的信息，例如，定制的应用程序请求的二进制数据或组成图像文件的二进制字节，是非常有用的。

（2）Clear 方法：

【格式】`Response.Clear()`

【功能】当 Response.Buffer 为 True 时，Clear 方法从 IIS 响应缓冲中删除现存的缓冲页面内容（所有 HTML 输出），但不删除 HTTP 响应的报头，可用来放弃部分完成的页面。

该方法和 End 方法相反，End 是到此结束返回上面的结果，而 Clear 却是清除上面的执行结果。例如：

```
<%
response.write time()
response.clear           '以上程序到此全部被清除
response.write time()
%>
```

9.3　网页内显示数据库记录

9.3.1　创建数据库简介

数据库应用网站需要一个数据库作为数据来源，在将数据显示在网页上之前，动态 Web 站点需要从该数据源提取这些数据。在此处使用 Microsoft Access 创建的数据库作为内容源。其特点是操作相对简单、实现容易。下面通过介绍创建一个通讯录数据库"TXL.mdb"的方法，来介绍创建一个 Access 数据库的具体操作步骤。

（1）启动 Microsoft Office Access，单击"文件"→"新建"命令，弹出"新建文件"任务窗格。在"新建"栏中单击"空数据库"选项，弹出"文件新建数据库"对话框。

（2）在"文件新建数据库"对话框的"保存位置"文本框中找到数据库保存的位置，此处选择"D:\BDWEB2\H9ASP"目录，在"保存类型"下拉列表框中选择保存类型为"Microsoft Office Access 数据库"，在"文件名"文本框中输入数据空的名字"TXL.mdb"（提示：最好不用中文名称），然后单击"创建"按钮，即可创建一个空的数据库，同时进入数据库的编辑窗口，如图 9-3-1 所示。

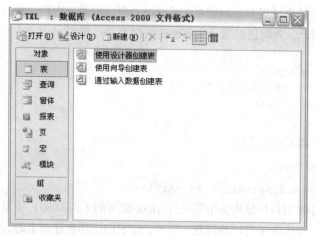

图 9-3-1　创建一个空的数据库

（3）选中左边栏内的"表"选项，其右边列出了 3 个选项，提供了 3 种不同的创建表的方法。双击其中一个选项，即可进入相应的创建表的过程。

（4）在数据库中创建一个名为"TXLB"的表，设计表的结构，此处设置表的第 1 个字段名称为"编号"，数据类型为"自动编号"，设置该字段为"主键"字段。"TXLB"表的表结构中，其他字段的名称和数据类型如图 9-3-2 所示。

（5）向表中添加 10 条记录，创建出数据库"TXL.mdb"数据库的"TXLB"表，如图 9-3-3 所示。

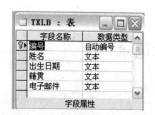

图 9-3-2　"TXLB"表的表结构

图 9-3-3　"TXLB"表的通讯录内容

9.3.2　链接数据库

1．数据库来源设置

要让网页读取数据库中的数据，就应该知道数据库来源在哪儿，所以设置数据库来源是使网页与数据库产生关联的第一步。数据库来源设置的操作步骤如下：

（1）单击"开始"→"控制面板"命令，弹出"控制面板"面板，双击"管理工具"图标，弹出"管理工具"窗口，双击该窗口内的"数据源（ODBC）"图标，弹出"ODBC 数据源管理器"对话框。单击"系统 DSN"标签，切换到"系统 DSN"选项卡。单击选中其内的系统数据源的名称标签，如图 9-3-4 所示（还没有添加列表框内的选项）。

选择系统数据源
名称标签

图 9-3-4　"ODBC 数据源管理器"对话框

（2）单击"添加"按钮，弹出"创建新数据源"对话框，单击选中其内"选择您想为其安装数据源的驱动程序"栏内的"Microsoft Access Driver（*mdb）"数据源驱动程序选项，如图 9-3-5 所示。

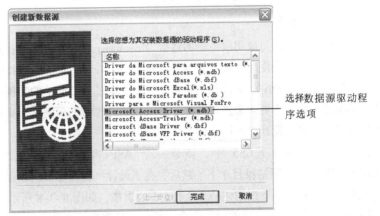

选择数据源驱动程
序选项

图 9-3-5　"创建新数据源"对话框

（3）单击"完成"按钮，关闭"创建新数据源"对话框，弹出"ODBC Microsoft Access 安装"对话框，在两个文本框内输入相应的文字，设置数据源名称为"TXLACCESS"，如图 9-3-6 所示。

输入数据源名称及说
明文字

图 9-3-6　"创建新数据源"对话框

（4）单击"选择"按钮，弹出"选择数据库"对话框，选择数据库所存放的磁盘驱动器，接着选择文件夹，再选择数据库文件"TXL.mdb"，如图 9-3-7 所示。

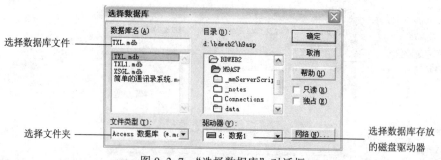

选择数据库文件

选择文件夹

选择数据库存放
的磁盘驱动器

图 9-3-7 "选择数据库"对话框

（5）单击"确定"按钮，关闭"选择数据库"对话框，回到"ODBC Microsoft Access 安装"对话框。再单击该对话框内的"确定"按钮，关闭该对话框，回到"ODBC 数据源管理器"对话框，单击"确定"按钮，完成数据库来源设置。

2．建立数据库连接

如果没有建立数据库与应用服务器的连接，Dreamweaver CS5 将无法找到数据库或不知道怎样与数据库联系，也就无法使用数据库的内容。在 Dreamweaver CS5 中支持使用"自定义连接字符串"和"数据源名称（DSN）"来连接到数据库。下面通过一个简单的实例来介绍建立数据库连接的方法。本例可分为两个页面来进行设计：显示标题的"通讯录浏览"页面和显示内容的"通讯录内容"页面。首先，设计"通讯录浏览"页面。

（1）在 Dreamweaver CS5 中，新建一个 ASP 网页，命名为"TXLXT.asp"，保存到"D:\BDWEB2\H9ASP"网站根目录下。然后，在"设计"视图窗口内创建"简单通讯录系统"蓝色标题文字，在标题文字下边创建一个 2 行、5 列表格，如图 9-3-8 所示。

（2）单击"窗口"→"数据库"命令，弹出"数据库"面板，如图 9-3-9 所示。

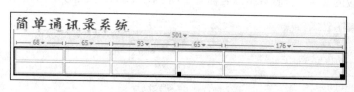

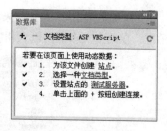

图 9-3-8 "TXLXT.asp"网页设计效果

图 9-3-9 "数据库"面板

（3）单击"数据库"面板上的按钮 +，弹出它的快捷菜单，单击该菜单内的"数据源名称（DSN）"菜单命令，弹出"数据源名称（DSN）"对话框，如图 9-3-10 所示。

（4）在"数据源名称（DSN）"对话框中，选中"使用本地 DSN"单选按钮，在"连接名称"文本框中输入连接名称"TXL"（它会显示在"数据库"面板内）。在"数据源名称（DSN）"下拉列表框中选中前面设置的数据库来源名称"TXLACCESS"选项。

（5）单击"数据源名称"下拉列表框右侧的"定义"按钮，弹出"ODBC 数据源管理器"对话框，利用该对话框可以设置新的数据库源。

图 9-3-10　"数据源名称（DSN）"对话框

（6）单击"数据源名称（DSN）"对话框内的"测试"按钮，成功完成测试后会显示图 9-3-11 所示的一个提示框，提示"成功创建连接脚本"。单击"确定"按钮，即可在"数据库"面板中便会出现相应的数据库连接，如图 9-3-12 所示。完成"TXLXT.asp"ASP 网页与数据库来源名称"TXLACCESS"指示的数据库文件"TXL.mdb"的连接。

图 9-3-11　提示框　　　　图 9-3-12　创建数据库连接后的"数据库"面板

还要说明的是，每建立一个 ASP 网页与数据库的连接后，在"D:\BDWEB2\H9ASP"网站根目录下会自动生成一个名称为"Connections"的文件夹，其内自动生成一个与连接名称相同的名字为"TXL.asp"的文件，该文件内主体程序如下，用来完成连接数据库的代码。

```
<%
Dim MM_TXL_STRING
MM_TXL_STRING="dsn=TXLACCESS;"
%>
```

另外，建立一个 ASP 网页与数据库的连接还可以通过"自定义连接字符串"的方式进行。如果在 Windows XP 操作系统下，在网页内添加下面所述显示数据库中数据的功能时，需要用"自定义连接字符串"的方式建立一个 ASP 网页与数据库的连接。最简单的方法是在"Connections"文件夹内"TXL.asp"网页文件内添加一条代码语句。如下所示。

```
<%
Dim MM_TXL_STRING
MM_TXL_STRING="dsn=TXLACCESS;"
MM_TXL_STRING="Provider=microsoft.jet.oledb.4.0;data  source="  &  server.
MapPath("txl.mdb")
%>
```

9.3.3 显示数据库中的数据

1. 绑定记录集

将数据库用作动态网页的内容源时，必须创建一个要在其中存储检索数据的记录集。记录集在存储内容的数据库和生成网页的应用程序服务器之间起到一种桥梁作用。当服务器不再需要记录集时，就会将其关闭，以回收其所占用的存储空间。

记录集本身是从指定数据库中检索到的数据的集合。它可以包括完整的数据库表格，也可以包括表格的行和列的子集。这些行和列通过在记录集中定义的数据库查询进行检索。数据库查询是用结构化查询语言（SQL）编写的。使用 Dreamweaver CS5 附带的 SQL 创建器，用户可以在不了解 SQL 的情况下创建简单查询。网页和数据库连接后，可以用 Dreamweaver 建立记录集，将数据库中的数据取出使用。建立记录集的操作步骤如下：

（1）单击"窗口"→"绑定"命令，弹出"绑定"面板，单击按钮，弹出它的菜单，如图 9-3-13 所示。单击该菜单内的"记录集（查询）"命令，弹出"记录集"对话框，如图 9-3-14 所示（还没有设置）。

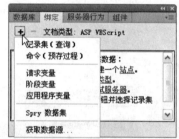

（2）在"记录集"对话框内，首先为记录集命名，默认情况下系统会将其命名为 Recordset1，如果要更改，在"名称"文本框中输入即可。在"连接"下拉列表框中选择已经创建的数据库连接 TXL。

（3）在"表格"列表框中列出了连接的数据库中指定的表，单击选中"TXLB"选项，选中"TXL.mdb"数据库中的"TXLB"表。选中"全部"单选按钮，表示选中全部字段；选中"选定的"单选按钮，表示可以选中部分字段。在"排序"下拉列表框内选中"编号"选项，在其右边的下拉列表框中选中"升序"选项，表示按照"编号"字段进行升序排序查询。最后的"记录集"对话框设置如图 9-3-14 所示。

图 9-3-13 "绑定"面板

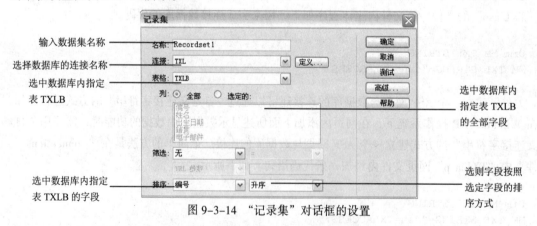

图 9-3-14 "记录集"对话框的设置

（4）另外，在"筛选"下拉列表框中可以选择一个字段名称，则"筛选"栏内的 4 个下拉列表框会变为有效，如图 9-3-15 所示。利用它们可以设置筛选的条件。

以上仅仅是利用 Dreamweaver CS5 附带的 SQL 创建器来创建记录集，在不太了解 SQL 语言的情况下创建简单的查询。

（5）单击"记录集"对话框中的"高级…"按钮，切换到高级状态的"记录集"对话框，如图 9-3-16 所示。在"记录集"对话框中"SQL"列表框内，可以手动编写复杂的 SQL 语句，进行更高级的查询。

单击"简单…"按钮，可以切换到简单状态的"记录集"对话框，如图 9-3-15 所示。

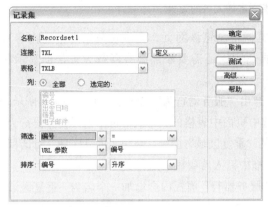

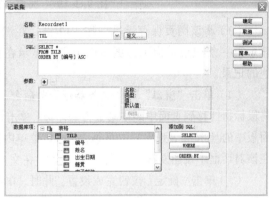

图 9-3-15　"记录集"（简单）对话框　　　　图 9-3-16　"记录集"（高级）对话框

（6）对于记录集最后的查询效果，可以单击"记录集"对话框内的"测试"按钮，预览效果如图 9-3-17 所示。如果预览的效果与所预期的不一致，可以再进行更改。

（7）单击"确定"按钮，回到"绑定"面板中，可以看到所创建的记录集，如图 9-3-18 所示。重复上述步骤可以为当前动态网页建立多个"记录集"。

需要注意，每次创建的记录集只能使用在当前打开的动态页面中。

图 9-3-17　测试记录集　　　　　　　　图 9-3-18　"绑定"面板

2. 显示数据库中的数据

记录集建立好之后，就可以在网页中添加动态内容了，具体方法如下：

（1）单击表格的第 2 行第 1 列单元格内部，使光标定位在其中，单击选择"绑定"面板中展开的"编号"字段名称，单击"插入"按钮，即可将"编号"字段内容插入到表格的第 2 行第 1 列单元格内。另外，还可以直接将"绑定"面板内的"编号"字段拖动到表格的第 2 行第 1 列单元格内，在其内生成一个图标。

（2）重复上步操作，依次将"绑定"面板内的其他字段拖动到表格的第 2 行对应的单元格中，最后的效果如图 9-3-19 所示。

简单通讯录系统

编号	姓名	出生日期	籍贯	电子邮箱

图 9-3-19　完成动态文本插入后的效果

（3）将该网页保存后后，按 F12 键，在浏览器中浏览该网页，会发现数据库中的内容只显示第一条记录。为了将更多的记录都显示在页面中，还需要添加服务器行为来帮助显示其他的记录。

（4）单击"窗口"→"服务器行为"命令，弹出"服务器行为"面板，如图 9-3-20 所示。将鼠标指针移到页面中表格第 2 行的左边，单击选中页面中表格的第 2 行，再单击"服务器行为"面板中的 按钮，弹出它的菜单，单击该菜单内的"重复区域"命令，弹出"重复区域"对话框。在该对话框中按图 9-3-21 所示进行设置，在文本框中输入希望显示的行数。

（5）单击"确定"按钮完成设置。此时，在"服务器行"面板内会增加一个名为"重复区域"的行为，在页面中，表格的第 2 行被灰线包围，并在左上角显示"重复"字样，如图 9-3-22 所示。这样就实现了多条记录在页面中的显示。

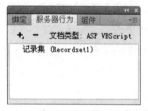

图 9-3-20　"服务器行为"面板　　　图 9-3-21　"重复区域"的设置　　　图 9-3-22　"重复"字样

（6）按 F12 键，浏览网页，可以看到页面中显示出 10 条记录，如图 9-3-23 所示。双击该行为名称，重新弹出"重复区域"对话框，将"记录"文本框内的数值改为 2。单击"确定"按钮，关闭"重复区域"对话框，设置显示 2 行记录。再按 F12 键，浏览网页，可以看到页面中显示出 2 条新闻记录，如图 9-3-24 所示。

图 9-3-23　显示出 10 条记录　　　　　　　　图 9-3-24　显示出 2 条记录

（7）如果数据库表中记录很多，可以在页面中加入导航条进行导航，以方便浏览数据。使光标的位置处于先前建立的表格下方，单击"插入"→"数据对象"→"记录集分页"命令，弹出"记录集分页"菜单，如图 9-3-25 所示。单击该菜单内的"记录集导航条"命令，弹出"记录集导航条"对话框，如图 9-3-26 所示。

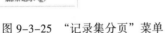

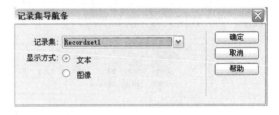

图 9-3-25　"记录集分页"菜单　　　　　　图 9-3-26　"记录集导航条"对话框

（8）在"记录集导航条"对话框内选择记录集和显示方式（此处采用默认值），单击"确定"按钮，关闭该对话框。此时，页面如图 9-3-27 所示。

此时，在"服务器行为"面板中添加了多个服务器行为，如图 9-3-28 所示。如果需要修改，可以双击相应的行，弹出相应的对话框，来进行修改。至此，"通讯录"页面"TXLXT.asp"网页文档设计完成，保存该文档。

图 9-3-27　在页面中加入导航条后的效果　　　　图 9-3-28　"服务器行为"面板

按 F12 键，显示"通讯录"页面如图 9-3-29 所示。单击"下一页"链接文字，"通讯录"页面显示如图 9-3-30 所示。下面的链接文字改为"第一页"、"前一页"、"下一页"和"最后一页"。

图 9-3-29　"通讯录"页面显示 1　　　　　　图 9-3-30　"通讯录"页面显示 2

9.4 应用实例

9.4.1 【实例9-1】显示日期和时间

这是一个非常简单的 ASP 网页，在浏览器的地址栏中输入"http://localhost/H9ASP-1.asp"，按 Enter 键，浏览器显示如图 9-4-1 所示。单击"查看"→"刷新"命令或按 F5 键，刷新屏幕，可看到显示的时间每刷新一次变化一次。通过该例子的学习，可以了解如何在 ASP 中使用 VBScript 脚本程序。制作该网页的方法如下：

图 9-4-1 在浏览器中显示的 ASP-1.asp 网页

（1）在 Dreamweaver CS5 编辑界面内，单击菜单栏的"文件"→"新建"命令，弹出"新建文档"对话框，按照图 9-4-2 所示进行设置，然后单击"创建"按钮，新建网页文件。

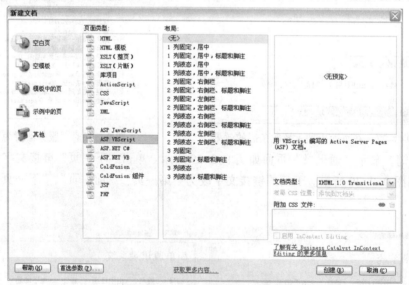

图 9-4-2 "新建文档"对话框

另外，也可以启动 Dreamweaver CS5，弹出它的欢迎屏界面，如图 1-1-1 所示。单击其内"新建"栏中的"ASP VBScript"链接文字，新建一个网页文档。

（2）单击菜单栏的"文件"→"保存"命令，弹出"另存为"对话框中，在该对话框中，把文件保存在目前要编辑的站点路径"D:\BDWEB2\H9ASP"下，文件名称为"H9ASP-1.asp"。

单击"保存"按钮，将文件保存。此时在"文件"面板中可以看到文件的名称。

（3）在 Dreamweaver CS5 的"文档"窗口内，单击"文档工具"栏内的"代码"按钮 代码，进入"代码"视图状态，"文档"窗口如图 9-4-3 所示。然后，将其中的"无标题文档"文字改为"显示日期和时间"。

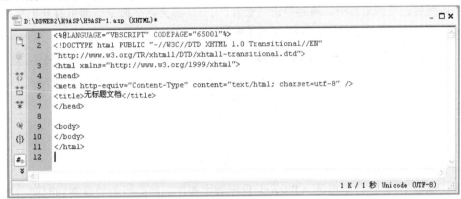

图 9-4-3　"文档"窗口的"代码"视图状态

（4）设置".STYLE1"".STYLE2"和".STYLE3"3 个 CSS 样式，".STYLE1"CSS 样式设置文字颜色为蓝色，字体为华文彩云，字大小为 36 像素，".STYLE2"和".STYLE3"CSS 样式设置文字颜色为蓝色，字体为隶书，字大小为 24 像素。

（5）在 Dreamweaver CS5 的"文档"窗口内，单击"文档工具"栏内的"设计"按钮 设计，进入"代码"视图状态。然后，输入"显示日期和时间"文字，设置文字 CSS 样式为".STYLE1"，居中分布；再在下一行输入"显示当前的日期和时间"文字，设置文字 CSS 样式为".STYLE1"，居中分布。

（6）将光标定位在第 1 行的末尾，按 Enter 键，将光标定位在第 2 行居中位置，单击"插入"（常用）工具栏中的"水平线"按钮，插入一条水平线。效果参看图 9-4-4。

（7）单击"插入"（布局）面板内的"插入 Div 标签"按钮，弹出"插入 Div 标签"对话框，单击"确定"按钮，在第 4 行插入一个 Div 标签，如图 9-4-4 所示。

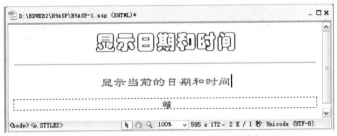

图 9-4-4　"显示日期和时间"网页的编辑界面

（8）单击"文档工具"栏内的"拆分"按钮 拆分，此时"文档"窗口由"设计"视图切换到"拆分"视图，光标应当在代码视图中。然后按 Enter 键，再输入如下程序。

```
<div align="center" class="STYLE3"> <%
DT="现在的日期和时间是: " & now()
Response.Write DT
%>
```

程序中，now()是 VBScript 编程语言的一个函数，可以获得当前的日期和时间。"DT="现在的日期和时间是："& now()"语句是将字符串"现在的日期和时间是:"与当前的日期和时间连接成一个新字符串，再赋给变量 DT。"Response.Write DT"语句用来显示变量 DT 的值。

（9）单击菜单栏中的"文件"→"保存"命令，保存网页。至此，网页制作完毕。

程序运行后，在浏览器中，通过单击"查看"→"源文件"命令，即可打开记事本，看到网页的运行后产生的客户端代码，如图 9-4-5 所示。

```
 http://localhost/H9ASP-1.asp - 原始源
文件(F)  编辑(E)  格式(O)
28  <body>
29  <h1 align="center" class="STYLE1">显示日期和时间</h1>
30  <hr/>
31  <p align="center" class="STYLE2">显示当前的日期和时间</p>
32  <div align="center" class="STYLE3">  现在的日期和时间是: 2012-8-9 21:52:05
33
34  </div>
```

图 9-4-5　记事本中的程序

其中，倒数第 3 行已不再是 VBScript 程序脚本程序，而是当前的日期和时间"2012-8-9 21:52:05"。所以，在客户端看不到服务器端的 ASP 程序脚本，只能看到 ASP 脚本执行后得到的 HTML 标记。

9.4.2　【实例 9-2】用表单传递信息

前面已经讲过，在网页中常常使用表单（Form）。有了表单，可以将客户端的信息 ASP 程序提交到服务器端，这个例子就说明了这个问题。先制作一个网页，其中含有一个表单，通过提交表单，将表单中所填写的信息提交到服务器。

在浏览器的地址栏中输入"http://localhost/H9ASP-2.asp"，按 Enter 键后，浏览器显示如图 9-4-6 所示。在图 9-4-6 表单页的界面中，输入"用户名"和"用户密码"。单击"提交"按钮，将打开接收表单提交的信息页面，如图 9-4-7 所示。浏览器中所显示的信息，是从客户端提交到服务器，然后由服务器返到回客户端显示。

通过本案例的学习，可进一步掌握设计简单动态网页的方法和 ASP 编程的一些基本知识。

图 9-4-6　表单页

图 9-4-7　接收表单提交的信息页页面

1．制作表单静态网页

在 Dreamweaver CS5 编辑界面内，制作表单的界面如图 9-4-8 所示。具体制作方法如下：

（1）新建一个名称为 ASP-2.asp 的动态文件，将其保存在网站根目录下。文件名称的扩展名必须为.asp（此处的文件名称为 ASP-2.asp）。单击"保存"按钮，将文件保存。

（2）在网页的第 1 行输入文字"用户登录"，设置字体为宋体、居中、红色，在文字的"属性"面板内设置文字格式为"标题 1"。在文字的下边，创建一个表单，在标单内创建一个 3 行 2 列的表格，居中排列。在第 1 行第 1 列单元格内输入"用户姓名："文字，在第 2 行第 1 列单元格内输入"用户密码："文字，如图 9-4-8 所示。

图 9-4-8　表单页的编辑界面

（3）在表格的第 1 行第 2 列单元格内创建一个文本字段，命名为 UserName；在表格的第 2 行第 2 列单元格内创建一个文本字段，命名为 UserPass，要注意它的类型。两个文本字段的"属性"的设置分别如图 9-4-9 和图 9-4-10 所示。

图 9-4-9　UserName 文本字段的"属性"面板设置

图 9-4-10　UserPass 文本字段的"属性"面板设置

（4）单击表格左边的表单红色虚线，在"动作"文本框中输入接收信息的 ASP 网页的名字，本例中填写的是 ASP-1JS.asp，在"表单名称"属性中填写表单的名称为"form1"，在"方法"属性中一般使用 POST 即可，"属性"面板设置如图 9-4-11 所示。

图 9-4-11　"form1"表单的"属性"面板设置

（5）在表格的第 3 行单元格内插入一个按钮。在"属性"面板中设置"按钮名称"为"Submit1"，"标签"文本框内输入"提交"，在"动作"选项组中选择"提交表单"单选按钮，设置如图 9-4-12 所示。

图 9-4-12　"提交"按钮的"属性"面板设置

（6）在表格的第 3 行单元格内第 1 个按钮的右边插入一个按钮。在"属性"面板中设置"按钮名称"为"Submit2"，"标签"文本框内输入"重置"，在"动作"选项组中选择"重置表单"单选按钮，设置如图 9-4-13 所示。

图 9-4-13 "重置"按钮的"属性"面板设置

这个网页中并不含有服务器端脚本，所以文件的扩展名用.htm 或.asp 都可以。

该网页的代码如下：

```
<%@LANGUAGE="VBSCRIPT" CODEPAGE="936"%>
<!DOCTYPE    HTML    PUBLIC    "-//W3C//DTD    HTML    4.01    Transitional//EN"
"http://www.w3.org/TR/html4/loose.dtd">
<html>
<head>
<meta http-equiv="Content-Type" content="text/html; charset=gb2312">
<title>用户登录</title>
<style type="text/css">
<!--
.STYLE1 {
    font-size: large;
    font-weight: bold;
}
.STYLE2 {color: #FF0000}
-->
</style>
</head>
<body>
<div align="center" class="STYLE1">
  <h1 class="STYLE2">用户登录</h1>
  <form id="form1" name="form1" method="post" action="data.asp">
    <table width="322" border="8" cellspacing="1" cellpadding="5">
      <tr>
        <td width="89" height="28" bgcolor="#FFFF00">用户姓名: </td>
        <td width="190" bgcolor="#FFFF00"><input name="UserName" type="text"
id="UserName">        </td>
      </tr>
      <tr>
        <td bgcolor="#FFFF00">用户密码: </td>
        <td bgcolor="#FFFF00"><label>
          <input name="UserPass" type="password" id="UserPass">
          </label>        </td>
      </tr>
      <tr>
        <td colspan="2" bgcolor="#FFFF00"><label></label>
          <label>
          <input type="submit" name="Submit1" value="提交">
```

```
        <input type="reset" name="Submit2" value="重置">
      </label></td>
    </tr>
  </table>
  </form>
  <p class="STYLE2"> </p>
</div>
</body>
</html>
```

2．接收表单提交的信息页

（1）新建一个文件名称为 data.asp 的动态文件，将其保存在网站根目录下。

（2）对网页中的代码进行修改，如下所示。代码中用 "<%" 和 "%>" 括起来的部分就是 VBScript 脚本程序。

```
<%@LANGUAGE="VBSCRIPT" CODEPAGE="936"%>
<!DOCTYPE    HTML    PUBLIC    "-//W3C//DTD    HTML    4.01    Transitional//EN"
"http://www.w3.org/TR/html4/loose.dtd">
<html>
<head>
<meta http-equiv="Content-Type" content="text/html; charset=gb2312">
<title>接收表单提交的信息</title>
<style type="text/css">
<!--
.STYLE1 {color: #0000FF}
.STYLE4 {font-size: 24px; font-weight: bold; color: #0000FF; }
-->
</style>
</head>

<body>
<div align="center">
  <h1 class="STYLE1">接收表单提交的信息</h1>
</div>
<hr>
<p align="center"><span class="STYLE4">接收到以下信息: </span>
<%
UserName = Request ("UserName")
UserPass = Request ("UserPass")
%></p>
<p align="center">
<span class="STYLE4">用户名字: </span><%=UserName%><br>
<span class="STYLE4">用户密码: </span><%=UserPass%> </p>
</body>
</html>
```

在 Dreamweaver CS5 编辑界面内，接收表单提交的信息页的编辑界面完成后如图 9-4-14 所示。

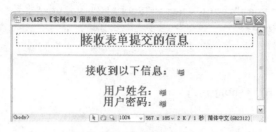

图 9-4-14　接收表单提交的信息页的编辑界面

思考与练习

1. 按本章学习的知识，在计算机中创建 IIS Web 服务器。

2. 参考【实例 9-1】介绍的方法，制作一个简单的 ASP 网页。

3. 参考【实例 9-2】介绍的方法，创建能提交注册信息的网页。当单击"提交"按钮后，将提交的内容显示在新网页中。

4. 创建具有"回复"按钮和可输入回复内容的输入框的网页，当单击"回复"按钮后，将回复的内容显示在新网页中。

5. 建立一个"学生成绩管理"数据库，该数据库中有学号、姓名、物理、语文、数学、政治、体育、外语、生物、历史、地理、计算机、平均分和总分等字段，有 10 条记录。

创建一个"学生成绩管理"网页，使它具有保存、修改、查询、删除等功能。

6. 创建一个可以进行学生各科成绩管理的网页系统，包括学生各科成绩的输入、显示、保存、修改、查询和删除等。

第10章

综合实例

本章简要地介绍了两个实用网站设计和制作的过程，应用了本书介绍的许多知识，以及应用了 Photoshop 和 Flash 辅助软件。读者可以对照提供的实例学习本章内容。

10.1 "银华珠宝首饰"网站

10.1.1 网站效果与策划

"银华珠宝首饰"网站的首页在浏览器中的显示效果如图 10-1-1 所示。在网页中，单击导航器中的按钮，可以打开相应的页面；单击"新品推荐"中的产品图片，可以显示该产品的详细介绍。

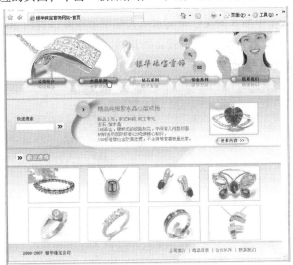

图 10-1-1 "银华珠宝首饰"首页

1．站点布局

"银华珠宝首饰"网站的组织结构图如图 10-1-2 所示。

图 10-1-2　网站组织结构图

2. 使用 Photoshop 设计并导出首页内容

（1）在 Photoshop 中，新建一个大小为 776 像素 × 650 像素的画布窗口，按图 10-1-3 所示设计网页内容。完成设计后，保存文件，命名为"银华珠宝首饰网站-首页.psd"。

（2）在 Photoshop 中，选择"切片工具"对网页图片进行切片处理，如图 10-1-4 所示（注意，最上面的导航栏切片大小为 776 像素 × 200 像素）。

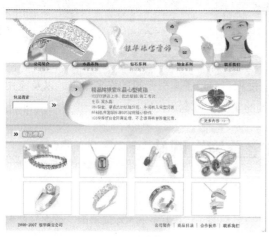

图 10-1-3　设计网站首页

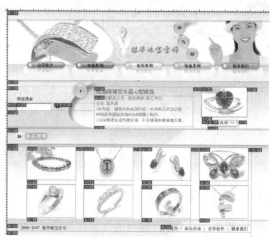

图 10-1-4　图像切片

将需要在 Dreamweaver 中插入的文字和文本输入框图层隐藏，如图 10-1-5 所示。

（3）单击"文件"→"存储为 Web 和设备所用格式"命令，弹出"存储为 Web 和设备所用格式"对话框，如图 10-1-6 所示。

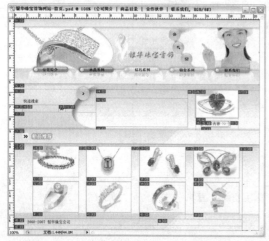

图 10-1-5　隐藏文字图层和文本输入框图层

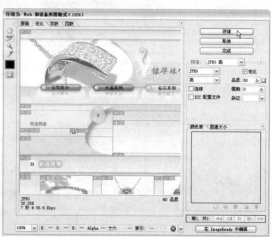

图 10-1-6　存储为 Web 和设备所用格式

3．用 Photoshop 设计并导出其他网页内容

（1）在 Photoshop 中，新建一个大小为 776 像素 ×650 像素的画布窗口，按图 10-1-7 所示设计网页内容。完成设计后，保存文件，命名为"银华珠宝首饰网站–水晶系列.psd"。

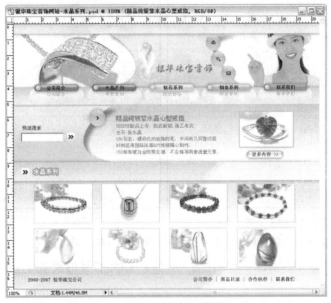

图 10-1-7　设计水晶系列页面

在 Photoshop 中，选择"切片工具"对网页图片进行切片处理，如图 10-1-8 所示。

将需要在 Dreamweaver 中插入的文字和文本输入框图层隐藏。单击"文件"→"存储为 Web 和设备所用格式"命令，弹出"存储为 Web 和设备所用格式"对话框，单击"存储"按钮，存储网页和和切片图像，存储时将网页命名为"Crystal.html"。

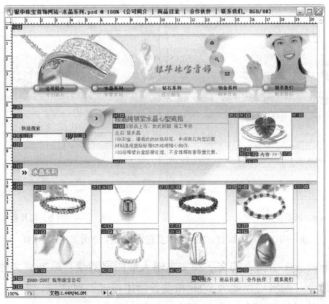

图 10-1-8　图像切片

（2）按上面的方法，设计"银华珠宝首饰网站-钻石系列"网页，命名为"Diamond.html"；设计"银华珠宝首饰网站-铂金系列"网页，命名为"Platinum.html"，如图 10-1-9 所示。

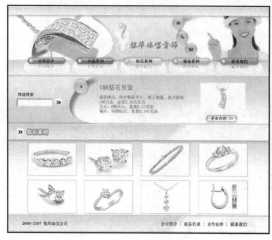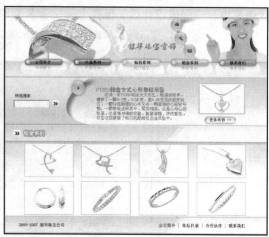

（a）"银华珠宝首饰网站-钻石系列"网页　　　　（b）"银华珠宝首饰网站-铂金系列"网页

图 10-1-9　"银华珠宝首饰网站-钻石系列"网页和"银华珠宝首饰网站-铂金系列"网页图像

（3）在 Photoshop 中，新建一个大小为 776 像素 × 750 像素的画布窗口，按图 10-1-10（a）所示设计网页内容。

完成设计后，保存文件，命名为"银华珠宝首饰网站-公司简介.psd"。选择"切片工具"对网页图片进行切片处理，如图 10-1-10（b）所示。

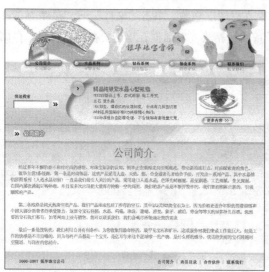

（a）网页图像　　　　　　　　　　　　（b）切片效果

图 10-1-10　设计"银华珠宝首饰网站-公司简介"网页

将需要在 Dreamweaver 中插入的文字和文本输入框图层隐藏。单击"文件"→"存储为 Web 和设备所用格式"命令，弹出"存储为 Web 和设备所用格式"对话框，单击"存储"按钮，存储网页和切片图像，存储时将网页命名为"about.html"。

（4）在 Photoshop 中，新建一个大小为 776 像素×750 像素的画布窗口，按图 10-1-11（a）所示设计网页内容。完成设计后，以名称"银华珠宝首饰网站-产品简介.psd"保存。选择"切片工具"对网页图片进行切片处理，如图 10-1-11（b）所示。

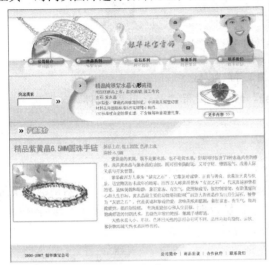

（a）网页图像

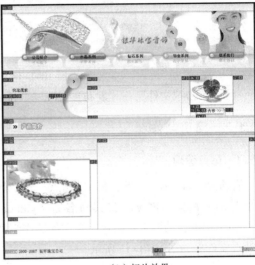

（b）切片效果

图 10-1-11　设计"银华珠宝首饰网站-产品简介"网页

将需要在 Dreamweaver 中插入的文字和文本输入框图层隐藏。单击"文件"→"存储为 Web 和设备所用格式"命令，弹出"存储为 Web 和设备所用格式"对话框，单击"存储"按钮，存储网页和切片图像，存储时将网页命名为"declarer.html"。

到这里，主要的页面内容设计完成。

4．用 Flash 制作"menu.swf"导航菜单

（1）在 Flash 中新建一个文档，设置文档的大小为 776 像素×200 像素，背景色为白色。

（2）利用前面在 Photoshop 设计并导出的导航图像，将其导入到舞台，如图 10-1-12 所示。

图 10-1-12　导入背景

（3）在 Flash 中设计出各个隐形按钮，如图 10-1-13 所示。（各个按钮中通过 getUrl()函数访问各个页面。）在 Flash 中设计出导航栏动画效果。设计完成后，将其保存为"menu.fla"。测试影片，效果如图 10-1-14 所示。

图 10-1-13　设计导航按钮

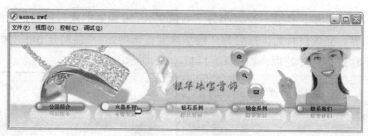

图 10-1-14　测试导航菜单

（5）单击"文件"→"发布预览"→"Flash"命令，发布"menu.swf"文件。

10.1.2　网页制作

1．站点管理

启动 Dreamweaver CS5，单击"站点"→"新建站点"命令，打开"站点定义"对话框。按前面学过的方法创建网站，将其命名为"yinhua"。在设计时将前面 Photoshop 中导出的网页及图片所在文件夹作为网站的根目录。完成后的站点文件夹如图 10-1-15 所示。

图 10-1-15　站点文件夹

2．设计首页

（1）打开"index.html"网页，可以看到，在 Photoshop 中导出的网页已经是一个 HTML 页面。

（2）删除上面的导航栏图片。单击"插入"→"媒体"→"SWF"命令，插入前面生成的"menu.swf"影片文件，效果如图 10-1-16 所示。

（3）选择"快速搜索"列表框的图片，如图 10-1-17 所示。

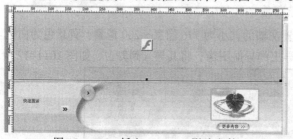

图 10-1-16　插入 menu.swf 影片文件

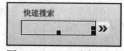

图 10-1-17　选择图片

（4）再次选择"快速搜索"列表框中的图片，按 Delete 键将其删除。此时"属性"面板中显示的是图片所在的单元格的内容。在"属性"栏中单击"背景颜色"按钮，使用吸管吸取被删除图片上方的相近颜色，如图 10-1-18（a）所示。完成后，该单元格的背景图像如图 10-1-18（b）所示。

（5）单击"插入"→"表单"→"文本域"命令，在该单元格内插入"文本域"框。设置"文本域"的格式和大小，完成后如图 10-1-19 所示。

（a）吸取颜色　　　　　（b）设置效果

图 10-1-18　设置单元格背景

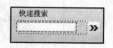

图 10-1-19　插入文本域

（6）按步骤（3）~（5）的方法，在网页上添加其他文字内容，如图 10-1-20 所示。

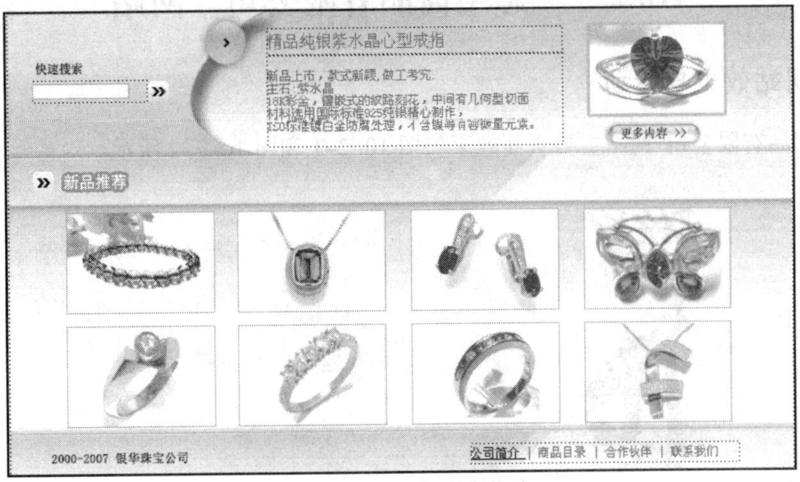

图 10-1-20　添加文字内容

（7）单击"新品推荐"下的第一张首饰图像，在"属性"面板的"链接"文本框中输入对应的"产品简介"网页名称"declarer.html"，如图 10-1-21 所示。

按同样的方法为其他图片和文字添加对应的链接。

（a）图片　　　　　　　　　　　　　　　（b）图片链接

图 10-1-21　添加图片链接

3．其他页面设计

按上面设计首页的方法，设计其他网页的内容。设计完成的部分页面内容如图 10-1-22 所示。

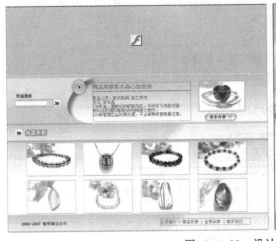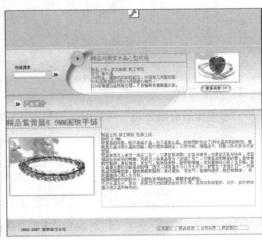

图 10-1-22　设计完成的部分页面

到这里，整个网站设计完成，浏览效果如图 10-1-1 所示。

10.2　"志玺商品有限公司"网站

10.2.1　网站效果与策划

"志玺商品有限公司"网站主要页面效果如图 10-2-1 和图 10-2-2 所示。

图 10-2-1　网页首页效果

图 10-2-2　网站其他主要页面效果

1. 站点布局

"志玺商品有限公司"网站的结构如图 10-2-3 所示。

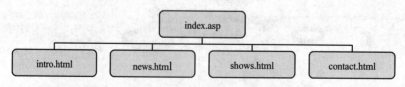

图 10-2-3　"志玺商品有限公司"网站结构图

2．使用 Photoshop 设计并导出首页内容

（1）在 Photoshop 中，新建一个大小为 1000 像素×603 像素的画布窗口，按图 10-2-1 所示设计网页内容。完成设计后，保存文件，命名为"网站主页.psd"。

（2）在 Photoshop 中，选择"切片工具" 对网页图片进行切片处理，如图 10-2-4 所示。

图 10-2-4　网站首页切片效果

将需要在 Dreamweaver 中插入的文字和文本输入框图层隐藏，如图 10-2-5 所示。

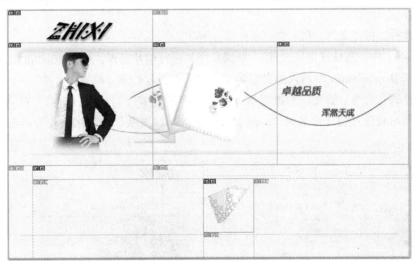

图 10-2-5　隐藏页面中文字输入部分内容

（3）单击"文件"→"存储为 Web 和设备所用格式"命令，弹出"存储为 Web 和设备所用格式"对话框，如图 10-2-6 所示。单击"存储"按钮，存储时将图片切片命名为"index.gif"，存储文件夹选择根文件夹下面的"images"目录，这样会成生 index 开头，01、02…作为后缀的 gif 格式图片。网站需要的图片文件，都应该保存在"images"目录下，方便制作网站时调用。

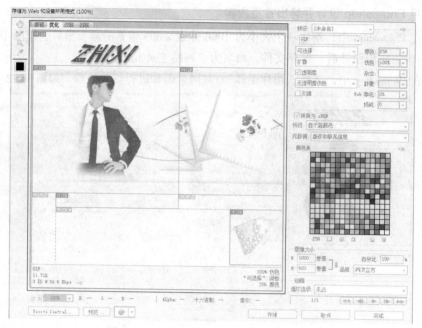

图 10-2-6　存储为 Web 和设备所用格式

3. 用 Photoshop 设计并导出其他网页内容

（1）在 Photoshop 中，新建一个大小为 1000 像素 × 603 像素的画布窗口，按图 10-2-7 所示设计网页内容。

完成设计后，保存文件，命名为"新闻简介.psd"。

在 Photoshop 中，选择"切片工具" 对网页图片进行切片处理，如图 10-2-8 所示。

将需要在 Dreamweaver 中插入的文字和文本输入框图层隐藏。单击"文件"→"存储为 Web 和设备所用格式"命令，弹出"存储为 Web 和设备所用格式"对话框，单击"存储"按钮，切片图像，存储时将图片切片命名为"news.gif"，成生 news 开头，01、02…作为后缀的 GIF 格式图片。

图 10-2-7　新闻中心页面

图 10-2-8　图像切片

（2）按上面的方法，设计"企业简介"网页（命名为"intro.gif"系列切片图片），如图 10-2-9 所示，"产品展示"网页（命名为"shows.gif"系列切片图片），如图 10-2-10 所示，设计"联系我们"网页（命名为"contact.gif"系列切片图片），如图 10-2-11 所示。

（a）网页图像

（b）切片效果

图 10-2-9　"企业简介"网页

（a）网页图像

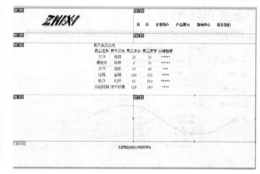

（b）切片效果

图 10-2-10　"产品展示"网页

（a）网页图像

（b）切片效果

图 10-2-11　"联系我们"网页

10.2.2　网页制作

1．站点管理

启动 Dreamweaver CS5，单击"站点"→"新建站点"命令，打开"站点定义"对话框。定义一个新站点，将其命名为"zhixi"，如图 10-2-12 所示。将前面 Photoshop 中导出的图片存储到网站的根目录中。完成后的站点文件夹如图 10-2-13 所示。

图 10-2-12 建立新站点"zhixi"　　　　　　　　图 10-2-13 站点文件夹

2. 设计首页

（1）单击"文件"→"新建"命令，弹出"新建文件"对话框，选择"空白页"选项，页面类型设置为"HTML"，布局为"无"，如图 10-2-14 所示，单击"创建"按钮，新建一个空白页面，如图 10-2-15 所示。

图 10-2-14 新建空白页　　　　　　　　　　图 10-2-15 空白页面

（2）单击"修改"→"页面属性"命令，弹出"页面属性"对话框，设置背景颜色为"#F0F0F0"，将"左边距""右边距""上边距"和"下边距"均设置为"0"，如图 10-2-16 所示。

（3）单击"插入"→"表格"命令，弹出"表格"对话框，设置行为 6，列为 1，表格宽度为 1000 像素，"边框粗细""单元格边距""单元格间距"均为 0，如图 10-2-17 所示。单击"确定"按钮，新建一个空白表格，在"属性"面板中设置"表格对齐"为"居中对齐"，如图 10-2-18 所示。

图 10-2-16 页面属性设置　　　　　　　　　图 10-2-17 新建表格

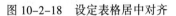

图 10-2-18 设定表格居中对齐

（4）单击选中第 1 行单元格，单击"拆分单元格行和列"按钮 北，弹出"拆分单元格"对话框，设置"列数"为 2，如图 10-2-19 所示，将第一列单元格拆分为两列，如图 10-2-20 所示。

图 10-2-19 拆分单元格为 2

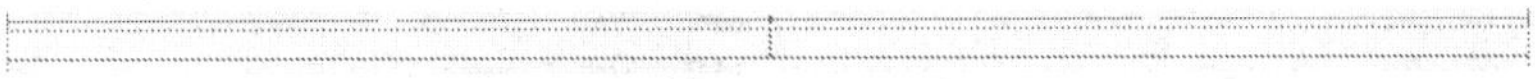

图 10-2-20 拆分第一行为 2 列

（5）选中第 1 行第 1 列单元格，根据页面切片情况，在"属性"栏设置单元格"宽"和"高"分别为 359 和 79，选中第 1 行第 2 列，插入 2 行 1 列的表格，设置第 1 行单元格"宽"和"高"分别为 641 和 59，将第 2 行单元格划分为 1 行 7 列，设置每列"高"为 20，宽依次为 111、90、90、90、90、90、80。按照主页 PSD 文件页面内容，插入相关图片，输入相应文字，如图 10-2-21 所示。

图 10-2-21 网页顶部标志及导航设置

选中"首页"文字，在"属性"面板中选择 CSS，设置"目标规则"为"新<CSS>规则"，单击"编辑规则"按钮，弹出"新建 CSS 规则"对话框，选择"类（可应用于任何 HTML 元素）"，在"选择或输入选择器名称"栏内输入".titleLink"；在"选择定义规则的位置"下拉列表框内选择"新建样式表文件"选项，如图 10-2-22 所示。

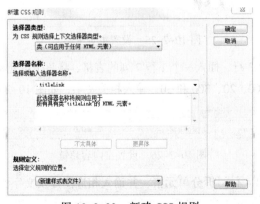

图 10-2-22 新建 CSS 规则

在弹出的"新建 CSS 规则"对话框中，输入相应内容，如图 10-2-23 所示，单击"确定"按钮，在弹出的"将样式表文件另存为"对话框中，将定义的"userful.css"文件存储在站点根文件下的 css 目录中（如果没有 css 目录则新建），如图 10-2-24 所示。单击"保存"按钮后弹出"CSS

规则定义"对话框，设置"字大小"为 14 像素、"粗体"和"黑色"等。

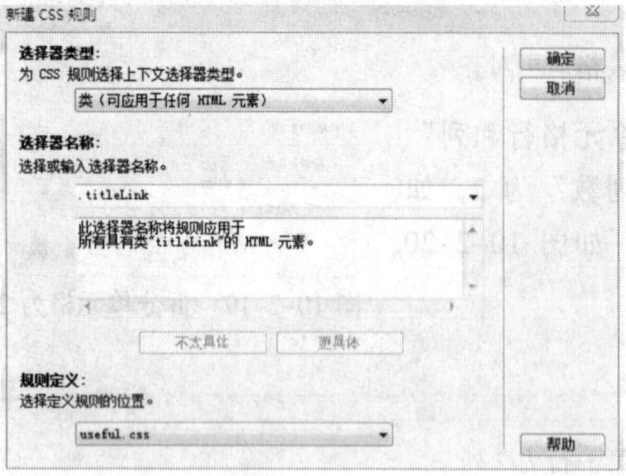

图 10-2-23　在外部样式表文件中新建类规则　　　　图 10-2-24　保存"userful.css"文件

单击"确定"按钮，完成".titleLink"类的 CSS 规则设置，选中导航的文字，在"属性"面板"类选择框"中选择".titleLink"选项，完成导航文字超链的设定。

将光标定位在第 1 行第 2 列的表格第 1 行单元格中，输入以下 ASP 代码，完成动态显示当前页面的打开日期及时间功能。

```
<% DT="现在的日期和时间是: " & now() Response.Write DT  %>
```

【代码说明】定义了一个字符串变量 DT，将字符串"现在的日期和时间是："和系统当前日期时间函数 now()，作为 DT 内容，通过系统 Write 方法，将 DT 显示在页面指定位置。

（6）在 6 行的表格第 2 行，插入一个 1 行 3 列的新表格，设置每列单元格的"高"为 299，"宽"依次为 359、310、331，并在每个单元格内插入相应的切片图片，如图 10-2-25 所示。

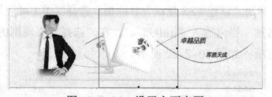

图 10-2-25　设置主页主图

（7）在 6 行的表格第 3 行，插入一个 1 行 7 列的表格，将每个单元格"高"定为 34，"宽"依次设置为 30、300、20、300、20、300 和 30，输入相关文字，如图 10-2-26 所示。

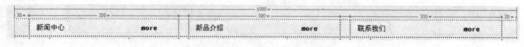

图 10-2-26　设置主内容超链

（8）在 6 行表格的第 4 行，拆分单元格，并输入相应图片及文字，如图 10-2-27 所示。

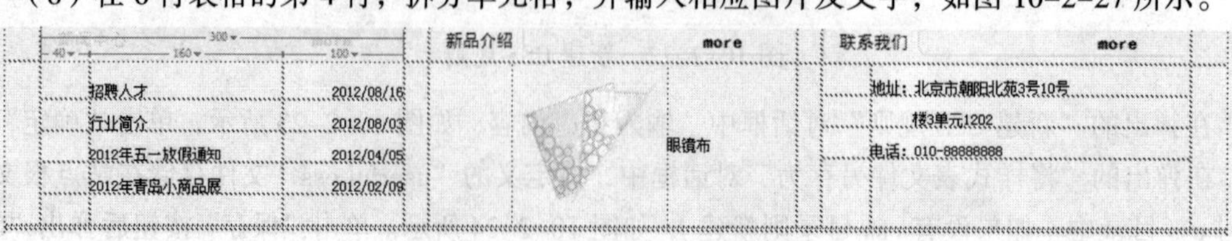

图 10-2-27　主要文字部分效果

（9）在6行表格第5行，插入1个像素高的水平线，再在第6行输入相关文字，完成主页的制作，如图10-2-28所示。单击"文件"→"保存"命令，将网页以名称"index.asp"保存，效果如图10-2-29所示。

图10-2-28　插入水平线和公司版权文字

图10-2-29　主页的整体效果

3．使用模板设计其他相关页面

（1）打开"index.asp"文件，将6行表格中第2~5行内容删除，并将这4行的单元格合并，形成一个3行的表格，设置"高"为466，"宽"为1000。选择第2行，单击"插入"→"模板对象"→"可编辑区域"命令，确定后，删除蓝色框内的说明文字，如图10-2-30所示。

图10-2-30　设定模板

（2）单击"文件"→"另存为模板"命令，弹出"另存模板"对话框，如图10-2-31所示，在"另存为"文本框中输入"sub"，单击"保存"按钮，将制作的模板以名称"sub.dwt"保存为模板文件。网站文件夹内容如图10-2-32所示。

图10-2-31　"另存模板"对话框　　　　　图10-2-32　增加模板后的站点文件夹

（3）单击"文件"→"新建"命令，弹出"新建文档"对话框，选择"模板中的页"选项，如图 10-2-33 所示，单击"创建"按钮，生成带有模板内容的新页面，如图 10-2-34 所示。

图 10-2-33　通过模板创建页面　　　　图 10-2-34　带有模板元素的新建页面

（4）鼠标单击选中可编辑区域，单击"插入"→"表格"命令，插入一个 3 行 2 列的表格，将第 1 列"宽"设置为"492"，第二列"宽"为"508"，第 1 行"高"为"72"，第 2 行"高"为"233"，第 3 行"高"为"162"，如图 10-2-35 所示。插入相关图片和文字，如图 10-2-36 所示。制作完成后存储为"news.html"文件。

（5）使用同样的方法完成"联系我们"页面"contact.html"和"公司简介"页面"intro.html"。

图 10-2-35　可编辑区域内插入表格　　　　图 10-2-36　表格内插入相关文字和图片

（6）创建 Access 数据文件"shows.mdb"，创建数据表"shows"，表结构如图 10-2-37 所示，内容如图 10-2-38 所示。

图 10-2-37　shows 表结构　　　　图 10-2-38　shows 表内容

通过模板创建新网页文件，保存为"shows.asp"，在"可编辑区域"中输入以下代码，完成动态显示商品内容的功能，如图 10-2-39 所示。

```
<%
SET myDBC=SERVER.CREATEOBJECT("ADODB.CONNECTION")
cstring = "Provider=Microsoft.Jet.OLEDB.4.0;Data Source="_
```

```
                        &Server.MapPath("data/shows.mdb")
myDBC.OPEN (cstring)
SQL1="SELECT * FROM shows"
SET R1=myDBC.EXECUTE(SQL1)
%>
<center>
  <table border=1>
    显示 shows 表的全部内容
      <td>商品名称</td>
      <td>商号质地</td>
      <td>商品单价</td>
      <td>商品库存</td>
      <td>热销程度</td>
    <% DO WHILE NOT R1.EOF%>
    <tr>
      <td><%=R1("商品名称")%></td>
      <td><%=R1("商号质地")%></td>
      <td><%=R1("商品单价")%></td>
      <td><%=R1("商品库存")%></td>
      <td><%=R1("热销程度")%></td>
    </tr>
    <% R1.MoveNext
     LOOP %>
  </table>
</center>
```

【代码说明】

```
SET myDBC=SERVER.CREATEOBJECT("ADODB.CONNECTION")
```
利用服务器类的创建对象方法创建一个名为 myDBC 的 ADO 数据连接。

```
cstring = "Provider=Microsoft.Jet.OLEDB.4.0;Data Source="_
                 &Server.MapPath("data/shows.mdb ")
```
生成打开根文件夹下 data 子目录中商品数据表 shows.mdb 的字符串 cstring。

```
myDBC.OPEN (cstring)
```
用生成的串打开数据库。

```
SQL1="SELECT * FROM shows"
```
生成查询字符串 SQL1。

```
SET R1=myDBC.EXECUTE(SQL1)
```
执行查询。

```
<% DO WHILE NOT R1.EOF%>
   <tr>
     <td><%=R1("商品名称")%></td>
     <td><%=R1("商号质地")%></td>
     <td><%=R1("商品单价")%></td>
     <td><%=R1("商品库存")%></td>
     <td><%=R1("热销程度")%></td>
   </tr>
   <% R1.MoveNext
    LOOP %>
```
遍历显示表"shows"中内容，直到表内容结束。

（7）打开模板文件"sub.dwt"，将相应的超链指向制作好的网页文件，单击"保存"按钮，弹出"更新模板文件"对话框，如图 10-2-40 所示，单击"更新"按钮，将使用模板创建的各个网页进行更新，完成超链接设置。由于"index.asp"文件没有使用模板，还需要将"index.asp"文件的文字超链接做相应的设置。至此，整个网站制作完毕。

图 10-2-39　动态显示商品数据表内容　　　　　图 10-2-40　更新使用模板的相关网页文件

思考与练习

1. 制作一个"足球"网站，主要页面如题图 10-1 和题图 10-2 所示。

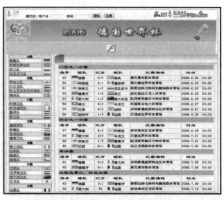

题图 10-1　"足球"网站网页 1　　　　　　题图 10-2　"足球"网站网页 2

2. 制作一个"电子商务"网站，主要页面如题图 10-3 和题图 10-4 所示。

题图 10-3　"电子商务"网站网页 1　　　　　题图 10-4　"电子商务"网站网页 2